JN449526

일본조선비교건축사

日本朝鮮比較建築史

저자 스기야마 노부조
역자 서동천
감수 한동수

세진사
Since 1976

추천의 글

나는 대만과 중국에 유학을 하면서 일정한 기간 번역에 매달린 적이 있었다. 그것은 내가 모르는 정보를 확보하기 위한 것도 있었지만 다른 한편으로는 중국어로 논문을 써야 했기 때문에 좋은 문장을 보기 위함도 또 하나의 목적이었다. 지금 돌이켜 보면 그 번역이 오류도 많고 문장의 흐름도 매끄럽지 못함을 종종 발견하게 되어 낯 뜨거울 때가 한두 번이 아니다. 아쉬웠던 것은 당시 이런 상황에 처한 나에게 조언해 주거나 문장을 읽어줄 사람이 아내밖에 없었다는 점이다. 그 후 대학에서 제자들과 함께 공부를 하고 다시 유학을 보내면서 나의 이런 경험을 되풀이하게 해서는 안 된다는 생각이 남달리 깊어졌다.

최근 몇몇 제자들이 학위를 받고 이제 본격적으로 우리 건축계는 물론 동아시아의 건축계에서 활동하기 위한 준비를 열심히 하고 있다. 그래서 이들에게도 나의 경험에 비추어 번역이라는 과정을 한번쯤은 갖게 하고 싶었다. 하지만 아무 책이나 번역하라고 추천할 수는 없는 노릇이고 기왕이면 우리 건축계에 절실한 서적을 선정해 주는 것이 좋겠다는 생각이 들어 몇 권의 책을 염두에 두고 있었다.

지금 제자 서동천 박사가 번역을 한 이 책도 그 중에 하나였다. 이 책을 처음 본 것은 오오타 히로타로太田 博太郎의 저서 『일본건축사서설』이란 책과 마찬가지로 2012년 일본에서 잠시 연구년을 보내던 시기 도쿄東京의 고서점가 간다神田 진보쵸神保町에 있던 한 고서점에서였다. 당시 나는 일본어에 조금 눈이 뜬 초보자였지만 한 순간에 이 책의 가치를 발견할 수 있었다. 그리고 국내의 논문을 찾아보니 이미 이 책을 인용한 것들이 발견되었다. 하지만 전문을 정독한 것인지에 대한 의구심이 들었다. 또 몇몇 학자들이 이 책을 언급한 것도 찾을 수 있었으나 과연 이 책의 가치가 올바로 평가되었는지 역시 확신할 수 없었다.

마침 내가 처음 대학에 자리를 잡았던 인하대학교 건축학과에서 알게 된 박철만이라는 중국 유학생, 엄밀하게는 조선족 유학생이 있었다. 그는 석박사 과정을 졸업하고 국내의 시행업체에 취업을 하고 있었고 가끔 나와 연락이 닿아 이런 저로 도움을 서로 주고받는 관계였다. 그런데 나는 그가 업체에서 일하는 것이 못내 안타까웠고 기회가 되면 중국 대학에서 자리 잡기를 바랐으나 배경과 관계가 좋지 않은 그로서는 요원한 일이었다. 그래도 기회는 언제 올지 모르니 조금씩 실적 준비가 필요하다는 생각이 들어 일본어 능력을 어느 정도 갖춘 그에게 번역을 권했다. 일정 기간이 흘러도 성과는 나오지 않았고 변역의 어려움을 토로해왔다. 그 사이 제자 서동천 박사가 일본으로 유학을 떠났고 일정 기간이 지난 뒤 이 책이 떠올라 번역을 다시 의뢰했다. 그러면서 도움이 되고자 박철만 박사가 일부 번역한 원고는 주었으나 답변은 처음부터 다시 해야 한다는 것이었다. 나로서는 조금 당황스러웠지만 꼭 번역이 되어야 할 책이라 시간이 걸려도 완성해 줄 것을 부탁했다. 그로부터 4년이란 시간이 흘러 정말 훌륭한 번역본이 내 앞에 주어졌고 이제 추천의 글을 쓰게 되었다.

무슨 번역본 하나를 가지고 그렇게 호들갑을 떠느냐고 할 수도 있다. 그러나 이 책을 읽어보면 그 의미가 무엇인지 알 수 있을 것이다. 단순히 한국건축과 일본건축을 비교한 그런 글이 아니기 때문이다. 간혹 문장 속에 일본건축의 우월함을 드러내는 곳이 없지 않지만 전반적으로 객관적인 시각과 사료를 근거로 두 나라의 건축을 비교하여 상호관계를 매우 적절히 소개하고 있다.

서동천 박사가 완성한 제대로 된 번역본을 읽으면서 건축역사학자라는 호칭에 대한 내 자신의 한계와 우리 학계의 게으름에 한없이 부끄러웠다. 스기야마 노부조杉山 信三는 정말 한국건축을 잘 이해한 학자였다. 그가 일본으로 돌아가 비록 소책자이기는 하지만 이런 저작을 낼 수 있었던 것은 10여 년간 현장에서 한국건축을 보았기 때문이다. 한국건축을 심층적으로 이해한 사람은 아마도 오가와 게이키치와 더불어 그를 손에 꼽을 수 있을 것이다. 특히 이 책에서 그는 비교건축사의 틀을 제시했고 자신의 한계를 토로하며 우리에게 "조선건축이 가지는 과제는 조선사람 스스로

책임져야 할 몫"이라고 했다. 그러나 현실은 그렇지 않았다. 이 책이 간행된 지 벌써 70년이란 세월이 흘렀음에도 해결은 고사하고 오히려 후퇴된 느낌마저 드는 것은 비단 나만의 소회는 아닐 것이다.

많은 사람들이 일제강점기의 저작에 대해 불신을 가지고 있다. 그렇기 때문에 일본 사람의 저술이라면 무조건 색안경을 끼고 보는 것도 문제이고 맹목적으로 따르는 것도 문제이지만 스기야마 노부조는 이 책의 서문에서 스스로 「전쟁 전과 전쟁 중에 행했던 독단적인 해석은 모국 일본의 최대 결점이었으며 이 점에 대하여 중히 반성하고 있다.」라고 밝히고 있어 편견을 배제한 객관적인 서술이 되고자 노력했음을 알 수 있으며, 이 책의 궁극적인 목적은 한국건축을 대조군으로 삼아 일본건축의 특징을 고찰하고자 함에 있음을 명백히 하고 있다.

굳이 여기서 더 이상 이 책에 대한 소개를 하는 것은 의미가 없다. 일독을 하면 문장 곳곳에서 놀라운 탁견을 접하게 되고 향후 해결해야할 과제를 수없이 제시해 준다. 다만 당시 고고학적인 발굴이 미흡하고 자료의 소통에 한계가 있으며 근자에 새롭게 확인된 사실들이 있어 오류가 발견되지만 그것들은 이 책의 가치를 결코 평가절하 하지 않는다. 지금부터 70년 전 한 명의 건축역사학자가 이 같은 글을 쓸 수 있었다는 것이 놀라운 뿐이다.

끝으로 각고의 노력 끝에 이 책의 완역본을 만들어낸 제자 서동천 박사에게 깊은 감사의 말을 전하고 싶다. 그리고 "청출어람靑出於藍"이라는 사자성어가 멀리 있는 것이 아니라 바로 내 곁에 있음이 나로 하여금 더 할 수 없는 기쁨으로 다가온다. 또한 이해관계를 따질 수 없는 이 책의 부담을 안아 준 세진사의 문승현 팀장에게도 고맙다는 말 외에는 달리 표현할 방법이 없다. 그의 부친 문형진 사장님에 이어 아드님으로 이어지는 출판에 대한 사명과 역할은 우리 사회에서 참으로 보기 드문 모습이다. 우리 연구실도 한국 건축계는 물론 동아시아의 건축계에서 면면히 이어지는 학맥을 구축할 수 있기를 기원해 본다. 모쪼록 제2의 스기야마 노부조가 우리 건축계에서도 탄생될 수 있기를 학수고대하며 이 책의 일독을 통해 연구자들 상호간의 진지한 토론과 논쟁이 일어나기를 바라는 마음 간절하다.

한양대학교 공과대학 건축학부
동아시아건축역사연구실
한동수
2016년 8월 31일

역자 서문

한국건축을 처음으로 조사했던 인물이 세키노 다다시關野 貞를 비롯한 일본인 학자들이었다는 점은 주지의 사실이다. 이 책을 쓴 스기야마 노부조杉山 信三도 대표적인 건축역사학자로서 그 중 한 명으로 꼽을 수 있다. 이들의 연구가 미개척분야를 개척한 선구적 노력의 산물이었다는 점에서, 그리고 그만큼 자료와 조사에 제약이 따랐다는 점에서, 노고에 대해 찬사를 보내야 한다는 견해에 대해서는 동의하는 바이다. 그러나 이들의 성과를 그대로 받아들일 수 있는지에 대해서는 역자를 포함한 많은 건축사학자들이 의심을 품고 있는 부분이기도 하다. 일본의 건축사학자들이 이룩해 놓은 결과를 재고하고, 오류를 수정하는 다각적인 시도가 필요하다는 점은 많은 학자들이 공감하는 부분인 것이다.

그들이 활발히 한국건축을 연구하던 시기는 일본이 제국적인 팽창을 거듭하던 시기였고, 역사학은 이를 보조하는 수단으로 활용되었다. 따라서 이들의 연구에는 역사적 왜곡이 수반되는 경우도 많았고, 일본의 한국지배를 정당화하는 수단으로 활용되기도 하였다. 일본 건축사학자들도 비슷한 자세를 견지하고 있었다고 볼 수 있다. 이러한 자세를 가진 학자들이 사료 및 유물을 해석하고 역사를 재구성하는 과정은 일정부분 왜곡과 오판을 수반할 가능성이 높다. 그러나 한편으로는 역사학자 본연의 자세에 입각하여 객관적이면서도 흐름을 관통하는 지적도 분명 그 안에 있을 것이다. 우리는 지금껏 어느 학자의 일면만 보고 이를 전체로 확장하여 그 학자의 모든 성과를 매도하거나, 또는 여과과정 없이 무비판적으로 그 학자의 견해를 활용하게 되는 우를 수없이 목도해 왔다. 일본인 초기 건축역사학자들의 견해 속에서 편협한 왜곡과 발전적 비판을 구분하는 작업은 앞으로 한국건축사와 동아시아건축사 연구를 한 단계 진작시키기 위해서 필수적인 부분이라 할 수 있을 것이다.

처음부터 한국건축사학자의 시각에서 한국건축사가 시작되고 그 관점을 바탕으로 동아시아 전체 건축사를 바라보는 작업이 이루어졌다면 성가신 선별 작업이 필요 없었겠지만, 아쉽게도 우리는 우리만의 관점으로 한국건축사를 바라보지 못했다. 결국 일본 학자들의 연구 성과를 극복해야만 가능한 것임은 누구나 공감하는 바이다. 그렇다면 어떻게 극복할 것인가? 무시나 부정은 극복의 전제조건이 될 수 없다. 무시와 부정을 하면 오롯이 우리만의 본연의 시각으로 볼 수 있다는 점에서 일견 우리의 목표에 근접해 가는 과정이라고 여겨질지도 모른다. 그러나 무시와 부정이 기존 성과들을 없애주지 않는다. 결국 아무리 우리만의 자세를 고수하더라도 언젠가 기존 성과와 상충하는 순간이 찾아온다. 특히 한국건축사뿐만 아니라 한중일을 포함한 동아시아건축사를 구축하고자 한다면 그 상충은 더욱 극렬하게 일어날 것이다. 결국 극복은 기존 성과에 대한 엄밀한 분석과 판단을 바탕으로 한다고 볼 수 있다. 당장 일본학자들의 성과에서 편협한 오판이나 왜곡만 지우더라도 한국건축사에 도움이 되는 부분이 적지 않을 것이다. 여기에 발전적인 지적과 비판을 더하면 보다 쉽게 우리만의 한국건축사를 구축할 수 있을 것이다. 이 과정을 통해서만 한국건축사의 진정한 자립을 이룰 수 있다. 지금껏 우리가 이 과정을 소홀히 하였음은 부정하기 어려운 사실이고, 더 늦기 전에 해야 한다는 자각이 필요한 것이다.

스기야마 노부조杉山 信三의 이 책은 1946년에 출간된 것이므로 해방 직후에 해당한다. 일본인에 의한 한국건축사 연구는 해방을 기점으로 전면 중단된다. 일본인 건축사학자들이 더 이상 한국 건축에 관심을 가질 이유가 없어졌고, 또 패망한 일본과 일본인들에게 힘을 북돋아주기 위해서 보다 일본 건축에 집중할 필요가 있었다. 이 책도 결국 전쟁에 패해서 실의에 빠진 일본인들을 격려하고 독려하기 위한 것임을 저자도 밝히고 있다. 일본건축사에서 제국주의적인 관점이 사라지고 일국사적인 관점에서 건축사를 해석하기 시작하면서 한국건축사와 중국건축사의 지위는 상대적으로 낮아지게 된 것이다.

따라서 일본인의 한국건축사 연구는 1945년을 전후하여 내놓은 성과들이 가장 완성된 상태라고 할 수 있다. 그러한 점에서 이 책은 한국건축에 대한 일본 측 입장의 완결편이라 할 수 있다. 물론 이 책은 스기야마 노부조杉山 信三 개인의 입장이므로 다른 학자와의 견해차는 분명 있을 것으로 판단된다. 그러나 스기야마 노부조杉山 信三는 오가와 게이키치小川 敬吉와 함께 한국건축에 가장 큰 관심을 가지고 연구했던 일본인으로 꼽히고 있으며, 오가와 게이키치는 글을 많이 남기지 않았으므로, 적어도 일본인 학자들 중에서 스기야마 노부조杉山 信三 이상으로 한국건축사에 대한 명확한 견해를 가진 인물은 없다고 보아도 무방할 것이다. 결국 이 책은 출판된 시점, 그리고 저자 개인의 역량 등을 종합적으로 고려하건데, 일본인의 한국건축사에 대한 저술로서는 가장 선구적인 시각을 반영한 것이라고 할 수 있는 것이다.

이에 더하여, 이 책이 갖는 중요한 가치로서 한국건축과 일본건축을 직접적으로 비교한 유일한 저술이라는 점을 들 수 있다. 한국건축사 연구에서 중국이나 일본을 완벽히 분리하는 것이 불가능하다는 것은 굳이 공감을 구걸할 필요도 없다고 판단된다. 역자 본인도 한국건축사를 공부하면서 일본건축과 중국건축을 고려하지 않을 수 없었고, 어떤 부분은 한국이 아닌 주변의 건축사에서 도움을 받기도 하므로, 이미 우리의 건축사연구는 중국과 일본을 함께 보는 건축사 연구라는 영역 안으로 들어와 있다고 볼 수 있는 것이다. 이 책은 그러한 관점에서 저술된 한국과 일본 건축을 비교한 첫 시도라는 점에 주목해야만 한다.

그러나 안타깝게도 이 책은 유일한 저술이기도 하다. 이 책이 처음 출간되어 올해로 정확히 70년이 지났다. 70년 동안 한국과 일본은 각자 다양한 방향과 방법으로 건축사를 발전시켰다. 그러나 이 둘이 가진 공통점과 연관성을 고려해 볼 때, 직접적으로 비교하고자하는 시도가 지난 70년 동안 없었다는 것은 한국과 일본 모두 반성해야 하는 부분이다. 결국 우리는 이 책을 통해 한국과 일본 건축의 비교사 연구를 시작할 수밖에 없는 것이다. 70년 전의 책을 다시 꺼내들고 엄중한 잣대로 판단하고 비판하는 것은 지난 70년 동안의 성과와 발전을 고려하지 않은 것이므로 다소

졸렬하게 느껴지기도 한다. 그렇다면 우리는 그만큼 70년 동안 비교사적 관점의 정체에 대해서도 함께 비판할 필요가 있는 것이다.

결국 어쩔 수 없이 이 책을 심판대 위에 올리고자 하는 것이다. 이 내용을 바탕으로 우리가 수긍할 수 있는 관점과 통렬한 비판을 통해 버려야 할 관점을 찾아보고자 하는 것이다. 바로 그러한 건설적인 비판을 위한 시금석이 될 수 있기를 기대하는 바이고, 이는 스기야마 노부조杉山 信三 본인이 이 책을 통해서 밝힌 바와 같이, 자신이 오랜 기간 관심을 가지고 연구를 했던 한국건축사가 발전할 수 있는데 기여할 수 있는 부분이기도 하다. 스기야마 노부조杉山 信三 본인도 자신의 저작이 계기가 되어 건설적 비판을 통한 한국건축사 발전이 이룩된다면 스스로 만족할 것이라 기대하는 바이다.

4년 전 이 책에 대한 번역을 한동수 교수님께 처음 권고 받고, 어떻게 번역하고 표현하는 것이 좋을지 고민을 거듭하며 많은 정보를 담고자 노력했음을 개인적으로 피력하고 싶다. 그러나 한편으로 턱없이 오래 걸린 번역작업, 중요하지 않은 사소한 부분에 시간을 허비한 비효율성, 이런 점들도 함께 뇌리를 스쳐간다. 스스로의 반성과 개선이 필요한 부분이다. 바로 이러한 게으름이 한국건축사 발전의 저해요소가 아닌가 하는 생각을 해 본다. 본인이 조금 더 부지런하여 이 책을 일찍 소개할 수 있었다면 그만큼 다양한 논의가 확산될 수 있지 않았을까 하는 안타까움이 든다. 이런 개개인의 게으름이 한국건축사 발전을 막고 있는 것은 아닐까?

이 번역본에 한 두 마디 말로 설명할 수 없는 감사와 부족한 제자의 송구스런 마음을 담아 한동수 교수님께 드리고자 한다.

2016년 7월 29일

서동천

일러두기

원문이 1946년에 출판된 서적이므로 그 내용은 현재의 한국건축사와 일본건축사에서 다루어지고 있는 일반적인 이론과 그 내용에 있어 차이를 보이는 경우가 많다. 그러나 본 번역은 당시에 최초로 한국과 일본의 건축을 비교했다는 점에서 그리고 당시의 시각에서 어떻게 다루었는가를 살펴본다는 점에서 의의가 있으므로, 내용에 관한한 원본을 수정 없이 그대로 번역하였다. 오늘날의 일반적인 건축사 지식과 상이한 부분이라 하더라도 탈자나 오자와 같은 단순 오류가 아닌 한 최대한 저자의 의견을 그대로 실었다. 또 건축 전문용어나 오늘날 사용하지 않는 일본어 표현인 경우에는 따로 설명을 덧붙여서 독자들의 이해를 도모하였다. 번역의 구체적인 기준에 관해서는 다음과 같이 정리하였으므로 참고하기 바란다.

1. 저자의 원저를 최대한 반영한다.

오자나 탈자와 같은 명확한 오류인 경우 역자의 재량으로 수정하였고, 역자주를 통해 원문 내용에 대한 설명과 역자의 의도를 설명하였다. 또한 현대의 표현으로 고치면 독자들이 이해하기 쉽다고 판단되는 경우에도 마찬가지로 역자의 재량으로 수정하였다. 일반적인 건축사 내용 또는 역자와 다른 견해를 보이는 부분이더라도 원작자 자신의 의견을 가감 없이 반영하여 저자의 의도를 이해하기 쉽도록 하였다.

원문 일본어는 오늘날의 일본어와 비교하여도 문법이나 표현상에서 차이가 난다. 그럼에도 불구하고 본 번역에서는 가급적 당시의 표현을 그대로 반영하고자 노력하였고, 따라서 일부 현대 한국어에서 자주 사용하지 않는 표현이 등장한다. 이에 관하여 일부분 독자들 스스로의 의역이 필요하지만 1946년의 원문을 읽는 느낌으로 독자들이 접근할 수 있기를 기대한다.

2. 건축용어에 대하여 역자의 설명을 함께 싣는다.

일본에서만 사용되는 일본건축 용어에 대해서는 따로 측면에 설명 칼럼을 마련하여 설명을 함께 실었다. 일본식 발음을 그대로 명기하고 이에 대한 설명을 따로 병기하였다. 또 일본의 사찰 명칭 등 고유명사에 대해서도 일본어로 표기하였다. 한국건축과 관련된 용어는 오늘날 한국건축사에서 일반적으로 사용하는 용어로 변환하여 표현하였으며, 일본 건축용어라고 하더라도 기둥, 보 등 간단히 한국 건축 용어로 치환되는 경우에는 한국 건축용어로 전환하여 표기하였다.

일본의 건축용어 이외에도 글을 이해하기 위해서 필요하다고 판단되는 다양한 용어들에 대해서 설명을 함께 실었다. 여러 차례 등장하는 용어들은 따로 번호를 매겼으므로 설명의 번호를 찾아가면 그 설명을 확인할 수 있다.

예를 들어, 「노고야野小屋」의 경우, 한국어 독음이 아닌 「야소옥」이 아닌 일본어인 「노고야」로 표기하였다. 최초로 「노고야野小屋」라는 표현이 등장하는 부분에는 「노고야野小屋307」로 번호를 매기고 측면 칼럼에 「307 노고야(野小屋)」로 설명하였다. 이후에 등장하는 「노고야」에 대해서도 「노고야野小屋307」로 표기하고 307에서 구체적인 설명을 확인할 수 있도록 하였다.

3. 도판은 역자가 작도한 것에 한하여 추가하여 이해를 돕는다.

일부 설명으로 이해가 어려운 용어에는 도판을 함께 게재하여 이해를 도모하였다. 원본 저작에는 도판이 하나도 없다. 따라서 본고에 실린 도판은 역자가 일본 건축 사전이나 일본건축사 서적에 실린 사진과 도판을 근거로 새롭게 작도한 것이다. 설명 만으로 이해가 어렵다고 판단되는 부분에 대해서는 작도를 통해 설명하였지만, 시간과 역량의 제한이 많아 충분히 도판을 활용하지 못한 점에 대해 양해 제 독자 여러분의 양해를 구하고자 한다.

목차

三. 본론

四. 결론

서문

일본이 미국과 영국에 전쟁을 선포한 이후, 온 국민이 힘을 다해 싸웠던 것은 틀림없는 사실이다. 그러나 이 전쟁이 일부 군국주의자의 잘못된 주장과 지도에 의한 전쟁이었던 것이기에, 슬프지만 쓰라린 패전을 체험하고, 현재 국민 대부분이 도탄에 빠져 고통을 겪고 있는 것도 사실이다. 이 전쟁이 한창이던 중에, 그리고 현재 괴로움으로 가득한 생활 속에서도 일본문화의 진수를 일본건축을 통해 접하게 하고 싶다는 염원이 이 한편의 책을 완성하도록 했던 것이다.

전쟁의 가혹함이 극에 달해 하루하루 우려할만한 상황이 연이어 보도되던 그 당시, 눈앞에 있는 조선건축을 대조군으로 활용하여 일본건축의 진체眞體를 추구하는 것이야 말로, 전쟁 후 일본이 해야 하는 가장 기본이 되는 일이라고 믿었기에, 이 한 편의 책을 집필했던 것이다. 그러나 전쟁은 완전히 끝났지만 전후 생활은 전쟁 중에 믿어마지 않던 바와 완전히 반대의 양상으로 전개되어 여전히 괴로운 생활 상태가 지속될 수밖에 없음을 알게 되었다. 일본의 장래는 문화를 통해서만 생존할 수 있다고 믿는 바, 또한 자신이 만10년을 조선에서 보냈던 터에 이를 이제야 회고해 보며, 눈앞에 있는 일본문화 특히 전공하는 건축에도 함께 시선을 돌려 본 것이다. 조선건축의 다양한 양상을 규명하는 것도 필히 바람직할 것이라는 확신이 서는 바인 것이다. 그렇게 주어진 오늘의 이 길에서서 결심을 새로이 하여 이 한 편의 책을 계속 집필하여 나가게 되었던 것이다.

일본과 조선은 과거에 있어서도 지리적으로 서로 인접하여 관계가 밀접하였음은 두말할 필요도 없는 것이고, 향후 상호 제휴하여 세계문화에 공헌해야 할 운명에 있다고 필자는 믿고 있다. 두 나라가 서로 각기 갖는 문화의 특징을 발휘하는 것이야말로 그 목표를 이루기 위해 나아가야 할 주어진 길이다. 그러한 목표를 생각하면 양자에게 어떠한 문화가 존재하는가를 편견 없이 비교하고 그 전부를 분명히 하는 것은 제휴를 위한 첫 번째 방법이라 생각된다. 그것을 건축의 측면에서 본고와 같이 전개해 보고, 그것으로부터 얻어지는 점을 먼저 일본건축에 대응하고, 일본건축의 성격을 규명하는 것이 필요하다. 즉 여기에 논해야 할 중요한 결론은 일본인으로서 일본 건축의 향후 발전시켜야 할 과제를 위하여 일본건축의 성격을 규명하는 것에 있고, 비교의 대상이 되는 조선건축이 가져야 하는 향후 본연의 자세에 대해서는 안내하고자 하는 바가 없다. 조선건축이 가지는 과제, 그것에 대한 탐구는 조선 사람이 스스로 짊어져야 할 몫이라고 판단하기 때문이다.

그리하여 이 논저는 네 부분으로 구성하였다. 제1부 서론은 비교건축사의 의의를 규명하고, 특히 일본과 조선을 비교하여 밀접한 관계 속 차이는 결국 성격의 문제가 아닐까하는 추정을 통하여, 전체 문제의 본연 모습을 제공하는 것에 목적을 두었다. 이것은 전후의 일본을 성찰하여 새롭게 기필하여 이 논저의 출발점으로 삼았던 것이다. 제2부 원론은, 양쪽 각각의 일반 개황의 비교를 시도하고, 양식 결정요소를 고정적, 이동적인 자연 및 인문환경의 비교, 그리고 그것에 의해 성립되는 구조상, 외관상으로 드러나는 요소들, 또 의장적으로 상이한 요소들, 여기서는 주로 처마부와 서까래의 구성에 포함되는 요소들을 예로 들어 논지 전개를 도왔다. 그렇다면 이들 건축양식은 어떠한 발전단계를 거치는 것일까? 그 시대구분에 대한 설명도 2부 말미에 첨부하였다. 제3부 본론은 앞서 언급한 시대구분에 따라 두 지역에 있어서 건축 발전 양상의 주요 사항을 대상으로, 양쪽 간의 상이와 유사를 예로 들어 비교를 시도하였다. 둘 사이의 발전 양상을 개설槪說하면서, 각각 별도로 서술하는 경우, 아마도 그 국가만의 특징이라고 생각되는 경우나, 그렇지 않고 양자의 밀접한 관계가 없을 때에도, 비슷한 양상을 출현하게 만드는 문화현상이 발견되었다. 이는 단지 건축사만의 문제로 그치는 것이 아니라는 점을 예찰豫察해 보았다. 이 점을 고려하여 특히 일본건축에 보이는 여러 문제를 거론한 것이 제4부 결론이다. 일본건축은 대륙이나 반도로부터 기술을 도입하여 동화되었다는 점, 이입된 불사건축에서 보이는 가람배치를 성격상으로 고찰해야만 할 것, 건축평면, 또 이에 관련된 지붕 가구의 구성 방법과 문제를 설정하여 대략의 해석을 시도하였다. 그리고 이로부터 도출된 것은, 일본건축의 변천 및 발전 방향이 같은 성질을 중첩시키면서 얻어진 것이 아니고, 성격에 있어서 상향적 변화가 있었다는 점을 발견한 것이다.

이 결론이 조선건축과 어떻게 연결되는지, 이 점에 대해서는 물론 비교사比較史인 만큼 서술해야 하는 부분일지도 모르지만, 앞에서 언급한 것처럼 이는 조선 사람이 해야 할 몫이다. 만약 그 일을 하게 될 때, 이 졸작이 조금이라도 도움 되는 바가 있다면, 조선에 거주한 10년간이 결단코 쓸 모 없지 않았다고 기뻐할 수 있을 것이다.

이 책을 계획함에 있어 삽입도를 풍부히 활용하여 설

명하고, 전달하고자 하는 바를 충분히 이해시킬 수 있도록 하고자 다각도로 노력하려 했으나, 그럴 만한 조선 자료는 여러 사정으로 본인이 몸에 지니고 조선에서 돌아오는 것이 불가능했다. 일본과 관련된 것에 관해서는, 사진이든 그림이든 훌륭한 간행물이 있는 만큼, 모두 그것을 통해서 확인하는 편이 좋다고 생각되었으므로, 결국 일반 사람에게는 익숙하지 않은 조선 건축에 대해서는 곤도 유타카近藤 豊[1]씨가 스스로 촬영한 사진을 빌려서 권두를 장식하기로 하였다. 흔쾌히 승낙해 준 곤도近藤씨의 호의에 깊이 감사드린다. 또 이 글의 서론을 제외한 다른 장에 실린 내용의 경우 한 번은 『록기綠旗』, 『조선朝鮮』, 『조선과 건축朝鮮と建築』 등 조선에서 출간된 잡지를 통해 발표한 것을 근저로 하여, 여기에 대대적으로 개정을 가하였다. 그 때, 각각의 편집자들이 진력을 다해주셨던 것을 추억하며, 전반적으로는 당시 조선총독부박물관에서 동고동락했던 가야모토 카메지로榧本 龜次郎[2]씨가 여러 가지로 충고해 주었던 점, 특히 고분에 관해서는 가야모토씨가 계몽시켜준 결과이다. 이에 재차 감사의 말씀을 드린다. 또한, 이 졸작을 고문화 총간叢刊의 한 권으로 추가할 수 있도록 추천해 주신 가와카츠 마사타로川勝 政太郎씨, 오오야시마大八洲 출판 주식회사를 통해 크나큰 신세를 진 모우리 히사시毛利 久씨, 미나가타 세이이치로南方 靖一郎씨 등의 분들께 깊은 감사의 말씀을 전하고자 한다.

또한, 사사로운 일이라 언급하기 송구스럽지만, 이 원고를 잡지에 발표할 무렵 태어난 삼녀는 조선을 떠나면서 모친과 함께 아비인 본인보다 먼저 출발했었는데, 결국 경성역 앞에서 헤어진 것이 마지막이 되었다. 도중에 발

1 곤도 유타카(近藤 豊)
[1909~1994] 일본의 건축사학자이다. 1961년에 교토(京都)대학에서 메이지(明治) 초기 의양풍(擬洋風) 건축에 관한 연구로 박사학위를 받았고,『古建築裝飾文様集(光村推古書院, 1972)』,『成古建築の細部意匠(大河出版, 1973)』등의 저서가 있다. 1930년대에서 1980년대까지 촬영한 약 6만 매의 건축사진이 「近藤豊撮影寫眞資料」라는 이름으로 교토(京都) 부립총합자료관(府立總合資料館)에 소장되어 있다. 그 중에는 한국관련 사진도 1,459매가 포함되어 있다.

2 가야모토 카메지로(榧本 龜次郎)
[1901~?] 나라(奈良) 출생. 도요(東洋)대학 국어한문과를 중퇴하고, 1930년에 조선총독부(朝鮮總督府) 학무국(學務局) 종무과장(宗務科長)이 되어, 해방까지 조선총독부박물관에 근무하면서 낙랑(樂浪) 고분과 고적 등의 발굴조사에 참여하였다. 이후 일본으로 돌아와 나라(奈良) 국립박물관(國立博物館) 고고실장(考古室長), 도쿄(東京) 국립박물관(國立博物館) 유사실장(有史室長), 나라(奈良) 국립문화재연구소(國立文化財硏究所) 역사연구실장(歷史硏究室長), 나라(奈良) 국립문화재연구소(國立文化財硏究所) 헤이죠쿄 유적발굴조사부장(平城京遺跡發掘調査部長) 등을 역임하며 다양한 발굴조사를 주도하였다.

병하여 결국 본인이 돌아왔을 때는 이미 사망한 후였다. 이는 본고와 함께 본인 생애에서 잊을 수 없는 머리 속 영상으로 남아 있는 것이다. 여기 이 책을 세상에 내놓게 된 것으로 조금이라도 그 영혼을 위로할 수 있다면 다행이라고 생각한다.

히에잔比叡山 시모이와쿠라下岩倉의 한 거처에서

스기야마 노부조杉山 信三[3]

3 스기야마 노부조(杉山 信三) [1906~1997] 1929년에 교토(京都) 고등공예학교 도안과를 졸업하고, 1962년 교토(京都) 대학에서 박사학위를 받았다. 교토후(京都府) 고사사수리기수(古社寺修理技手), 호류지(法隆寺) 국보보존공사사무소(國寶保存工事事務所) 기수(技手), 조선총독부(朝鮮總督府) 기수(技手), 교토(京都) 대학 공학부 조수, 1964년 나라국립문화재연구소(奈良國立文化財研究所) 역사실장, 1966년 동 연구소(研究所) 헤이죠쿄유적발굴조사부장(平城京遺跡發掘調査部長)을 역임하고, 1968년에 퇴임하였다. 그후 1968년~1983년 긴키(近畿) 대학 이공학부 교수, 1976년~1994년 교토시(京都市) 매장문화재연구소장으로 활동하였다. 헤이안쿄(平安京) 유적의 조사 연구에 있어서 일인자였으며 저서로는 『조선의 석탑(朝鮮の石塔)』, 『일본조선비교건축사(日本朝鮮比較建築史)』, 『원가건축의 연구(院家建築の研究)』, 『한국의 중세 건축(韓國の中世建築)』, 『되살아난 헤이안쿄(よみがえった平安京)』, 『발굴된 고대 원지(發掘された古代の苑池)』 등이 있다.

一. 서론

1. 비교건축사에 대하여

건축이라는 문화 현상의 개관에 대하여 논하고자 하는데 만약 이 현상이 어느 특정 국가에 국한되는 것이라면 역사를 전체적으로 설명하는 것이 첩경捷徑이라 할 수 있으며, 거기서 세부로 나아가면 건축사라는 과학의 성립으로 이어질 수 있다. 하지만 이 건축현상역자주1을 세계적 범위에서 해석하고자 한다면 다른 상황으로 보아야 한다. 이 세계는 종교적 세계일 수 도 있고, 또는 원시적, 중세적, 근대적 등 어떤 한정된 조건을 가진 특정 문화계일 수도 있다. 여기에 속하는 건축을 이해하고자 한다면, 즉 세계적인 관점에서 건축에 대한 고찰을 보다 심화하고자 한다면, 그저 건축사에 대한 서술만으로는 그 개괄조차도 충분히 설명해 주기 어려운 부분이 있을 수밖에 없다. 이러한 경우 건축사라는 측면에서의 사관을 분명히 하고 이를 바탕으로 삼아야 하며 그렇지 않으면 만족할만한 결과를 얻지 못하는 것도 자명하겠지만, 과연 광범위하게 펼쳐지는 세계 건축에 대해 어떤 특정한 건축 사관을 부여할 수는 있는 것인가?

역자주1 「건축현상」이라는 단어는 오늘날 일본에서도 자주 사용되는 단어가 아니므로 다소 생경하게 느껴지지만, 저자는 건축과 관련된 제반 상황을 총체적으로 표현하기 위하여 「건축현상」이라는 단어를 선택한 것으로 보인다. 즉, 건축물이라고 하는 물리적 산물을 비롯하여, 건축물을 탄생시키고 변형시키는 기술과 재료 등의 주변 상황을 포괄하여 칭하는 용어로 볼 수 있다. 즉 건축사(建築史)에 있어서 분석과 연구의 대상이 되는 당시의 모든 것들이 「건축현상」에 해당한다.

건축 현상에 대한 고찰을 심화하고자 한다면, 건축 양식에 대하여 자연적 요건과 인위적 요건으로 나누어 영향관계를 살펴보고, 이를 건축현상을 파악하기 위한 단서로 삼을 필요가 있다. 이와 관련하여 다음 장에서 다시 상술하겠다. 다시 말해 이 두 요건을 기초로 삼고, 여기에 드러나는 건축현상 속 체계를 정돈해 나가면 추상화를 통해 하나의 양식을 도출하는 것이 가능하게 된다. 그렇게 양식을 도출하여 다양한 양식을 만들어 내면, 이 다양한 양식이 갖는 기본적 전후관계를 통해 계열화시킬 수 있게 된다. 바로 이러한 작업을 통해 근원적인 모습으로 점차 귀납시켜 가는 것이다. 바꾸어 말하면 양식을 계통화하는 것에 의해 건축현상을 파악하고자 하는 것이다. 이러한 방법을 취하면, 사관 즉 역사학의 방법이 아닌, 건축 현상으로 전 세계라는 광범위한 대상을 논하고자 할 때 하나의 해답이 될 것이다.

이처럼 양식 계통으로 세계의 건축현상을 바라보면 대략 다섯 가지로 정리할 수 있다. 유럽계, 이집트계, 서남아시아계, 남부아시아계, 동아시아계의 5계통이 그것이다. 이 5계통으로 모든 건축현상을 정리하기 위해서는 먼저 세부적 문제를 선결해야 한다. 각각의 계통은 그 기초적 요건에 있어 서로 닮은 점이 있으므로 어느 정도 걸치는 부분도 있지만, 동일한 계통 내에서도 각기 분파되어 다른 양식으로 퍼져나가는 특징을 갖는다는 점, 즉 상이한 점이 존재한다는 것은 자명하다. 이렇게 큰 양식 계통에서 작은 양식으로 분파하여 구분하거나, 반대로 작은 양식을 통합하여 큰 양식 계통으로 정리해 나가는 것, 이러한 작업 자체가 바로 비교 연구를 통해서만 가능하다. 각각의 작은 양식들로 분화하기 위해서는 먼저 비교라는 행위가 선행되었다는 점을 인정해야만 할 것이다. 말하자면 비교라는 방법을 통해 둘 이상의 양식에 대해 어느 계통에 귀속시킬지를 판단할 수 있게 되는 것이다.

두 개의 건축양식을 비교하는 것은 지금 살펴본 바와 같이, 하나의 큰 양식계통으로 정리하기 위해 필요한 행위이지만, 여기서의 비교라는 것이 양식 계통관系統觀만을 정돈하기 위하여 활용되는 것은 아니다. 하나의 양식에 있어 발생과 진전이 일어나는 과정을 한층 분명히 확인하기 위해서는 동일한 경로를 거치는 다른 양식과 대조할 필요가 있다. 바로 이점에서도 비교의 가치를 찾을 수 있을 것이다. 하나의 양식이 발생하고 진전하는 것에 대해 역사적 경과를 살피며 그 양식을 이해하는 것도 가능하겠지만, 가능하다면 비교 대상을 찾아서 각각의 단계에 걸맞게 양자를 서로 비교하고, 그때그때 반성을 더한다면, 그 양식에 대한 역사적 해석은 타당성을 확보할 수 있을 것이다. 즉 하나의 양식만을 대상으로 건축현상에 대한 역사적 해석으로 그치는 것이 아닌, 둘 이상의 양식을 섭렵하여 동시에 고찰한다면 각각의 양식이 지닌 본질에 더 가깝게 접근해 갈 수 있을 것이다. 이렇게 비교와 대조를 통한 고찰로부터 얻어지는 해석은 그 대상이 되는 건축양식이 갖는 여러 과제, 특히 양식이 앞으로 나아갈 길을 제시함에 있어 기여하는 바가 크다고 하지 않을 수 없다.

건축양식을 비교 대조하고 역사적 해석을 하는 비교건축사의 방법을 취한다는 것은 이상의 세 가지 의의를 인지하는 것이다. 같은 계통 내에 있어서 건축현상을 깊이 있게 이해하기 위해서 종전에도 누차 사용되었던 방법이 있다. 플레쳐Banister Fletcher[4]는 유럽계 건축 해석에 있어 비교의 방법을 통해 유럽계 건축에 대한 깊은 이해를 도모하였다. 바로 그러한 방법론의 혜택을 입고 있음을 상기해 보는 바이다.

4 플레쳐(Banister Fletcher) [1866~1953] 영국의 건축가이자 건축사학자이다. 1889년에 아버지의 조수가 되어, 일과 저술을 함께 했다. 아버지와 함께 『비교법을 기반으로 한 건축사(A History of Architecture on the Comparative Method, 1896)』라는 책을 출간하였다. 이 책은 20세기를 거치며 수십 차례 수정되고 재판되며 건축사의 표준 레퍼런스로 자리매김하였다. 1899년 아버지 사후에는 동생인 허버트 필립스 플레쳐(Herbert Phillips Fletcher)와 함께 일하고 저술활동을 펼쳤다. 1919년에 기사 작위를 받고, 1929년에 왕립영국건축가협회(RIBA) 의장으로 선출되었다.

2. 일본과 조선의 경우

동아시아의 동단東端에 위치한 일본은 열도이고, 조선은 대륙에서 돌출한 반도이다. 양자 사이에는 건너기 어렵지 않은 해협만 있을 뿐이다. 따라서 태곳적 먼 옛날이 부근에 인류가 이주해 왔을 무렵부터 오늘날에 이르기까지, 양자의 교통이 단절된 경우는 없었다. 반도는 대륙과 연결되어 있기 때문에, 대륙으로부터 문화적 혜택을 입는 것도 열도보다 빨랐던 것이 사실이다. 문화유입을 단계별로 보면 일단 반도가 받아들인 문화가 해협을 건너 열도에 어렵사리 도착하는 현상을 보인다. 그러다가 열도의 문화가 일정 단계에 도달하여 문화를 유입하기 어려울 정도의 포화상태에 이르면 스스로 그 유입을 끊기도 하였다. 이렇듯 일본과 조선은 지리적으로 함께 동아시아에 위치하며, 또 함께 대륙의 선진 문화를 받아들였다는 점을 공유한다는 점에서 분명한 사실이다. 이 공통점을 바탕으로 양자를 비교해 보고 여기서 상이한 점이 발견된다면, 바로 그 상이점이야말로 양자의 고유한 성격이 선진문화 수용 양상에서 드러난 것이라고 보아도 무방할 것이다. 건축 측면에서 보면 양쪽 모두 선진 건축 기술을 대륙으로부터 전래받았기 때문에 일단 크게는 동아시아계통에 속한다고 인식하는 것이 당연할 것이다. 이후 변화과정에서 비교를 통해 상이한 점을 찾아낸다면 이는 양자의 수용태도, 즉 성격[역자주2]의 영향을 많이 받은 결과라고 볼 수 있음을 의미한다. 그리고 그렇게 얻어진 실상은 양자의 건축이 당면한 과제를 향후 해결해 감에 있어 기여하는 바가 클 것임에 틀림없다.

역자주2 여기서 성격이라 함은 각기 다른 제반 환경 하에서 발현된 각각의 국가가 지닌 고유한 특징을 뜻하는 것으로, 고유한 기질로 대체할 수 있다.

이 점을 일본건축만을 대상으로 서술해 보자. 동아시아 동단에 위치하여 대륙 선진문화의 소산인 건축형식을 수용하여 이를 어떻게 취급하고 변화시켰는지 일본 내의 건축현상을 대상으로 고찰하고자 하는 것이다. 즉 종적인 서열에 대해 이해하는 것과는 별도로, 이들을 횡적으로 끊어서 일본과 동일하게 선진 건축형식을 받아들인 조선과 비교해 보고자 하는 것이다.[역자주3] 종縱으로만 분석했을 때에는 일본만의 현상이라고 해석하고 일본이 우위優位라고 이해했던 부분도 이러한 비교를 통해 살펴보면 뜻밖에 동아시아 전체의 풍조風潮에서 얻어진 결과라는 것을 알 수 있게 된다. 즉, 한편으로는 독단적 판단에 대한 반성의 기회를 얻을 수 있음을 기대할 수 있다. 그럼에도 여전히 조선 건축과 비교하여 차이점이 확인된다면, 다시 말해 가장 잘 닮아 있다고 보이는 양자 사이에서 상이점을 발견한다면, 그 차이는 성격적인 면에서 기인한다고 할 수 있다. 바로, 일본건축의 성격이라는 측면에서 탐구해야 할 가치가 있는 것이다. 앞으로 이 성격을 바탕으로 한 탐구 결과는 향후 일본건축의 나아갈 바를 설정함에 있어서 이바지하는 바가 클 것이고, 또 그러한 요구도 함께 늘어날 것이다. 반대로 이 결과가 보잘 것 없는 것이라면, 그 부분은 아예 버려야 할 것이다. 굳이 그대로 지켜나가서 천세에 후회를 남겨서는 안 될 것이다.

역자주3 종(縱)과 횡(橫)을 구분하는 기준에 있어, 저자는 종(縱)을 시대적 흐름관계, 횡(橫)은 지리적확산으로 이해하고 있음을 알 수 있다.

전쟁[역자주4]에서 패한 오늘에 있어, 전쟁 전과 전쟁 중에 행했던 독선적인 해석은 모국 일본의 최대 결점이었으며 이 점에 대해 엄중히 반성하고 있다. 이 반성의 일환으로 건축사라는 과학영역에서도 비교건축사의 방법을 통해 일본과 조선 건축의 상통하는 흐름을 동시에 고찰하고자 하는 것이다. 이렇게 그 반성을 시작하고자 하는 것

역자주4 아시아 태평양전쟁을 의미하는 것으로, 보통 일본에서 시대구분의 기준이 된다. 한국에서 해방 전과 해방 후를 나누는 것과 동일하게 전쟁 전과 전쟁 후로 구분한다.

으로, 지금 시국에 있어 절실한 부분이 아닐까 생각해 본다.

二. 원론

1. 건축양식 성립조건의 비교

건축이라는 것은 인간이 어딘가의 토지를 선택하여 살고자 할 때, 삶의 의욕을 충족시키는 하나의 수단으로서 의식衣食과 함께 생활을 구성하는 요소이다. 즉 인간이 토지를 점유하고, 그 위에 거주를 위한 구축물을 설치하는 작업을 통해서 건축이 탄생한 것이다. 인간, 토지, 건축, 이들 삼자간의 상호관계를 통해서 건축의 의의를 이해할 수 있다. 이 관계 위에서 건축을 중심으로 고찰해 본다면, 다른 두 요소는 건축을 성립하기 위한 조건이 되는 요소라는 것을 이해할 수 있다.

토지와 건축 사이의 관계에서, 먼저 건축은 특정 토지를 점유해야만 한다는 필수사항이 전제한다. 이 점유한 토지와의 관계 다음으로, 그 토지가 건축을 구성하기 위한 재료를 제공해 줄 수 있는가라고 하는 또 다른 중요한 관계가 뒤따른다. 또, 인간과 건축 사이의 관계를 보면, 토지와의 관계를 바탕으로 인간의 욕구를 만족시키도록 구성하고 조합해야 하는 행위의 문제가 있다. 구성과 조합이 끝나면 다음으로는 사용이라는 행위의 문제도 있다. 결국 인간의 욕구를 만족시키는 행위 현상의 하나로 인간은 건축을 상대하고 있는 것이다.

이 토지에 의해 장소가 결정되고 재료가 주어지며, 이를 인간이 조합하여 인간 욕구를 만족시키는 관계 속에서 건축이 생겨났다고 하면, 이 관계의 조합으로 인해 건축은 여러 가지 형태와 성격을 지닌 개체로 탄생하였다고 볼 수 있다. 이러한 건축의 형태와 성격은 인간과 토지의 조화에서 발생하여 여러 가지로 분화되었다고 볼 수 있지만, 그렇기에 토지와 인간이라는 조건이 균등하게 주어진 상황에서 태어난 건축은 유사한 형태로 유형화되는 경향을 드러내기도 하는 것이다. 다수의 건축으로부터 하나의 형태를 추상해 내고, 이 형태를 통해 다수의 건축을 하나의 양식으로 수렴시킨 후, 이 양식을 여타 양식들과 비교해 봄으로써 해당 양식 자체를 한층 깊게 이해할 수 있게 되는 것이다.

이처럼 하나의 건축 양식을 설정하게 하는 기반에는 토지와 인간에 대한 고려가 있고, 이 중 토지는 특성상 고정된 조건이지만, 인간은 한 토지로부터 다른 토지로 이동하는 유동적 성질이 있다. 또한 인간 자체가 움직이지 않는 경우라도 건축과 인간의 관계는 인간의 욕구에 의해 좌우되는 것이라고 한다면, 이 인간의 욕구는 전파되어 인간들 사이에 서로 영향을 주기도 하므로, 욕구는 변화를 수반하는 것이고 끊임없는 유동이 있다는 것을 깨달아야 할 것이다. 요컨대 토지는 공간적으로 고정 요건으로서 건축에 관계하고, 인간은 시간적으로 유동 요건으로서 관계하며, 건축양식은 고정적 공간으로서의 토지와 유동적 시간으로서의 인간 사이에서 파생된 현상이라고 할 수 있다.

여기에서 비교하고자 하는 일본과 조선의 건축양식에 대한 고정적 공간인 토지는 어떠한가? 일본의 열도는 대개 온대구역에 위치하고, 동아시아의 동단에 있으며 대륙으로부터 멀리 떨어져 있으며, 태평양에 면하는 세장細長한 활모양을 띠고 있다. 따라서 기후도 지방마다 다소 다르기는 하지만, 대체적으로 해류 등의 여러 요소로 인해 온화하며 습윤하다. 공기는 습기를 많이 포함하고, 겨울보다 여름이 견디기 어려우며, 강우량도 상당히 많다는 점을 들 수 있다. 이에 반해 조선은, 동아시아 대륙 동해안에 길게 돌출된 반도이고, 동해와 동중국해를 사이에 두고 일본 열도와 마주보고 있다. 북쪽이 대륙과 연결되어 있고, 남쪽은 바다이지만 조류를 타면 중국 남부와 교통하기 편하다는 지리적 위치를 갖는다. 이 한반도를 발판으로 삼으면 일본은 대륙과 용이한 교통 관계를 가질 수 있다는 점은 주목해야 할 사항이다. 한반도 서해안 및 남해안의 해안선은 복잡하고, 반도의 척추가 되는 산맥은 동쪽에 치우쳐져 있으며, 강과 하천은 동쪽에서부터 서쪽으로 길게 이어져 황해로 흘러 들어가는 경우가 많다. 따라서 이 강과 하천을 따라 평야도 서쪽에 많다. 이에 더하여 그 기후는 지형지세에 따라서 남부는 해양과의 관계로부터 일본의 규슈九州[5] 및 쥬고쿠中國[6] 지방과 큰 차이가 없는 온난한 기후이지만, 북상하면 대륙의 영향으로 한서寒暑의 차가 크고, 조선 중부 및 북부에서는 동계에 하수가 동결될 만큼 기온이 내려간다. 또 강수량도 북쪽으로 갈수록 줄어들고, 또한 동해안보다는 서해안이 적다. 따라서 동절기는 공기가 일반적으로 건조하여 건기가 되고, 여름은 우기가 되므로, 동절기와 하절기의 구분이 뚜렷하며, 지방에 따라서도 그러한 모습이 명확하다. 이를 일본과 비교하여 살펴보면, 조선의 겨울은 건조하며 견디기 어려운 추위를 가지며, 여름은 강우량이 많더라도 일시적이므로 그다지 영향이 크지 않다.

이러한 위치, 지세, 기후 등의 조건에 더하여 지질적인 차이가 있다. 일본은 화산맥이 다수 배치하는 세계 유수의 화산국이며, 지진의 빈도도 지극히 많아서 이로 인한 건축 재해는 상당히 크지만, 조선에서는 손꼽을 만한 화산이 없고, 지진 빈도에 관해서는 일본과 비교할 수 없

5 규슈(九州)
홋카이도(北海道), 혼슈(本州), 시코쿠(四國)와 더불어 일본열도를 구성하는 4대섬의 하나이다. 서남쪽에 위치하여 한반도 및 중국 대륙과 가장 가까운 지역으로 역사적으로 일본에서 선진문물이 가장 먼저 들어온 지역이기도 하다. 예로부터 다자이후(大宰府)가 있었으며, 일본의 메이지이신(明治維新)을 이끈 사츠마항(薩摩藩)과 죠슈항(長州藩)의 일부 지역이 규슈(九州)에 해당한다. 역사적으로 일본 문화와 경제의 중심적인 역할을 담당했던 지역이라 할 수 있다. 또 서양과의 무역 창구였던 데지마(出島)도 위치하여 역대 선진문물의 창구역할을 하는 지역이었다고 할 수 있다.

6 쥬고쿠(中國)
혼슈(本州)의 서쪽 끝부분으로 규슈(九州)의 북쪽에 위치한다. 규슈(九州)와 함께 지리적으로 한반도와 가까워서 한반도의 선진문화가 많이 유입된 지역이다. 선사시대부터 한반도의 영향을 받아 다양한 문물이 유입되었고, 메이지이신(明治維新)의 중심축 중 하나인 죠슈항(長州藩)이 위치한 곳이다. 제2차 세계대전 말 원자폭탄이 투하된 히로시마(廣島)도 이 지역에 위치한다.

7 후지와라(藤原) 일가
아스카(飛鳥) 시대 다이카노카이신(大化改新)에 참여했던 후지와라 노 가마타리(藤原 鎌足)를 시조로 하는 일본 고대 최고의 명문 귀족 가문이다. 나라(奈良) 시대부터 헤이안(平安) 시대까지 섭관정치(攝關政治)를 행할 정도로 강력한 권력을 지녔다. 가마쿠라(鎌倉) 시대 이후 실권을 장악하지는 못하지만 구게(公家)의 지위는 유지되었다.

을 정도로 적다. 지진의 유무는 건축 재료로 석재나 벽돌과 같은 자재를 사용해도 무방한지, 그리고 이러한 재료를 쌓는 구조 방법의 결정에도 영향을 주었다. 일본에서는 이 기법과 관련하여 진보가 전혀 없었던 것에 반하여, 조선에서는 이 기법에서도 대륙으로부터의 영향을 받아서 답습하는 정도의 수준을 유지하고 있다고는 할 수 있을 것이다.

이러한 지세와 기후가 건축 재료를 제공하는 주요 식물을 좌우한다는 것은 말할 필요도 없다. 일본은 온난하고 습윤하기 때문에 원시림이 무성하여 양질의 건축용 목재를 제공해 주었고, 이후 식림植林의 생장번식도 양호하여 끊이지 않고 풍부한 수량의 목재를 공급해 주었다. 반면 조선에서는 기후 조건상 원시림을 남벌濫伐하게 되면, 식림에 적합한 환경이 아니므로, 현재는 가장 교통이 불편한 압록강과 두만강 유역, 동해안선에 연하는 산악지대에 약간의 한대성 침엽수림이 남아 있는 정도에 그치고 있다.

이러한 고정적 공간의 토지 정황과 비교하여, 유동적 시간의 인간은 건축에 대하여 어떤 욕구를 취하였을까? 일반적으로 인간은 상호관계를 통해 생존을 유지하기 위한 사회를 구성하고, 그 구성을 원만히 하기 위해 국가를 형성하며, 종교 신앙으로 단결한다. 이것이 문명의 영역 안에서 행해지는 인간 욕구 표현의 절차이다. 이렇게 국가와 종교를 통해 인간은 개인의 욕구를, 그리고 사회의 욕구를 표출한다. 따라서 욕구 표현의 하나인 건축에 국가나 종교와 관련된 부분이 절대적으로 크다고 할 수 있다. 이 국가 및 종교에 대해 일본과 조선을 비교해 보면 그 본질에 있어서는 대체로 차이점이 없다.

8 다이라(平) 일가
헤이안(平安) 시대에 천황에게서 성을 하사받아서 생겨난 성씨로, 무사 가문이다. 다이라 노 기요모리(平 清盛)에 의해서 단순한 무인가문을 넘어서 최고 권력가문으로 성장한다. 후지와라(藤原) 일가의 몰락과 헤이안(平安) 시대의 종말을 가져온 인물로 꼽힌다.

9 호죠(北條) 일가
가마쿠라(鎌倉) 막부의 집권가문. 호죠 토키마사(北條 時政)가 미나모토 노 요리토모(源賴朝)의 막부 창업을 도와 공신이 되었다. 이후 호죠(北條) 일가는 집권(執權) 직을 세습하며 수대에 걸쳐서 최고 권력가문이 되었다.

10 아시카가(足利) 일가
가마쿠라(鎌倉) 시대에서 무로마치(室町) 시대에 이르기까지의 호족 가문. 세이와(清和) 미나모토(源) 일가에서 분파되어 가마쿠라(鎌倉) 시대 지속적으로 권세를 누렸다. 1338년 아시카가 타카우지(足利 尊氏)가 세이이타이쇼군(征夷大將軍)에 임명되고, 무로마치(室町) 막부를 개창하였다. 아시카가 요시미츠(足利 義滿) 대에서 최전성기를 구가하지만, 오닌(應仁)과 분메이(文明)의 두 난(亂)을 거치며 권세를 잃었고, 1573년 오다 노부나가(織田 信長)에게 패망하였다.

11 도요토미(豊臣) 일가
도요토미 히데요시(豊臣 秀吉)에서 시작된 근세의 성씨이다. 히데요시(秀吉)의 원래 성씨는 기노시타(木下)였는데, 1573년 오다 노부나가(織田 信長)의 가신이 되면서 하시바시(羽柴)로 성을 고치고, 1585년에는 간파쿠(關白)에 취임하며 고노에사키히사(近衛前久)의 양자가 되면서 후지와라(藤原) 성을 받았다. 이듬해 다이죠다이진(太政大臣)에 취임하며 조정으로부터 도요토미(豊臣)라는 성을 하사받았다. 이후 일가 이외에 여러 다이묘들에게도 하시바시(羽柴)나 도

국가 생성 초기에 있어서 부락이 결합하여 족장제 군주 전제 정치체제를 이루는 양상은 일본과 조선이 동일하다. 그러나 이들의 족장 계승에 관해서는 혈통 문제를 중시하여 일족에 의한 승계에 노력을 기울인 일본과 혈족관계를 상관하지 않고 선양의 형식을 취하며 그 이유를 부여하는 것에 고심한 조선, 이러한 점에서만 약간의 차이가 보일 뿐이다. 특히 역사 발전이 진행됨에 따라 국왕과 인민들 속에서 정치권력을 소유하는 자들이 속출하고 있는 것도 양 쪽 모두 일치한다. 일본의 후지와라藤原 일가[7], 다이라平 일가[8], 호죠北條 일가[9], 아시카가足利 일가[10], 도요토미豊臣 일가[11], 도쿠가와德川 일가[12]의 등장, 그리고 조선에서 통일신라시대나 고려시대에도 권력은 항상 신하들이 장악하고 있던 점, 이 둘은 양 쪽이 서로 닮았음을 보여주는 사례이다. 특히 조선시대 신하들 간의 내홍이 심했던 것과 일본 요시노吉野 시대[13]와 무로마치室町 시대[14]의 두 시대에 현저히 드러났던 투쟁은 서로 유사한 점이 많다. 도요토미 히데요시豊臣 秀吉[15]가 출정하여 양 쪽을 통합하여 통일하겠다는 야망은 중도에 좌절되었고, 이후 조선에서는 다시 청清의 침입을 경험하기도 하였지만, 투쟁을 반복하는 상황이 끝나면서 각각의 국가에서 국내적으로 문운文運을 조장하는 기운이 도래했던 것이다.

종교적 측면에서 살펴보면, 양국 모두 국가적으로 불교를 도입하였던 점이 결정적으로 작용하여 건축의 측면을 좌우하였던 것이 확인된다. 이에 더하여 일본은 종래의 신도神道 신앙과 불교를 어떻게 조화시킬 것인가에 대하여 노력하고 부심하였고, 특히 신사神社 건축의 변천 양상에 그러한 고민이 반영되었다. 이러한 양상은 신사건

요토미(豊臣)라는 성을 하사하였다. 1591년 장남 츠루마츠(鶴松)가 사망하자 조카인 도요토미 히데츠구(豊臣 秀次)를 후계자로 삼았는데, 1593년에 차남 도요토미 히데요리(豊臣 秀頼)가 탄생하자 히데츠구(秀次)를 고야산(高野山)으로 추방하고 자살시킨다. 1598년 히데요시(秀吉)가 죽고, 1615년 히데요리(秀頼)가 오오사카죠(大阪城)의 전투에서 패배하며 도요토미(豊臣) 일가는 멸문하게 된다.

12 도쿠가와(德川) 일가
에도(江戶) 막부 쇼군(將軍) 가문의 성씨. 공식적으로는 일본 조정의 세이이타이쇼군(征夷大將軍) 직위를 승계한 가문이다. 원래 성씨는 마츠다이라(松平)였는데, 1566년 도쿠가와 이에야스(德川家康)가 도쿠가와(德川)로 성을 고쳤다. 1603년 막부 창립 이후로, 히데타다(秀忠), 이에미츠(家光), 이에츠나(家綱), 츠나요시(綱吉), 이에노부(家宣), 이에츠구(家繼), 요시무네(吉宗), 이에시게(家重), 이에하루(家治), 이에나리(家齊), 이에요시(家慶), 이에사다(家定), 이에모치(家茂)를 거치며 1867년 대정봉환(大政奉還) 때까지 15대 265년간 세습하였다.

13 요시노(吉野) 시대
난보쿠쵸(南北朝) 시대의 다른 명칭. 북조(北朝)를 인정하지 않고 남조(南朝)를 정통으로 보는 황국사관의 영향으로 생겨난 용어이다. 남조가 요시노(吉野) 행궁(行宮)으로 옮긴 것을 시점으로 요시노(吉野) 시대라는 명칭이 생겨났지만, 제2차 세계대전 이후 황국사관이 자취를 감추며 공식 명칭은 난보쿠쵸(南北朝) 시대가 되었다.

축과 사찰건축 모두에게 있어 그 내용을 풍부하게 해 주는 기능을 하였다. 반면 조선에서는 신라와 고려가 불교 수용에 있어 과도한 측면이 있었기 때문에 이에 대한 반발로 조선시대에는 이를 억압하였고, 사찰건축은 순식간에 쇠망하기에 이른다. 불교를 대신하여 유교의 융성을 꾀하였고, 이에 따른 시설로 문묘와 향교를 조영했지만, 이들 건축은 유교를 바탕으로 하기에 사치라고 할 수 있는 요소들을 일제히 없앴다. 그 결과 겉모습에서 볼 만한 부분이 거의 드러나지 않는다는 차이가 있다. 그렇다고 그 내용과 의미에 있어서 상반된다고 보이는 부분도 발견되지 않는다.

인간의 유동성, 구체적으로는 인간 욕구의 유동성과 관련하여, 일본과 조선처럼 인접한 지역에서 석기시대 정도의 태고부터 서로 교섭이 있었다는 사실은 이미 인류학적이나 언어학적으로 증명되었고, 고고학적으로도 명백하게 여러 가지 측면에서 확인되었다. 이후 역사시대가 되면 한반도에서 일본열도로 민족적 유입 및 이주가 있었다는 기록은 열거하기 어려울 정도로 많다. 특히 일본은 문화와 교육의 중심이 되는 문자를 조선으로부터 가져왔고, 이를 통해 학술적으로 사고하는 방법을 익히고 형식으로 정돈할 수 있었다. 이를 계기로 인간의 생존 상태가 원시단계에서 문명 영역으로 진화하였다고 할 수 있다. 즉 조선과 일본 사이에는 전자가 문물을 도입하면 후자는 이를 추종하여 받아들여 양자가 동등한 단계로 나아가는 평균운동과 같은 교섭이 이루어진 것이라고 간주할 수 있다. 조선이 대륙으로부터 불교를 먼저 도입하여 일본에 전파하였던 점, 그리고 일본보다 먼저 학문문화와 기술문화에 불교의 색채를 섞은 점, 또 각각 고유 신앙에 접목

14 무로마치(室町) 시대: 1336년 1대 쇼군(將軍) 아시카가 타카우지(足利 尊氏)가 막부를 열었던 시기부터 1573년 15대 쇼군(將軍) 아시카가 요시아키(足利 義昭)가 오다 노부나가(織田 信長)에 의해 추방되는 시점까지 아시카가(足利) 일가에 의한 무가정권 시대를 일컫는다. 3대 쇼군(將軍) 아시카가 요시미츠(足利 義滿)가 교토에 무로마치도노(室町殿)를 조영한 이후 이곳에서 막부 정치를 행하였던 것을 계기로 생겨난 시대 용어이다. 이를 1대 쇼군(將軍)과 2대 쇼군(將軍) 아시카가 요시아키라(足利 義詮)까지 소급하여 아시카가(足利) 정권의 시대를 무로마치(室町) 시대라고 부르게 되었다.

15 도요토미 히데요시(豊臣 秀吉) [1536~1598] 아츠지모모야마(安土桃山) 시대의 장수. 말단 무장의 아들로 태어나, 오다 노부나가(織田 信長)에게 중용되어 승진을 거듭하였다. 오다 노부나가(織田 信長)가 죽은 혼노지(本能寺)의 변을 구실로 아케치 미츠히데(明智 光秀)를 물리치고, 이후 시코쿠(四國), 규슈(九州), 간토(關東), 오우(奧羽)를 차례로 정벌하여 1590년에 일본 전체를 통일하였다. 이 기간 동안 1585년에 간파쿠(關白), 이듬해 도요토미(豊臣)라는 성을 하사받고 다이죠다이진(太政大臣)이 되었으며, 1591년에는 간파쿠(關白) 지위를 양아들인 도요토미 히데츠구(豊臣 秀次)에게 물려주고 본인은 다이코(太閤)에 오른다. 임진왜란과 정유재란을 일으켜 국내에 높아진 전쟁국면을 국외로 돌리려고 시도하였으나 실패로 끝나고 후시미죠(伏見城)에서 병사한다. 조세제도 확립을 위해서 농지 면적과 생산량을 조사하는 겐치(檢地)와 무사 이외의 승려나 농민에게서 병장기를 압수하는 가타나카리(刀狩)를 실시하는 등, 병농 분리를 철저히 하여, 막번체제(幕藩體制)를 정착시키기 위한 기초를 닦았다.

하고 고착시킨 점, 이러한 것들은 양자 간 교섭이 이룩한 성과라고 생각되는 바이다. 이렇듯 유동적 시간 속에서의 인간 욕구는 일본과 조선을 교섭시켰다. 결국 우리가 고민해야 하는 건축 문제와 관련해서도 건축의 시작은 거의 비슷한 조건 아래에서 출발하였다고 볼 수 있을 것이다.

2. 건축구조 형식의 비교

(1) 건축 재료와 가구架構 수법

위에서 살펴 본 일본과 조선의 건축양식 성립조건으로부터 탄생한 각각의 건축양식은 어떠한 것이었을까? 그 건축양식에 관하여 우선 구조형식의 기본적 측면에서 생각해 보자.

일본과 조선의 건축에 대하여 그 기본적인 측면을 생각해 보면 우선 양 쪽 모두 주재료로 목재를 사용하여 결구하였고, 그 결과 구조형식은 미식楣式[16] 구조에 속한다는 점을 들 수 있다.

일반적으로 건축구조 기법은 재료에 따라 세 가지로 분류된다. 하나는 목재를 이용하여 –때로는 긴 석재를 사용하기도 하지만– 결구하는 방식이고, 다른 하나는 석재나 기와 등을 사용하여 쌓아올리는 방식이며, 마지막으로 콘크리트를 사용하여 굳히는 방식이 있다. 이 목재를 주로 사용하는 결구 방식의 특징으로 먼저 기둥을 세우고 거기에 보梁,楣를 걸치는 점을 들 수 있으므로, 이러한 형식을 별도로 미식楣式[16]이라고 칭하고 있는 것이다. 반면 작은 석재나 기와 또는 전塼을 사용하는 경우에는 이를 쌓아 올려서 벽을 구성하고, 입구나 창호, 그리고 천정은 재료가 서로 균형을 잡을 수 있도록 아치 형태로 구성하였다. 이 아치의 경우 각각의 재료가 서로 맞물려서 쌓는 방식을 취하고 있으며, 이러한 형식을 총칭하여 아치식이라고 일컫는 것이다. 일본과 조선은 목재를 주로 사용하므로 그 구조형식은 미식楣式[16]에 속한다.

16 미식(楣式)
수평의 보를 수직의 기둥으로 받치는 방식으로 건물의 골조를 구성하는 형식. 미(楣)라는 것은 일반적으로 창호 상부에 수평으로 가로지르는 부재로 상부 하중을 지지하여 개구부의 형태를 유지할 수 있도록 하는 부재이다. 아치식과 대비되는 개념으로 사용된다.

일본에서는 오로지 목조만을 채택하였고, 석조를 사용한 건물은 성곽 등에서 그 석축부를 구성하는 것 외에는 소규모 탑이나 묘에 사용하는데 그치고 있다. 조선도 그 점에 있어서는 동일하지만, 단지 일본보다 훨씬 풍부하게 석재를 사용하여 성곽의 경우 입구를 아치로 하는 등의 어느 정도는 아치식을 병행하는 형태를 보이기도 하고, 석조 탑파의 경우 훨씬 거대한 유구가 있다는 점에 차이가 있다. 게다가 기후와 직결되는 주택건축 등에서는 단순히 재료만으로 제약받지 않았고, 기본 조건으로 기후라는 요소가 더해져서 기후에 대한 고려를 중요시하였다. 즉 일본에서는 습기가 많고 덥다는 점에서 여름에 대처하는 것이 주요 관건이었다면, 조선의 기후는 대륙적이어서 공기가 건조하고 겨울에 추웠으므로 석재나 벽돌로 벽을 두껍게 하였다. 이 점에서 양자 사이에 상당한 차이가 존재한다.

(2) 건축의 외관

재료와 가구형식을 동일하게 하는 일본과 조선의 건축은 그 외관 상 닮은 부분이 많다.

먼저 평면을 들 수 있는데, 미식楣式[16]이므로 방형을 취하지 않으면 안 되었다는 점에서 양자는 모두 공통적으로 장방형이나 정방형의 방형을 기본으로 하고 있고, 이 둘을 조합하여 다소 복잡한 형태를 취하는 경우도 생겨났다. 드물게 평면을 육각형이나 팔각형으로 한 경우도 있다.

이러한 평면 위에 얹히는 지붕 형태로는 맞배, 우진각, 모임, 팔작, 이렇게 네 종류를 들 수 있다. 대체로 이

네 종류로 이루어진 것은 일본이나 조선 모두 동일하지만, 세부적인 면에서는 서로 다른 부분이 있다. 특히 팔작지붕에 있어서 일본의 것은 일반적으로 삼각형으로 보이는 합각부가 크고 조선의 것은 작다는 점에 그 차이가 보인다. 그렇지만 일본의 경우도 헤이안平安 시대[17]에서 가마쿠라鎌倉 시대[18]까지는 비교적 작았고, 후세로 갈수록 점차 커졌다. 이 점에서 조선 건축은 옛 건축의 모습을 그대로 유지하고 있다고 할 수 있다. 사실 형태만 놓고 보면 팔작지붕 합각부가 너무 크면 다소 추해 보이고 오히려 작은 편이 외관 상 훨씬 뛰어나다.

지붕 형태에 대해 말하자면, 처마 앙곡을 살펴보지 않으면 안 된다. 처마 앙곡이라 함은 처마가 양쪽 끝단으로 갈수록 점점 곡선 형태로 살짝 굽어 올라가는 것으로, 이 앙곡은 조선 건축에서 훨씬 현저하게 드러난다. 이는 조선 건축의 곡률이 더 크다는 것을 의미한다. 즉 일본 건축은 처마의 중앙부는 직선이고 양쪽 끝부분에서만 곡선으로 굽어 올라가는 형태인 반면, 조선 건축은 중앙부에도 살짝 곡을 이루며 휘어져 있어 전체적으로 직선부분이 없다는 점을 그 차이로 들 수 있다. 조선의 이러한 처마 앙곡을 소조리總反り[19]라고 한다. 일본 건축에서도 이러한 소조리總反り[19]가 전혀 보이지 않는 것은 아니고, 조선에서도 중앙부가 수평인 처마 앙곡이 없는 것은 아니다. 대체로 보았을 때 위와 같은 차이를 도출할 수 있다는 것일 뿐이다.

지붕을 이는 재료로 주로 사용되는 것이 기와라는 점은 일본이나 조선에서 일치한다. 지붕을 기와로 이는 것은 대륙에서 이입된 수법이다. 일본의 경우 기와기법이 일단 조선으로 유입된 이후, 조선의 수법이 일본으로 전

17 헤이안(平安) 시대
일본사 시대 호칭의 하나로, 8세기말에서 12세기말까지 약400년 간 정권의 소재가 헤이안쿄(平安京)에 있던 시기를 말한다. 정확한 시기에 대해서는 다양한 의견이 있는데, 정치적인 측면에서는 간무텐노(桓武天皇)가 즉위한 781년부터 다이라(平) 일가가 볼락하고 미나모토노 요리토모(源 頼朝)가 가마쿠라(鎌倉) 정권을 확립한 1185년까지로 보는 시각이 가장 유력하다.

18 가마쿠라(鎌倉) 시대
[1185~1333] 일본사 시대구분의 하나이다. 미나모토 노 요리토모(源 頼朝)가 다이라(平) 정권을 무너뜨리고 가마쿠라(鎌倉) 막부를 개창한 1185년부터 막부가 멸망하는 1333년까지 약 150년간을 이르며, 가마쿠라(鎌倉)를 거점으로 한 무가정권(武家政權) 시대이다.

19 소조리(總反り)
처마곡의 하나로, 신조리(眞反り)라고도 한다. 건물 한 면의 처마곡이 전체적으로 곡선을 이루고 있는 것을 의미한다. 즉, 처마끝선이 직선을 이루는 부분이 없이 전체적으로 면 전체가 곡선으로 이루어져 있는 것을 뜻한다. 일반적으로 와요(和様)에서는 전체적으로 곡률이 일정하고 완만하지만, 젠슈요(禪宗様)에서는 곡선이 급격하게 변화하는 형태도 있어 이는 나기나타조리(長刀反り)라고 구분하기도 한다.

해졌을 것이라는 점은 새삼스러운 사실도 아니다. 그러나 조선에서는 그 수법과 형식이 거의 변화 없이 이어져 왔지만, 반면 일본에서는 상당한 변화를 거듭하며 후세로 전해졌다. 또 나무를 지붕 재료로 사용하는 방식도 동일하여, 판자 지붕이 일본과 조선에서 모두 보이는데, 조선의 경우에는 일본에서 주로 사용되었던 히노키檜[20] 껍질이나 스기杉[21] 껍질을 사용한 사례가 없다. 이는 조선에 그 수종이 없다는 점에서 기인한다고 할 수 있을 것이다. 반면 판자와 석재를 사용하는 예는 조선의 민가에서 상당수 확인된다.

보편적으로 이러한 건축물을 조선에서는 석조기단 위에 짓는다. 일본 건축에서도 오래된 경우, 즉 대륙의 기술이 전래되어 새롭게 유입된 건축 형식에서 그러한 수법을 취하는 경우도 있지만, 이것이 바닥면을 높이 쌓는 고유의 형식과 결합하였다. 건축 주변으로 엔가와緣側[22]가 부설되었고, 이 엔가와緣側[22]가 기단보다 튀어 나오면서 기단은 점차 퇴화하게 되었다. 그러면서 이른바 가메바라龜腹[23]라는 것을 형성하게 되었다는 점에 그 차이가 있다고 할 수 있다.

기단 위에 기둥을 세우고 그 기둥 사이에 창이나 문 등 개구부를 설치하는 칸이 있다면, 벽으로 막힌 칸도 있다. 이 창과 문, 그리고 양쪽 칸 사이에 여러 차이점이 있음을 지적하지 않을 수 없지만, 그 이상으로 문제시될 만한 점이 바로 안쏠림이다. 조선 건축과 같이 처마곡을 소조리總反り[19]로 하고 기둥을 수직으로 세우면 눈이 착시를 일으켜 상부가 바깥으로 기울어져 있는 듯 느껴지므로, 보통 이를 보정하고자 기둥을 안쪽으로 기울여서 세운다. 그러나 이점도 일본에서도 명백히 존재했던 수법이

20 히노키(檜)
일본 원산의 상록침엽수로, 편백, 노송나무, 회목 등으로 불리기도 한다. 가공성과 내수성이 뛰어나서 고급 건축재, 조각재, 창호 등으로 사용된다.

21 스기(杉)
주로 일본 원산의 상록침엽수인 크립토메리아 자포니카(Cryptomeria japonica)를 의미하는 것으로, 삼목(杉木)이라 불리기도 한다. 심재는 붉은 색을 띠고, 변재는 하얀 색을 띠어 경계가 명료하다. 비중은 비교적 적은 편이고, 내구성은 변재가 낮고 심재는 중간 정도이다. 가공성이 뛰어나고 건조도 용이하다. 껍질은 적갈색을 띠며, 건축에 있어서의 이용도는 매우 높은 편으로 예로부터 산지나 조림법에 의한 용도 구분도 다양했다.

22 엔가와(緣側)
주요 건물의 바깥부분에 나무판자를 깐 마루로 덧댄 부분으로, 엔(緣)이라고도 한다. (한) 툇마루

23 가메바라(龜腹)
석회반죽을 발라서 볼록하게 만든 부분을 의미한다. 주로 사찰과 신사의 엔가와(緣側) 아래에서 벽의 하단부와 기둥을 보호하는 역할을 한다. 다보탑의 층간이나, 도리이(鳥居) 기반에서도 확인된다.

지만, 헤이안平安 시대[17] 이후 기둥 연결에 있어 누키貫[24] 이외에도 기둥 외부로 상중하 삼단의 나게시長押[25]를 사용하게 되면서 기둥을 안쪽으로 기울이는 기법을 적용하는 것이 복잡해졌다. 외관 상 나게시長押[25]에 의한 삼단 수평선이 있고, 처마곡도 소조리總反り[19]가 아니었으므로 굳이 기둥을 기울이지 않아도 착시를 바로잡을 수 있거니와 착시가 일어날 만한 상황도 없었다고 할 수 있다. 이러한 부분에서도 조선 건축에 오래된 옛 기법이 남아 있음을 확인할 수 있다.

이 기둥 위에 두공을 얹는 기법도 또한 양쪽 모두 대륙에서 전래된 것으로 공통적인 부분이며, 초기에는 그 세부 형태도 유사하였지만, 근세에 이르러 양쪽 모두 각각 특유의 변화가 일어났다. 그 변화 성질에 관해서는 보다 번잡스럽게 느껴지는 변화라는 점이 일치한다.

이렇듯 외관에 관한 점으로 한정하면, 목조 미식楣式[16] 이라는 기본적 구조를 공유하기 때문에 다양한 공통점을 도출할 수 있으며, 오로지 세부에서만 몇 가지 상이한 점이 드러나므로 세부사항을 통해 양 쪽을 명확히 판별할 수 있는 것이다.

24 누키(貫)
기둥과 기둥을 연결하는 부재의 일종으로, 이음과 맞춤을 통해 직접 기둥에 결구되어 연결하는 부재이다. 나게시(長押)에 비해 복잡한 기술력을 필요로 한다. 한국과 중국에서는 기둥을 연결하는 부재로 누키(貫) 이외에는 사용하지 않기 때문에, 따로 구분하지 않는다. (한) 창방

25 나게시(長押)
기둥과 기둥을 연결하는 부재의 일종이다. 반원형의 홈을 판 두 부재를 홈을 기둥에 맞추어 양쪽에서 겹쳐 붙이고 이를 철물로 고정하는 방식으로 결구되는 부재로, 일본에서만 보이는 연결부재로 누키(貫)에 비해서 원시적인 수법으로 판단된다.

(3) 내부 치장 및 시설에 대하여

양자를 비교함에 있어 내부 치장 시설에 대하여 논하자면, 근본적으로 양쪽 모두 생활양식이 좌식이라는 점에서 일치한다. 일본과 조선 모두 동일하게 대륙의 건축 기법이 전래되었지만, 만약 양쪽의 생활양식이 입식과 좌식으로 차이가 있었다면, 내부 치장 및 시설에 있어서 전혀 다른 방식을 취했을 것임에 틀림없다. 대륙에서는 입식이

므로 의자를 사용하였다. 반도와 대륙 양쪽 모두 추위에 대처하기 위해 바닥을 데우는 구들을 설치하였지만, 조선에서는 바닥 전체에 포설한 반면, 대륙에서는 방의 일부에만 설치하는데 그쳤다. 즉 조선에서는 바닥 전체를 앉을 수 있는 공간으로 구성하므로 토방인 채로 두는 방은 존재하지 않았다. 온돌방이든 마루방이든 일단 신을 벗고 들어가도록 되어 있다. 환언하자면 내부 바닥 높이를 일정 수준으로 유지하고 있었다고 할 것이다. 바닥이 일정 수준 이상의 높이를 갖는 것은 좌식이라는 점에서 원인을 찾을 수 있고, 마찬가지로 일본에서도 보이는 부분이지만, 단 일본의 경우는 바닥이 습기를 머금지 않도록 통풍을 좋게 하여 항상 건조한 상태를 유지해야만 했기 때문에 더더욱 바닥을 높이는 것이 강조되었던 것이다.

위에서 언급한 일본과 조선의 주택건축에 있어서의 특질은 대륙 기법을 그대로 적용했던 사찰 건축에 어떠한 영향을 미쳤을까? 사찰 건축의 바닥은 우선 토방에서 시작된다. 이 토방은 바닥재로 돌이나 벽돌을 사용하였는데, 일본에는 일찍이 헤이안平安 시대[17] 초기에 고로바시네다轉ばし根太[26]를 사용한 판마루 사례가 남아있다. 그러나 고로바시네다轉ばし根太[26]를 사용한 마루는 높이가 낮으므로 판자에 습기가 쌓이고 쉽게 부패했다. 따라서 점차 바닥을 높이게 되었다. 이러한 경향에 순응하여 내외부 연결성을 높이기 위해 주변으로는 툇마루를 설치하게 되었으며, 이 툇마루의 발달이 기단을 퇴화시켰다는 것은 전술한 바와 같다. 조선에서는 이 판마루가 사찰건축에서 언제 사용되기 시작했는지 분명하지 않지만 –아마도 고려말, 조선초일 것이다– 현재 남아 있는 대부분의 불전佛殿은 판마루이지만 그 상당수는 고로바시네다轉ばし根太

26 고로바시네다(轉ばし根太)
마루판과 지면사이에 들어가는 부재로, 결구나 조립을 활용하지 않고 간단하게 마루를 조립하는 경우 지면 위에 적당한 간격으로 고로바시네다(轉ばし根太)를 깔고 그 위에 마루판을 얹게 된다.

[26] 정도이다. 고상식高床式이라 할 수 있을 정도까지 발전하지는 못했다. 즉 기단 상면에서 디딤돌에 올라서서 문지방을 넘어 설 수 있는 정도로 내부 마룻바닥에 들어설 수 있는 것이다. 이렇듯 일본과 조선의 사찰건축은 판마루가 주를 이룬다는 점에서 일치하고 있다.

내부와 관련하여 한 가지 주목할 점은 내부를 사용자 측면에서 멋대로 구획한다는 것이다. 물론 건축물은 그 용도에 따라 채를 달리 하여 조영된다. 용도가 달라지면 별도로 건물을 짓는다는 것은 건축기술이 미숙하던 시기에는 공통적인 특징이었다. 물론 대륙의 어떤 건물에서는 기술이 발달한 이후에도 그러한 특징이 보인다는 점을 오늘날에도 확인할 수 있는 바이다. 일본과 조선의 경우에는 필요에 따라 용도별로 별도의 건물을 구성하기도 하였지만, 이 용도를 결합하여 전체적으로 한 동의 건축물에 수용하도록 하는 수법을 취하였다. 즉 하나의 건축물 안에 용도에 따라 구획을 달리하였다는 것이다. 이러한 특징은 점차 발달하여, 특히 일본 건축에서 두드러졌다. 한 동의 건축물 안에 다양한 종류의 방을 구획하였고, 칸間을 구분하는 부분에 후스마襖[27] 또는 벽이나 문 등의 시설을 설치하였던 것이다.

내부를 재구획하면 그 건축물의 상부가구는 노출시킨 채로 둘 수 없는 결과를 초래한다. 구획된 방의 독립성을 보장하기 위해서는 천정을 만들지 않으면 안 된다. 천정을 만든다는 점은 일본이나 조선에서 공통적으로 보이는 부분이지만 그 수법의 분파와 발전에 있어서는 일본 건축에서 현저한 변화와 발전이 확인된다.

27 후스마(襖)
표면에 종이나 헝겊을 붙인 장지문으로, 장지문을 의미하는 쇼지(障子)를 뒤에 붙여서 후스마쇼지(襖障子)라고도 한다.

3. 건축 의장으로서의 계획성 비교

(1) 구성에 우선하는 계획성의 유무

건축을 행하기 위해서 먼저 그 용도가 부여되고, 그 용도를 위한 재료와 구조를 어떻게 활용할지, 그리고 그렇게 하여 완성된 최후의 결과까지 구상해 놓아야 한다. 즉 건축을 행하기 위해서는 잘 다듬어져야만 하는 사고思考가 필요하고, 이 사고에 수반하여 적절한 실행이 있어야 한다. 계획을 세우면 이를 기법으로 전환하여 구축하고, 그러한 계획에 상응하는 결과물로 최종 건축물을 완성한다. 그리고 좋은 건축물을 세운다는 것은 의지를 집중시키는 것이며, 기교를 다투는 것이기도 하다. 좋은 건축물이기 위해서는 계획이 훌륭해야 하며, 그 계획이 요구하는 바에 맞추어 구조기법도 항상 고도로 발달된 것을 활용하여 진보된 형태를 유지해야만 하는 것이다. 이 점을 일본건축과 조선건축에 대하여 비교 고찰하고자 한다면 어떤 결과를 도출할 수 있을 것인가? 건축 디자인에 있어서 양자가 택해 온 태도를 비교하고자 하는 것인데, 이를 건축 전체에 대해 하나하나 서술하고자 한다면 끝이 없을 것이고, 그 요점을 이해하기 위해서 철저한 계획을 요하는 부분인 처마 구조만으로 한정하여 생각해 보고자 한다.

(2) 처마 기법에서 보이는 계획성

처마에서 일본건축과 조선건축이 다르다는 것은 전술

한 바와 같다. 거듭하여 언급하자면 일본의 처마에는 중앙에 수평한 부분이 있고, 조선은 그 부분이 없고 소조리總反り[19]라고 하는 전체적 곡면으로 구성되어 있다. 조선 건축의 처마는 이를 조영함에 있어 다음과 같은 순서를 따른다. 먼저 처마 양단이 걸쳐지는 부재인 추녀를 얹고, 중간 중간 서까래를 올린 후, 이를 연결하도록 초매기 평고대와 이매기 평고대를 걸친다. 초매기와 이매기는 모두 직선 부재를 사용하는데, 이 직선부재를 추녀 끝에 걸치면 쳐져서 휘게 되고, 이 휨에 맞추어 다른 서까래도 올리는 수법을 사용한다. 따라서 이 처마 앙곡이라는 것도 지극히 우연적인 결과물로, 그 곡선은 초매기 또는 이매기 평고대에 걸쳐지는 목재의 성질에 의해 좌우된다. 이러한 순서와 방법으로 즉석에서 소조리總反り[19]가 결정되는 것으로, 여기에 계획성이 있다고 언급하기에는 부족하다는 점을 알 수 있다.

그런데 이 조선 건축에서 보이는 처마곡 기법은 발생적으로 보았을 때 일본 건축에도 강요되었을 것이다. 그러나 일본은 이 곡선을 우연히 만들어내는 방식에서 벗어났다. 먼저 이 곡선이 완성된 형태를 예상하고 거기에 맞추어 기오이木負い[28]와 가야오이茅負い[29]를 제작하였다. 이렇게 부재를 제작했다는 점은 결과를 예상하여 계획하고 실현시키고자 했음을 의미한다. 그리고 이 계획과 공법도 간단하고 용이하도록 하자면 중앙부를 반듯한 수평으로 제작하여야 한다. 그 결과 일본이 조선 건축과는 다른 처마곡을 만들어 내게 된 것이다.

이에 더하여 기오이木負い[28]와 가야오이茅負い[29]가 스미기隅木[30]에 걸쳐지는 경우, 일본 건축에서는 각 부재가 계획적으로 마련되고 결구된다. 바꾸어 말하면 기오이木負

28 기오이(木負い)
서까래 끝부분에 서까래 위에 얹혀서 지붕곡을 만드는 부재로, 평고대와 동일하다. 겹처마인 경우에는 초매기 평고대에 해당한다. [그림1]

29 가야오이(茅負い)
기오이(木負い)가 초매기 평고대라면, 가야오이(茅負い)는 이매기 평고대에 해당한다. 겹처마 이상인 경우에만 가야오이(茅負い)가 있다. [그림1]

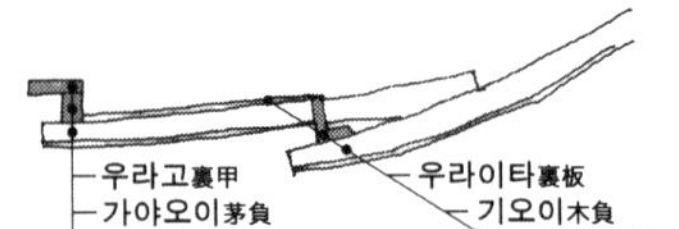

[그림1] 일본목조건축 처마부 단면도

30 스미기(隅木)
건물 모서리에서 도리가 교차하는 부분에 서까래와 동일한 구배를 이루며 대각선으로 얹는 부재. 서까래의 단면부가 걸쳐지는 부재로, 선자연인 경우에는 선자의 꼭지점을 받는다. (한) 추녀

い[28]와 가야오이茅負い[29]가 걸쳐질 스미기隅木[30]의 위치가 결정되고, 어떻게 조립할 것인지 맞춤과 결구 방법도 결정되었다. 이 결정에 맞추어 부재 가공을 이미 끝내놓고, 그 상태에서 부재를 현장으로 운반하면, 현장에서는 단순히 부재를 조립하는 작업만 진행하면 되는 것이다. 그러나 조선의 경우 추녀에 평고대가 걸쳐지는 위치가 결정되어 있더라도 그 부재의 결구되는 정도와 깊이가 확정되지 않은 상태이므로, 현장에서 각 부재의 상태 및 현장 상황에 맞추어 수차례 재가공이 이루어진 후에야 조립이 가능하다. 이렇듯 미리미리 작업을 예상하여 진행하는가 하지 않는가에 따라서도 일본건축과 조선건축의 상이점을 도출해 낼 수 있게 된다.

(3) 서까래에 나타난 기법의 계획성

처마곡의 수법을 생각해 보고 이어서 처마와 서까래의 관계를 살펴보게 되면, 먼저 서까래의 형태에 있어 조선건축은 단일하게 장연과 단연의 단면이 원형이고, 부연은 각형 –사다리꼴이기는 하지만– 으로 하였고, 그 배치에 있어서는 끝부분만 선자연으로 뻗어나가는 형식을 취하였다. 그리고 이러한 형식과 배치가 유일한 양식이다. 이 점을 일본 건축에 대하여 보게 되면, 서까래의 형태에서 지다루키地棰[31]가 원형이고, 히엔다루키飛檐棰[32]가 각형인 것은 나라奈良 시대[33]까지 보이는 수법으로, 가마쿠라鎌倉 시대[18]에 이르면 그런 수법이 있었는지 의문이 들 정도로 자취를 감추게 된다. 그 배치형식은 이때까지도 선자연은 아니었다.

조선 건축에서 보이는 원형의 장연과 단연, 각형의 부

31 지다루키(地垂木)
서까래 중에서도 처마에서 기둥위치에 올라가는 서까래를 말한다. 지다루키(地棰) 끝부분 위에 기오이(木負い)가 얹히고 히엔다루키(飛檐棰) 끝부분 위에 가야오이(茅負い) 얹혀서, 서까래와 평고대, 부연과 이매기 평고대가 위치하는 것과 동일하다. (한) 서까래, 연목 [그림1]

32 히엔다루키(飛檐垂木)
겹처마인 경우에만 보이는 서까래로, 지다루키(地垂木)와 구분되며 지다루키(地垂木) 끝부분에 기오이(木負い)가 놓이고 그 위에 히엔다루키(飛檐垂木)를 얹는다. (한) 부연 [그림1]

33 나라(奈良) 시대
[710~784] 일본사 시대 구분의 하나이다. 나라(奈良)에 도읍을 정했던 710년에서 784년까지의 74년간을 말한다. 국왕을 중심으로 하는 정부가 이곳에 있었으므로 지명으로 시대명을 대신하였다. 나라(奈良)에 있던 도읍의 공식 명칭은 헤이죠쿄(平城京)이다.

연, 그리고 선자기법으로 모서리 서까래를 배치하는 것은 처마곡 결정의 우연성에 대응하는 적절한 수법으로, 처마곡에 따라 서까래가 방사상으로 그 구배를 맞추고 얹히면 되므로 간단하게 처마를 구성할 수 있다. 역으로, 모든 부재를 계획적으로 정리하여 위와 같은 형식으로 구성하고자 한다면, 그것은 지극히 어려운 것이다. 그 어려운 공법을 간편화하기 위하여 먼저 처마곡을 결정하여 이 곡선에 따라 서까래의 위치 및 형상을 결정하였고, 그 배치도 선자로 하기 보다는 평행 배치하는 것이 더 유리하였다. 이러한 결과 일본 건축에서 일반적으로 나타나는 지다루키地垂木[31]와 히엔다루키飛檐垂木[32]를 각형으로 하고, 서까래는 평행 배치하는 수법을 선택하게 된 것이다.

물론 일본 건축에도 서까래를 선자로 배치하는 수법은 존재한다. 게다가 조선 건축에서 보이는 바와 같이 모서리만 선자로 한 경우와, 처마 전체에 걸쳐서 선자로 구성한 경우, 두 종류가 있다. 전자는 남아 있는 사례가 적지만, 후자는 비교적 많다. 특히 이 후자에 있어서는 어떻게 하면 가장 이상적인 배치를 취할 수 있을 것인가, 서까래의 각도 상호 이격 정도, 게다가 모서리로 갈수록 곡선으로 굽어 올라가는 것과의 관계 및 수법 등에 대하여 충분한 고민했던 것을 볼 수 있다.

(4) 서까래의 종류와 형태에 대하여

서까래의 종류 및 배치와 관련하여, 조선 건축에서는 그 성질 및 종류와 관계없이 장연과 단연은 원형, 부연은 각형, 모서리는 선자연 배치, 이렇게 조합하는 것이 유일한 형식이라는 점은 이미 전술한 바와 같지만, 일본 건축에서는 형태나 배치에 있어서 그 종류가 매우 풍부하다. 처마 전체의 형식에 있어서도 지다루키地垂木[31]와 히엔다루키飛檐垂木[32]로 구성되는 겹처마, 지다루키地垂木[31] 만으로 구성되는 홑처마 -이는 조선에서도 민가 같은 건물에서 보편적으로 사용되지만- 와 히엔다루키飛檐垂木[32]를 반복하여 이중으로 하고 지다루키地垂木[31]를 포함하여 삼중으로 하는 삼겹 처마의 예도 있다.

이어서 서까래의 형상에 대하여 논하자면, 일본건축에서는 지다루키地垂木[31]나 히엔다루키飛檐垂木[32] 모두 단면이 장방형으로 이루어지는 경우가 많지만, 이미 전술한 바와 같이 나라奈良 시대[33]에서 가마쿠라鎌倉 시대[18]에 이르기까지 지다루키地垂木[31]의 단면이 원형이고, 히엔다루키飛檐垂木[32]는 각형으로 되어 있는 경우도 많이 남아 있다. 그리고 이 지다루키地垂木[31]의 단면이 고대로 갈수록 원형에 가깝고, 헤이안平安 시대[17]가 되면 점차 타원에 가까워진다.

그리고 배치에 대해서 말하자면, 방사형으로 배치하는 것과 평행으로 배치하는 것만 있는 것이 아니라, 방사형이라고 하더라도 조선건축과 같이 모서리만 방사형으로 하는 경우와 처마 전체에 대하여 부채를 펼친 것과 같이 배치시키는 예도 있다. 또 평행으로 배치하는 경우에 있어서도 조선건축과 같이 어떠한 건축에서도 균등하게 1척尺 정도의 간격으로 분배되는 -일본에서도 나라奈良 시대[33] 건축에는 이러한 간격을 취한 예가 있다- 것이 아니라, 시게다루키繁垂木[34]라고 불리는 간격을 서까래 가로 폭과 동일하게 한 것, 또 혼시게다루키本繁垂木[35]라고 하여 서까래의 간격을 세로 폭과 동일하도록 배치한 것, 그리고 후키요세다루키吹寄垂木[36]라고 하는 서까래 두 개

34 시게다루키(繁垂木)
서까래의 간격과 서까래 가로 폭이 동일하도록 배치한 서까래 배치 방식

35 혼시게다루키(本繁垂木)
서까래의 간격과 서까래 세로 폭이 동일하도록 배치한 서까래 배치 방식 [그림2]

36 후키요세다루키(吹寄垂木)
2개의 서까래를 1조로 하여 서까래 2개씩 붙여서 배치한 서까래 배치 방식 [그림2]

를 붙여서 배치하고 이를 한 조로 하여 띄엄띄엄 간격을 둔 것, 또 마바라다루키まばら垂木[37]라고 하여 간격을 훨씬 벌려서 배치한 것 등, 다양한 종류가 있어서 처마 부분의 수법을 하나 취하기 위해 이상과 같은 형상 및 배치 등 다양한 선택의 조합을 필요로 하여, 이 점이 상당한 변화를 가져오게 되었음을 알 수 있다.

이렇듯 일본 건축의 처마 수법이 다양하다는 것을 확인할 수 있었지만, 처음 대륙에서 기법이 전해졌을 당시에는 그렇게 많은 변화는 없었을 것이다. 그랬던 것이 이렇게 변화를 거듭한 데에는 건축을 실천할 때마다 계획을 착실히 수행하였고, 건축이 이루어지고 나면 건축에 대한 반성이 더해졌기에 가능했던 것은 아닐까? 즉 건축에 임할 때에는 전철을 밟지 않고, 결점이 있으면 그 기법에 만족하지 않고 어떻게 하면 보다 나은 기법을 취할 수 있는지에 대한 반성을 바탕으로 점차 기법의 종류가 다변화되기에 이른 것이라고 할 수 있을 것이다.

이상과 같이 단순히 처마 부분만을 가지고 고찰해 보았다. 이를 처마 부분뿐만 아니라 건축전체로 확장하여 보는 것은 비교고찰을 통해서 쉽게 가능할 것이라고 판단되며, 본고에서는 원칙적인 것만 언급하고자 하는 것으로 자세한 비교는 번잡함을 피하기 위해 생략하고자 한다.

(5) 계획성의 귀결점

이렇듯 일을 실행함에 있어 계획성을 부여하고 그 결과에 있어서 실행 정도를 반성하는 것은 건축이 복잡해짐에 따라 더욱더 요구되는 부분이다. 즉 이 복잡화에 있어 무턱대고 복잡하게 하는 것이 아니라 정리하여 역으로 단

37 마바라다루키(まばら垂木)
시게다루키(繁垂木)의 두 배 정도 간격 또는 서까래 가로 폭과 세로 폭을 합한 것을 서까래 간격으로 취하는 경우, 이를 한시게다루키(半繁垂木)라고 하는데, 마바라다루키(まばら垂木)는 그 이상으로 4~5배 정도의 간격으로 배치한 것을 말한다. [그림2]

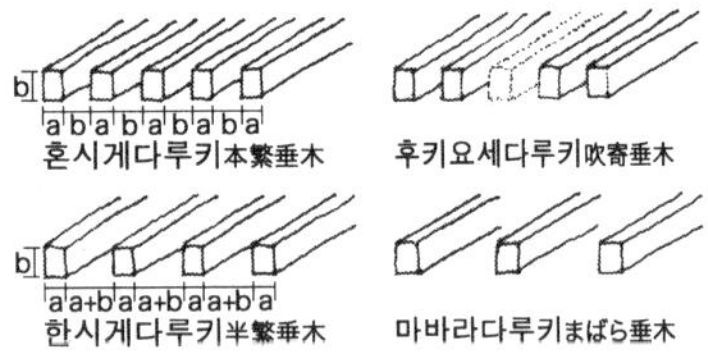

[그림2] 다루키(서까래) 배치의 종류

순화하고자 하는 의도를 가지고 조금의 반성을 더해보면 스스로의 길잡이가 되어 주는 것이다. 따라서 결국 그 귀결점은 재료의 규격 통일에 의한 단순화인 것이며, 기법의 연마에 의한 단일화 즉 규범의 확정을 실현할 수 있게 되는 것이다.

이 규격과 규범의 확립이 지나치게 되면 반대로 장해요소가 되고, 그 확립 자체가 무의미한 것이 될 우려도 다분히 있지만, 그럼에도 일본에서는 점차 양성화하는 기운이 확산되어 이윽고 에도江戶 시대[38]에는 성립에 이르게 되지만, 조선에서도 기운이 있었다는 점을 들 수 있지만 그다지 현저하지는 않았다.

일본에서 확인되는 것도 그 결과물이 한 명의 손으로 이루어진 것은 아니었으며, 알려진 대로 각자 특징을 가지고 대대로 구술로 비전의 형식으로 전해져 내려오던 것이 에도江戶 시대[38] 말기에 이르러 다른 과학적 학문에서 보이는 바와 마찬가지로 당시의 시류에 편승하면서 결국 일반에 개방되었고 계몽적인 출판물이 많아지면서 건축기법이 일반화되는 현상을 보이게 된 것이다. 즉 이 규격 규범의 확립으로 누구라도 간단히 일반적인 건축을 지을 수 있는 상태에 놓이게 된 것이다. 이러한 상태야말로 무엇이라 할 수 있을까? 규범과 규격의 성립은 실로 근대의 산물로 보지 않으면 안 될 것이다.

이 규격이나 규범의 성립과는 별도로 기쿠쥬츠規矩術[39]가 학문이라고는 할 수 없지만 하나의 기법으로서 건축을 시작에서 완성까지 쉽게 도달하도록 해 주는 장치가 되어 주었다는 점을 들지 않을 수 없다. 계획된 건축에 대해 낭비하지 않고 재료를 가공하는 기술로서 기쿠쥬츠規矩術[39]가 생겨나게 된 것이다. 만약 계획을 세우지 않고 모든

38 에도(江戶) 시대

[1603~1867] 일본사 시대구분의 하나이다. 도쿠가와 이에야스(德川 家康)가 1600년 세키가하라(關ヶ原) 전투에서 승리하여 세이이타이쇼군(征夷大將軍)에 임명되고, 1603년 오늘날의 도쿄(東京) 지역인 에도(江戶) 막부를 열었던 것을 그 시점으로 한다. 도쿠가와 요시노부(德川 慶喜)가 대정봉환(大政奉還)을 한 1867년을 종점으로 하여, 265년간을 말한다. 도쿠가와(德川) 일가가 막부의 수장을 세습했던 시대라는 의미로 도쿠가와(德川) 시대라고도 한다.

39 기쿠쥬츠(規矩術)

기쿠(規矩) 또는 기쿠호(規矩法)이라고도 한다. 일본 중세부터 행해진 곡척으로 행하는 설계 및 제도 기술을 뜻한다. 본격적으로 행해진 것은 에도 중기 이후로 에도(江戶) 시대 대동량(大棟梁)인 헤이노우치 마사오미(平內 廷臣, 1799~1856)에 의해 집대성되었다. 「規矩要解」 등의 서적이 남아 있다.

상황을 현장에서 적당히 충당하게 되면 두말할 필요도 없이 이러한 기술의 발전은 도저히 기대할 수 없었을 것이다. 계획에 기초하여 그 건축을 합리적으로 시행하고자 하는 반성이 이 기쿠쥬츠規矩術[39]의 발전을 이루어 내게 된 것이다. 이 기쿠쥬츠規矩術[39]는 재료에 직접 그리는 도법이다. 오늘날에는 종이 위에 콤파스를 사용하여 도면을 작성하고 이를 재료에 옮기는 것이 일반적이지만, 건축의 기쿠쥬츠規矩術[39]는 곡척을 사용하여 직접 재료에 결구법을 표시하는 방법이다.

에도江戸 시대[38]에 기쿠쥬츠規矩術[39]가 발달하게 되었다고는 하지만, 물론 그 이론을 추구한 것이 아니고 방법만을 추구한 것이다. 따라서 어떤 경우에는 그것이 정확하지 않고, 그저 비슷한 정도에서 그치는 경우도 있지만, 이 기쿠쥬츠規矩術[39]에 의해서 건축을 한 층 계획적으로 진행하는 것이 가능해졌다.

기술이 진보하고 발전하면서 계획을 세우면 그 계획대로 완성시키게 되었다. 거기에 더하여 완성시킨 결과에 반성을 더하였다. 이 반성은 다음 기회의 더욱 좋은 결과를 위한 토대가 된다. 일본 건축에서는 에도江戸 시대[38]에 이르러 그러한 노력의 결과물로서 규격과 규범의 확립, 이에 더하여 기쿠쥬츠規矩術[39]의 생성을 보게 된 것이다. 조선에서 건축을 하는 경우, 특히 재래양식의 건축을 짓는 경우 여전히 이러한 방법이 행해지지 않고 있는 것을 확인할 수 있다.

4. 양식 변천의 대조

일본이나 조선도 그 건축의 역사를 서술하고자 과거를 되돌아보면 대략 비슷한 정도의 세월이 흘러 왔음을 알 수 있다. 물론 자연 상태의 몽매한 태고적 과거까지 들추자면 끝이 없으므로, 문명이 열리고 민족이 자연민족에서 문화민족으로 변화된 이후로 그 대상을 좁혀 보면, 위와 같이 말할 수 있는 것이다. 원래 한반도는 대륙에 접해 있고 문화는 대륙에서 가장 일찍 개화되었으므로 조선에 전파된 것, 그리고 일본에 파급된 것 이들 사이에는 다소의 차이가 있고, 조선은 그만큼 일찍 자연 상태에서 탈피할 수 있었던 것이다. 그리고 그 이후 양쪽이 동일한 문화 수준을 가졌던 시기를 대륙과의 관계를 통해 비교해 보면, 대륙으로부터 문물이 많이 들어오던 시기에는 문물이 옮겨오는 과정에 따라 세월의 차이가 생길 수밖에 없는 것이 당연하다. 그러나 이윽고 대륙의 영향에만 의존하지 않고 독자적으로 발전을 이룩하던 시기가 되고 나서는 조선과 일본 중 어느 쪽이 빨리 진보하였는지를 명확히 확증할 만한 근거를 찾을 수 없는 상황이다. 오히려 조선에서는 독자적인 행보를 걸었다고 보이는 시기에도 그 문화에 끊임없는 대륙으로부터의 영향이 침투했었다고 볼 수 있고, 일본 정도의 확연한 단절이 없었기 때문에 외래문화가 동화되는 과정이 명료하지 않다. 이렇게 대륙으로부터의 영향을 생각하면서 건축에 나타난 양식을 구분하여 비교해 보면 다음 표와 같다.

<table>
<tr><th>건축에 나타난 특징</th><th>일본</th><th colspan="2">조선</th></tr>
<tr><td>1. 원시적 건축
(원시건축原始建築)</td><td>태고太古</td><td colspan="2">태고太古</td></tr>
<tr><td rowspan="4">2. 상대上代에는 고분에서
수많은 유물이 출토되었고
하대下代로 가면서
불교건축 조영이 시작되었다.
(상대건축上代建築)</td><td>상대上代</td><td colspan="2">낙랑/대방군 시대</td></tr>
<tr><td rowspan="3">아스카飛鳥 시대[102]</td><td rowspan="3">삼국시대</td><td>고구려</td></tr>
<tr><td>백제</td></tr>
<tr><td>고신라</td></tr>
<tr><td rowspan="2">3. 불교건축의 융성기
(중고건축中古建築)</td><td>나라奈良 시대[33]</td><td colspan="2" rowspan="2">신라 통일 시대</td></tr>
<tr><td>헤이안平安 시대[17] 초기</td></tr>
<tr><td rowspan="2">4. 불교건축 유지기
(중세건축中世建築)</td><td>헤이안平安 시대[17] 후기</td><td rowspan="2">고려시대</td><td>초기</td></tr>
<tr><td>가마쿠라鎌倉 시대[18]</td><td>후기</td></tr>
<tr><td rowspan="4">5. 불교건축 쇠퇴기
공공건축 등 발흥기
(근세건축近世建築)</td><td>무로마치室町 시대[14]</td><td rowspan="4">조선시대</td><td rowspan="2">초기</td></tr>
<tr><td rowspan="2">아즈치모모야마安土桃山
시대[48]</td></tr>
<tr><td rowspan="2">후기</td></tr>
<tr><td>에도江戶 시대[38]</td></tr>
</table>

이렇게 구분해 보면 양쪽에서 각각 변천하는 양식 사이에는 각자의 경향이 있는 와중에도 일치하는 부분이 있다는 점이 명확해 진다.

자연민족 상태에 있던 시기의 건축은 결국 그것을 포함하는 문화 자체가 언급할 만한 것이 없는 수준이었다고 보면, 별도로 고려할 필요도 없었을 것이다. 후세의 건축을 기준으로 삼으면, 그 상태의 건축은 살펴볼 만한 것이 거의 없다는 것은 당연할 것이다. 그러나 근래에는 고고학의 입장에서 밝히고자 하는 시도가 행해지고, 조금씩 그 면모가 분명해지고 있다. 그리고 결과적으로 앞으로 다시 건축사 입장에서 고려해야만 하는 수많은 문제들을 제공해 주고 있으므로, 극히 최근에는 이를 해명하는 것 자체도 또한 건축사 학문 분야 안으로 들여오게 되었다.

그리고 조선에서는 한족의 이주와 이식이 있었고 이들은 평양 부근에서 위세를 떨치고 정착하였으므로 그들의 건축은 한나라 즉 대륙 중심부에서 생겨나고 발전한 것이 그대로 옮겨 온 것이라고 생각해 볼 수 있겠지만 과연 실제로는 어떠한 것이었을까? 대륙에서 알려진 한대 건축의 유물은 매우 부족하고 일부 석실, 석관, 화상석의 도상 등에서 보이는 건축, 고분에서 출토된 명기류明器類를 통해 추정하는데 그치고 있다. 낙랑군樂浪郡 유적지라고 간주되는 낙랑토성이 일부 조사되었지만, 그 결과로써 당시의 건축을 명확히 하는 데는 여전히 불충분하다. 게다가 여기에서 기술하고자 하는 것은 일본, 조선 건축에 관한 것이므로 사실 한반도에서 있었던 건축현상이라고는 하여도 낙랑 건축의 파생효과를 생각해 보면, 특히 그 부근으로 지역을 한정하여 후세에 미친 감화를 살펴보면, 언급해야 할 정도의 큰 영향력은 없고 극히 불명료하므로 의문시할 정도의 가치는 적다. 단지 그 고분에 주목해 보면 후세에 미친 영향요소가 컸다는 것은 양쪽에 유적이 풍부하므로 추적이 가능하다고 보는 정도는 언급할 만하다.

이 낙랑군이 설치되었던 무렵 조선의 여타 지역이나

일본에서는 문화적 중심이 정착되기 시작하였다. 점차 원시 문화 상태에서 탈피하게 되었고, 문화민족으로 진일보하였다. 조선에서는 만주의 부여족이 남하하였고, 한의 식민지였던 사군은 이들에 의해 해체되기 시작하였다. 부여족은 고구려로 성장하여 도읍을 평양으로 옮겼으며, 조선의 북반부에서 위세를 떨치게 되었다. 남반부의 경우 서해안에서는 지금의 경성 부근에 거점을 잡은 백제, 동해안에서는 경주에 거점을 잡은 신라가 성장하여, 이들 삼국에 의해 대부분의 부락국가들이 통일되었다. 이들 삼국이 병립하는 상태에서 조선 상대 문화가 발전하며 커다란 성과를 거두게 되었다. 이 시기 일본에서는 야마토大和[40] 조정의 세력이 점점 강해져 확장하게 되었고, 이 때 조영된 건축물로 그 당시의 것이 그대로 남아 있는 예는 하나도 존재하지 않지만, 신도神道라는 특수한 전통에 의해 건축의 형태 및 기법이 현재까지 남아서 전수되고 있다는 점은 단순히 일본에서만의 문제가 아닌 전 세계의 입장에서 주목할 만한 특수한 현상일 것이다. 또 지하에 조영된 건축으로서의 고분은 양쪽 모두 다수 현존하고 있어, 이에 의하면 양쪽이 전혀 관계가 없지는 않았다는 것을 알 수 있다. 더욱이 이 시대 말기에는 불교가 양쪽에 전래되었다. 이와 함께 들여 온 건축은 지금까지의 건축과는 전혀 다른 성질의 것이었다. 당시 불교 교리를 채택하고 시비를 가리는 문제에 관해서는 다양한 논의가 맞서고 상당한 마찰도 있었다. 그만큼 이질적이었던 교리와 마찬가지로 건축도 종래에 보이던 것과는 전혀 다른 이질적인 것이었으므로, 비교해 볼 만한 가치가 있을 것이다.

불교에 대한 숭상이 점차 높아지면서 이를 위한 건축도 활발히 조영되었다. 그리고 조선에서는 정치적으로 신

40 야마토(大和)

일본사 시대 구분에서 사용되는 명칭의 하나이다. 야요이(彌生) 시대 이후부터 나라(奈良) 시대 이전까지의 대략 4세기에서 7세기에 걸친 시대를 의미하며, 아스카(飛鳥) 시대를 포함한다. 과거에는 야마토(大和) 조정이 지배하던 시대라는 의미로 야마토(大和) 시대라고 불렀으나, 최근 야마토(大和)와 조정(朝廷)의 의미가 불명확하다는 점에서 거의 사용하지 않게 되었고, 대신 전방후원분(前方後圓墳) 등 거대한 고분을 조영하였던 시대라는 의미로 고훈(古墳) 시대로 통칭하게 되었다. 야마토(大和) 정권의 지배 세력권이라는 의미로 나라(奈良) 지역을 의미하기도 한다.

41 쇼무 텐노(聖武天皇)

[701~756, 재위 724~749] 일본 제45대 국왕. 몬무텐노(文武天皇)의 장남. 불교를 깊이 신봉하여 일본 각지에 고쿠분지(國分寺)와 고쿠분니지(國分尼寺)를 건립하였으며, 도다이지(東大寺)를 건립하여 대불(大佛)을 조영하였다.

라가 다른 두 나라를 함락시키고 한반도를 하나로 통일하게 되어 정치적인 면으로 불교가 침투하게 된 것이다. 이는 일본에서도 나라奈良[33]를 중심으로 하는 정치에서 드러나, 쇼무 텐노聖武天皇[41]는 불자로서 대불전 건립에 스스로 진력하였는데, 이 대불전 건립 자체가 국가 진호鎭護를 목적으로 한 것이며, 불교 존숭 자체가 국가를 통치하는 길이었던 까닭이다. 그러나 종교와 정치가 동일면에 있었기 때문에 정치와 종교가 완전히 동일한 것이라는 착각을 불러일으키게 되었다. 일본에서는 이 점을 수정하여 불교 존숭이 국가 진호를 기원하는 길이라는 사상은 계속 지속시키면서, 정치면에서는 이를 분리할 필요가 있었다. 정치적 관습이 점점 복잡해지고 관계가 얽혀 있던 헤이죠쿄平城京[42]를 피해 헤이안쿄平安京[43]로 천도를 감행하였고, 남도육종南都六宗[44]에 더하여 천태종天台宗[45]과 진언종眞言宗[46] 2종이 확립하게 되었던 것이다. 조선에서도 마찬가지의 폐해가 있었고, 이를 괴로워하면서도 천도와 같은 단절 없이 자연적으로 붕괴되기를 기다릴 뿐으로, 신라는 그 한계점에 이르러 결과적으로 왕조교체를 초래하게 된 것이다. 이 시기의 사찰건축은 국력을 쏟아서 조영되었다는 것은 말할 필요도 없고, 당堂, 탑塔, 전각殿閣이 늘어서 있던 모습은 극한의 장관이었다.

그러나 이 불교가 지배계급에 미친 영향으로서, 불교에서 말하는 현세를 외면하고 내세를 추구하는 측면이 정치를 저속한 것으로 여기게 하였고, 이는 곧 직접 정치에 관여하는 자들의 권한을 낮추게 되면서, 정치를 문신이 무신들에게 맡길 수밖에 없는 상황에 놓이게 된 것이다. 헤이안平安 시대[17]의 후지와라藤原 일가[7]와 다이라平 일가[8], 가마쿠라鎌倉 시대[18]의 미나모토源 일가[47]와 호죠北條

42 헤이죠쿄(平城京)
710년 후지와라쿄(藤原京)에서 천도하여 784년 나가오카쿄(長岡京)로 천도할 때까지의 도읍. 현재 나라(奈良) 시가지에서 남서쪽에 해당한다. 동서 4.3km, 남북 4.8km의 격자형 그리드 조방제(條坊制) 도시이다.

43 헤이안쿄(平安京)
현재의 교토(京都) 지역에 있었던 헤이안(平安) 시대의 도읍. 당(唐)의 장안성을 모방하여 조영되었다고 한지만, 성곽 없이 조방제(條坊制)를 바탕으로 한 격자 구획만 채용하였다. 794년에 간무텐노(桓武天皇)가 천도하면서 도읍으로 정해지고, 이후 1869년 도쿄(東京)으로 천도할 때까지 수도로서의 역할을 수행하였다. 1000년 동안 여러 차례의 전란과 부침을 겪으면서 조방제(條坊制)의 틀은 무너지고 지역에 따른 확장과 쇠퇴의 차이가 드러난다. 남서부는 저습지라서 발전하지 못하였고, 주로 동쪽과 남동쪽으로 확장되는 형태를 보였다. 동서 약 4.5km, 남북 약 5.3km의 격자체계가 기본형이다.

44 남도육종(南都六宗)
나라(奈良) 시대 불교의 여섯 학파로서, 법상종(法相宗), 삼론종(三論宗), 구사종(俱舍宗), 성실종(成實宗), 화엄종(華嚴宗), 율종(律宗)이 이에 해당한다. 이는 견당사(遣唐使)와 함께 당에 건너간 유학승에 의해 전해진 종파이다. 불교의 논(論)을 중요시하는 종파인 법상종, 삼론종, 구사종, 성실종이 먼저 전해졌고, 이후에 경(經)을 중시하는 종파인 화엄종과 율종이 전해졌다. 특히 화엄종(華嚴宗)은 신라의 승려 심상(審祥)에 의해 전해진 것으로 알려져 있다.

일가[9]가 그러한 관계에 있었고, 고려의 경우에는 초기는 차치하더라도 후대로 가면서 이씨의 전횡, 최씨의 무단정치로 드러났으며, 또 별도로 승가가 사병을 양성하여 무력으로 지배자에게 대항하면서 가끔 분쟁을 일으켰던 점까지 양쪽 모두 일치하는 부분이다. 그리고 한편으로 대륙에서는 당이 멸망하고 이들과의 교섭이 멈추었기 때문에 외국과의 관계보다는 우선 국내 문제가 중요시 되었고 그 결과가 건축에도 반영되어 외래 요소가 동화되어가는 경향을 보이는 것이 이 시기의 두드러진 특징이라고 할 만 하다. 이 시기 중반이 되면 대륙에서 송宋이 발흥하고 이들과 다시 교섭도 전개되어 일본의 가마쿠라鎌倉 시대[18]에는 송의 영향을 받은 건축이 일단을 형성하며 번성하게 되지만, 이 점은 조선의 고려시대도 동일하다고 할 것이다. 그러나 이 고려에서는 원의 침입을 받게 되었고 문물에 있어서 이전까지의 것들을 뒤집을 정도까지는 이르지 않았다고 하더라도 상당히 영향관계는 심각했다고 여겨진다. 고려 말에 원풍元風 건축이 그다지 많이 건설되거나 하지는 않았다고 하지만, 후세에도 지속적으로 영향을 크게 미쳤다는 점은 유적들을 통해 입증되고 있다.

대륙에 있어서 원의 지배는 문물 상으로 보자면 이른바 오랑캐의 지배였다. 그러나 원래 대륙에 있던 것들도 그들로부터 깊은 영향을 받았을 터이다, 이후 한족으로서 명이 문물을 재흥하면서, 대륙과 활발히 교류하던 일본과 조선이 명으로부터 새롭게 영향을 받게 되지만, 당송대唐宋代 정도로 활발하지는 않았다. 특히 불교가 전래된 이후 한동안과 비교하면 어림도 없는 수준이었다고 볼 수 있다. 불교 문물에 관해서 말하자면, 일본, 조선 및 중국을 포함한 동아시아에서 이윽고 불교 침체기에 접어들었

45 천태종(天台宗)

법화경을 근본 경전으로 하는 대승불교의 한 종파이다. 일본에 전래된 것은 나라 시대 당나라 승려 간진(鑑眞)에 의해서이며, 헤이안(平安) 시대 사이쵸(最澄)가 엔랴쿠지(延暦寺)를 세워서 종파를 열었다. 일본에서는 법화, 계율, 선, 밀교의 네 가지를 겸학할 것을 주창하며 개종하였다.

46 진언종(眞言宗)

일본의 불교 종파의 하나이다. 천태종(天台宗)을 태밀(台密)이라고 부르기도 하는 것에 대하여, 진언종(眞言宗)은 도지(東寺)의 밀교라는 의미로 동밀(東密)이라고 부르기도 한다. 헤이안(平安) 시대 초기 구카이(空海)가 당에서 밀교를 공부하고 돌아와 개창한 것으로, 천태종(天台宗)이 법화, 계율, 선, 밀교 겸학을 추구하여 개종하였다면, 진언종(眞言宗)은 밀교 그 자체를 일본적으로 재구성 체계화하여 개종한 것이다.

47 미나모토(源) 일가

원래 미나모토(源)라는 성은 일본 왕족이 신하로 격하되면서 부여되는 성씨 중의 하나였다. 그 시작은 사가 텐노(嵯峨天皇)가 왕자에게 미나모토(源)라는 성을 하사했던 것에서 유래한다. 이후로도 여러 차례에 걸쳐서 미나모토(源) 성이 하사된다. 그 중 일반적으로 알려진 것이 세이와 텐노(清和天皇)가 왕자들에게 하사했던 세이와(清和) 미나모토(源) 씨로 가마쿠라(鎌倉) 막부의 쇼군(將軍) 가문으로 성장하였다.

다고 할 수 있을 것이다. 이씨 조선에서는 오히려 불교를 배척했을 정도이다. 상층계급과 불교의 밀접한 관계가 끊어지면서 그들에 의해 발전한 문화와는 별도로, 여타 서민들에게 침투해 있던 문물이 점차 들끓어 오르기 시작하여 그 색이 짙어지기 시작했다는 점에서 새로운 시기로 접어들었다고 보는 것도 가능하다. 이러한 관점에서 보면 일본은 무로마치室町[14], 아즈치모모야마安土桃山[48], 에도江戶 시대[38]에 있어서 건축의 중심이 불사佛寺에서 지배자로서의 무가武家 건축, 성곽, 묘로 옮겨 간 것, 조선에서도 동일한 경향이 있었던 것을 확인할 수 있다. 따라서 건축으로 드러난 부분이 세련된 것이라고 말하기는 어렵지만, 한편으로 호쾌하게 드러내고 있다고 보는 것도 타당할 것이다.

48 아즈치모모야마(安土桃山) 시대[1568~1600] 오다 노부나가(織田 信長)와 도요토미 히데요시(豊臣 秀吉)이 정권을 잡았던 시기. 오다 노부나가(織田 信長)의 거점이었던 아즈치죠(安土城)와 도요토미 히데요시(豊臣 秀吉)의 거점이었던 후시미죠(伏見城, 후에 이름이 桃山로 변경된다)에서 이름을 따서 아즈치모모야먀(安土桃山) 시대라고 명명되었다. 1568년 오다 노부나가(織田 信長)의 입경(入京)부터 1600년 세키가하라(關ヶ原) 전투의 패배까지를 시점과 종점으로 보는 견해가 일반적이지만, 이와 관련하여 다양한 견해가 있다. 16세기 말의 30여 년간을 이른다는 점에서는 대략 일치한다.

三. 본론

1. 원시 건축의 비교

(1) 일본의 수혈주거와 조선의 토막

재론할 필요도 없이 대륙의 문화를 접하게 된 시기에 있어 조선은 비록 일부만이기는 하지만 일본보다는 훨씬 이르다. 그 결과로서 건축 상에서도 한 걸음 먼저 원시성을 탈피할 수 있었을 것이라고 추정되기는 하지만, 이 조선의 원시적 건축에 대해 서술하고자 하여도 유구는 물론이고 형태를 확인할 수 있는 유적마저도 남아 있지 않으므로, 명료하게 언급할 수 없음을 먼저 밝혀 두지 않으면 안 된다. 그러나 일본에서는 대륙의 문화에 영향을 받은 시기가 늦고, 한편으로 전통에 대해 항상 보주적인 측면도 있었다. 반면 진취적으로 수용했던 문화기술도 반추해 보면 그 기술에 압도되지 않고 잘 극복하였다. 그렇게 원시적인 건축의 형식과 기법이 오늘날까지 전해지고 있는 곳도 많아서 원시 건축에 대해 밝힐 수 있는 것이다.

즉 조선에서 오랜 시간 경과하여 명확하지 않은 부분도 몇몇은 유추할 만한 자료를 더하고 일본의 자료로 보충하여 밝혀내고자 하는 것으로 이 또한 충분히 가능한 일이라고 생각한다. 이는 조선으로서는 형편에 맞는 것이며, 한편 일본으로서는 조선의 단편적인 자료라고 할지라도 그것들이 거쳐 온 경로를 알 수 있으므로 충분히 만족할 만한 결과를 얻을 수 있을 것이며, 역으로 일본의 것들이 가진 진가를 도출할 수 있는 기반을 제공한다고 할 수 있을 것이다. 일본과 조선의 원시 건축 비교를 통해 각각 양쪽의 양상을 명확히 할 수 있을 것으로 기대하는 바이다.

건축의 역사라는 측면에서 그 원시적인 상태를 상상해 볼 때, 유적이 있으면 이에 의한 추정 복원을 행하여 얻을 수 있는 단서를 확보하는 것도 가능하지만, 이를 기대할 수 없는 경우에는 그 각각의 토지에 있는 원시적 건축에서 일단 자료를 확보해야 한다. 이 유적에 대해 양 쪽 상황을 대입해 보면, 일본에는 수많은 자료가 남아 있다는 것이 이미 학계에 알려져 있지만, 조선에서는 매우 적게 남아 있고, 아직 자료도 미개발된 상태인 채로 있고, 일본에서는 대략 그 전모가 명확하게 밝혀져 있는 데 반해 조선은 아직 그 정도로 완성된 연구 결과가 없어서 향후의 많은 과제를 남기고 있다. 억지로 그 자료가 될 만한 것을 언급하자면 원시생활에 가까운 삶을 살고 있는 토막민土幕民이나 화전민火田民의 주거를 들 수 있을 것이고, 별도로 문헌상에서 찾아보는 방법이 현재 주어진 고찰의 방법이라 할 것이다.

이리하여 먼저 전자인 토막에 대하여 기술하자면 오늘날에도 주요 도시의 주변에 공유지이면서도 시설물이 없는 토지가 있으면 겨우 비바람을 피할 정도의 작은 집을 짓고 살림을 하는 백성의 무리가 있다. 이 작은 집을 토막이라고 부른다. 이 토막의 직접적인 용도는 첫째 비바람을 피하는 것, 둘째 외기를 막는 것에 있으므로, 현재 존재하는 건축이지만 그 목적으로 보면 원시적인 과거의 것과 완전히 일치한다고 할 수 있는 것이다. 그런데 현재는 현재 만의 것이 있어서 이 집을 짓는 재료로는 주변에서 용이하게 습득할 수 있는 것 －예를 들어 지붕을 잇는 아연도금철판을 사용하고 묶는 데는 철선을 이용하는 등－ 을 사용하였으며, 그 수법도 원시적인 채로 남아 있을 리는 만무하여 이 토막으로 태고의 주택이라고 상정하여 지정하는 것은 불가능하지만, 부언하자면 주거로서의 직접적 목적 이외에는 어떠한 부차적인 기능도 첨가되지 않은 건물이라는 점에서 원시 건물과 상통하는 점이 많다는 것으로, 그 공통점을 통해 태고 건축이 어떠한 형태의 주거방법을 취하고 있었는지 상상하는 것은 가능하다고 생각한다.

이 토막으로 가장 간단한 것은 흙을 파내서 오목한 형태를 만들고 거기에 지붕을 덮은 것이다. 가끔 그 일부에 온돌을 설치하는 경우도 있다. 원래 온돌이 조선에서 사용되기 시작한 것은 북쪽 추운 곳이었고 점차 남쪽으로 확산되었다고 추정되는 바이므로, 태고 주거는 대부분 땅을 파서 오목하게 만들고 거기에 지붕을 걸쳐서 집을 짓는 것이 최저 등급이었을 것이다.

이 형식은 일본에서도 적용된 바가 있다. 말할 필요도 없이 덴치콘겐노미야즈쿠리天地根元宮造[49]라는 오래 전부터 전승되어 온 형식이 여기에 해당한다. 일본의 신사형식의 하나인 다이샤즈쿠리大社造[50] –이즈모타이샤出雲大社[51]의 본전에서 보이는 형식– 의 원시형태라고 추정되는 고상식과는 별도로, 바닥을 낮추고 이를 다시 지표면 아래로 파낸 이른바 수혈식 형태를 상상해 보면, 이 덴치콘겐노미야즈쿠리天地根元宮造[49] 형식에 생각이 미치게 되는 것이다. 이는 단순히 생각만으로 결정한 것이 아니라 사실상 존재했었다고 보는 것은 대략 서기 5, 6세기경에 축조된 것이라고 추정되는 고분에서 출토된 거울 뒷면에 가옥을 묘사한 그림을 주조한 것이 있고, 거기에 묘사된 4동의 가옥도 중에서 1동이 지금 언급한 형식 즉 수혈 위에 지붕을 덮은 건물로 보이는 것이 있다.

49 덴치콘겐노미야즈쿠리(天地根元宮造)
신사 건축의 원형으로 알려진 양식으로, 두 개의 원형 굴립주에 도리목을 걸치고 합장하여 초가 맞배지붕을 바닥까지 드리운 간단한 양식이다. 합각을 이루는 목재의 상부 돌출부가 신사에서 지붕을 장식하는 치기(千木)에 해당하고, 초가를 안정시키기 위해 놓는 부재가 신사에서 지붕마루에 직교하여 수평으로 놓는 장식목인 가츠오기(勝男木)에 해당한다.

50 다이샤즈쿠리(大社造)
이즈모타이샤(出雲大社) 본전으로 대표되는 양식. 합각부에 입구가 있고, 입구에서 이어지는 경사진 계단이 있는 것이 특징이다. [그림4]

51 이즈모타이샤(出雲大社)
정식 명칭은 이즈모노오오야시로(出雲大社)이다. 일본 시마네켄(島根縣) 이즈모시(出雲市)에 있는 신사이다. 메이지이신(明治維新)으로 근대 신사 제도를 개편한 이후에도 유일하게 「大社」 칭호를 유지한 신사이다. 이즈모노오오야시로(出雲大社)라는 칭호도 메이지이신(明治維新) 이후에 개칭한 것으로 기즈키노오오야시로(杵築大社)가 원래 명칭이었다. 창건과 관련하여 아마츠카미(天津神)가 본인에게 국가를 물려준 오오쿠니누시(大國主)를 위하여 지은 궁전이라는 설화가 있고, 그 규모도 기둥이 하늘에 닿을 정도로 거대한 규모로 지었다는 기록이 있어, 이 신사 건설이 국가적인 사업이었던 것은 분명하다. 현재의 본전은 1744년에 재건된 것으로, 본전 이외에도 23동의 말사(末寺) 및 섭사(攝社)가 경내외에 산재해 있다.

더욱이 수많은 주거지 유적에서 보이는 예에 의하면, 이렇게 수혈주거로 복원된 사례로 채워져 있다. 또 후대로 내려오면 중세에도 이 형식의 주거가 지어졌다고 보이며, 에마키모노繪卷物[52] – 고카와데라엔기粉河寺緣起[53] – 속에 그려진 것에서 지적될 수 있으며, 현대에도 그 필요에 따라 지어지기도 한다. 이렇게 태고부터 현재에 이르기까지 일관하여 이러한 형식의 가옥이 존재하는 것이 일본에서는 명확하다.

조선의 현대에도 이 토막이라 불리는 가옥 중에 이와 동등한 형식의 주거가 존재하는 이상, 태고에도 필히 존재했을 것이라고 추정하는 것은 가능하다. 따라서 조선의 선사시대 유적과 함께 발견된 두셋 정도의 주거지 사례는 그 자체만으로는 일정 수준이상의 명백하게 복원된 자료라고 보기에 부족함이 있지만, 아마도 이러한 형식으로 지어진 주거일 것이라고 추정하고 있는 것이다.

52 에마키모노(繪卷物)
옛 설화나 이야기의 줄거리나 신사, 사찰의 유래, 산수 명승 등을 그림으로 그린 두루마리 형식의 회화첩이다. 그림만 그린 것도 있고, 그림에 설명이 있는 것도 있다. 헤이안 시대부터 가마쿠라 시대에 걸쳐서 성행하였다. 『겐지모노가타리에마키(源氏物語繪卷)』, 『반다이나곤에코토바(伴大納言繪詞)』, 『시기산엔기(信貴山緣起)』 등이 대표적인 예이다.

53 고카와데라엔기(粉河寺緣起)
와카야마켄(和歌山縣) 고카와데라(粉河寺)의 천수관음에 관한 설화를 소재로 그린 에마키모노(繪卷物)이다. 내용상 2부로 구성되어 있다. 헤이안(平安) 말기부터 가마쿠라(鎌倉) 초기까지의 작품으로 작자는 불명확하나, 동일 도양이 반복적으로 사용된 것이 많아서 화풍은 선대의 작품을 모방하는 경향이 강했다고 볼 수 있다.

(2) 문헌에 의한 조선의 원시건축

조선의 원시 건축을 문헌을 통해 추정한다고 하여도 그 자료 또한 극히 부족하여, 삼국지三國志 위서魏書에서 발견되는 것이 유일한 단서이다.

이에 의하면 우선 고구려는 궁실宮室 조영을 좋아하여, 거소居所 좌우에 대옥大屋[역자주5]을 세우고 제사를 지냈다고 되어 있고, 집집마다 소창小倉을 갖고 있지만 대창大倉은 없다고 적혀 있다. 이 고구려가 가지고 있었던 궁실이라는 건축물이 어떠한 것이었는지는 명확하지 않다. 그러나 유물로서 고분이 존재하여, 이 고분을 축조할 때 일정 부분 지상 건축의 세부 요소가 적용되었고, 이 고분 안 주

역자주5 원문에서는 「屋大」라고 표기되어 있지만, 삼국지 위서 동이전의 고구려편의 원문을 보면 「(전략) 好治宮室, 於所居之左右立大屋. (후략)」으로 기록되어 있으므로 「大屋」의 오기라고 판단된다.

54 호류지(法隆寺)
나라켄(奈良縣) 이카루가쵸(斑鳩町)에 있는 사찰이다. 607년에 창건하였고, 성덕종(聖德宗) 총 본산이며, 남도칠대사(南都七大寺)의 하나이다. 금당(金堂)의 약사여래좌상(藥師如來坐像) 광배(光背) 명기에 의하면, 요메이텐노(用明天皇)가 병환 치유를 기원하기 위해 스이코텐노(推古天皇)와 쇼토쿠타이시(聖德太子)를 불러서 사찰과 약사상(藥師像)을 건설하도록 명하는데, 요메이텐노(用明天皇)는 결국 붕어하였다. 쇼토쿠타이시(聖德太子)가 그 유명을 받들어 창건하였다고 기록되어 있다. 동원(東院)과 서원(西院)으로 구분되며 서원에 탑과 금당을 병렬로 배치한 호류지식 가람배치가 자리하고 있다. 서원의 금당과 오중탑, 중문, 회랑은 세계에서 가장 오래된 목조건축으로 인정되고 있다. 동원 내에 있는 유메도노(夢殿)와 전법당(傳法堂), 서원의 경장(經藏), 동실(同室), 식당, 동대문은 나라(奈良) 시대에 건립된 것이고, 서원 대강당, 강봉장(綱封藏), 종루는 헤이안(平安) 시대, 동원 성령원(聖靈院), 서원 삼경원(三經院), 서실(西室), 서원당(西圓堂)은 가마쿠라(鎌倉) 시대에 건립된 것이다. 일본건축사에 있어서 그 중심에 서 있는 건물이라 할 수 있다. 이른바 「호류지(法隆寺) 재건비재건논쟁(再建非再建論爭)」으로 역사학 각계각층이 참여하여 연구와 논의를 펼쳤으며, 건축사학의 발전에도 중요한 역할을 하였다. 연륜연대 측정과 최근의 발굴조사 등을 통해 현존하는 건물은 재건된 것으로 판단되고 있다.

55 운강석굴(雲崗石窟)
중국 운강지역에 있는 북위(北魏) 시대의 석굴사찰이다. 동서로 약 1킬로미터에 달하고, 53개소의 굴에 5만1천여 불상이 현존한다. 조영사업은 북위 멸망 후 당(唐)대까지 계속되었다. 용문(龍門), 돈황(敦煌)과 함께 대표적 석굴 사찰로 꼽힌다.

위 벽에 건축도가 그려진 것도 있어서 대략적인 추정은 가능하다. 이와는 별도로 조금 시대가 후대이기는 하지만, 일본의 호류지法隆寺[54] 금당金堂 등에서 지금도 확인되는 수법과 전혀 관계가 없다고는 할 수 없으므로, 그 상상도 한 층 분명해 질 수 있는 것이다. 또 동아시아 전역까지 넓혀서 고찰해 보면, 운강석굴雲崗石窟[55] 등에 남아있는 조각에서 보이는 건축의 세부도 참고자료로서 활용될 수 있다. 이러한 것들에서 확인할 수 있는 것들로 미루어 보면 이 고구려의 궁실은 상당히 진보한 건축이며, 원시적 건축에서 생각할 수 있는 범위를 넘어서는 것으로 이 점에 대해서는 뒤에서 따로 상술하고자 한다.

이 고구려에 인접하여 반도 북부 동해안선에 연해서 살고 있던 부족인 읍루족挹婁族 건축에 대해서는 「처산림지간, 상혈거處山林之間, 常穴居」라고 기록하여 앞에서 보았던 수혈식주거에서 생활했던 모습을 생각할 수 있다.

이 읍루족과 남쪽에 인접하여 살았던 예족濊族이 생활하던 건축에 관해서는, 그 건축 자체에 대한 기록이 많은 편은 아니지만, 지역적으로 보아서 읍루족과 동일한 양식의 수혈식 주거를 조영하였을 것이라고 생각된다. 단, 집에서 사람이 죽었을 때에는 그 집을 버리고 다른 집을 짓는 풍습이 있었다고 기록되어 있다. 이러한 풍습은 일본에서도 존재했었다고 보이며 천황天皇이 그 당대에만 궁전을 운영하고 다음 대에서는 다른 궁전으로 옮겨갔던 것도 그러한 풍습이 드러난 예라고 여겨진다. 또 다른 유력한 호족들도 그렇게 옮기는 풍습이 있었을 것이라고 추정할 수 있는 것이다.

이들 북부 조선에 살고 있는 민족들에 반하여, 남부에 살고 있던 한민족은 거처는 초옥토실草屋土室로 하였으며 그 형태는 무덤과 비슷하여, 입구가 위에 있다고 기록되어 있는 것을 볼 수 있다. 이 문장을 통해 이해할 수 있는 건축은 현재 보이는 민가와 대략 변화 없이 일치하는 것이라고 여겨진다. 오늘날의 민가도 고분이 많은 경주 부근 같은 경우에는 고분과 뒤섞여서 이를 멀리에서 조망하면 어떤 것이 고분이고 집인지 착각하게 될 정도이다.

게다가 이 한민족 중에서 변진辨辰이 가지고 있던 건축에 대해서는 집을 지을 때 횡으로 나무를 쌓아올렸다고 적혀 있다. 그리고 그 형태는 대륙에서 보이는 뇌옥牢獄이라는 감옥과 유사하다고 여겨진다. 횡으로 나무를 쌓아 올린 건축을 오늘날의 예에서 찾아 보면 아제쿠라즈쿠리校倉造[56]라는 구조를 갖는 경우가 여기에 해당한다고 할 수 있다. 이 형식으로 만들어진 건축의 경우 일본에서는 나라奈良 시대[33] 유구로서 쇼소인正倉院[57]과 도다이지東大寺[58] 법화당法華堂 옆의 교창校倉, 도쇼다이지唐招提寺[59]의 교창, 헤이안平安 시대[17]에 들어서는 교토京都 교오고코쿠지教王護國寺[60] 교창을 예로 들 수 있다. 이 구조에 의한 건축을 일반적인 민가에서 적용하고자 한다면 대개 목재가 풍부한 산림에 조영되었을 가능성이 높고, 현재 조선에서도 태백산맥에 연하는 산간 지역에서는 종종 확인할 수 있다. 위서魏書에서 본 바와 같이 조선 남부의 한민족이 이러한 기법을 사용한 건축을 운영하였다고 한다면, 일본에서 창고로 사용되는 예는 평지에 조영되었고 특수한 용도로 사용되었으므로 동일한 범주에서 고려하기 어렵고, 주거를 목적으로 하는 경우는 일반적으로 삼림지대에서만 있었다고 사료되어, 그러한 삼림을 통해서 남부 조선까지 이어져 내려온 것이라고 추측된다.

이상에서 보는 바와 같이 위서에 기록된 이들 건축에

56 아제쿠라즈쿠리(校倉造)

나무를 횡으로 교차하여 쌓아서 벽체를 구성하는 방식이다. 교차하여 결구한 끝부분이 모서리에서 튀어나와 평면은 井자 형태를 보이며 기둥은 사용되지 않는다. 주로 창고에서 많이 적용되는 방식으로 대표적인 건물로는 쇼소인(正倉院)을 들 수 있다. 중국에서는 정간식(井幹式)이라고 하며, 한국에서도 귀틀집에서 확인되므로 귀틀식이라고 한다. [그림3]

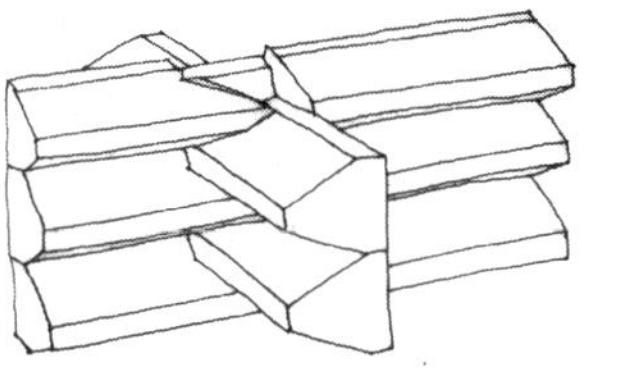

[그림3] 아제쿠라즈쿠리(校倉造) 결구도

57 쇼소인(正倉院)

나라시(奈良市) 조시쵸(雜司町)에 있는 도다이지(東大寺) 대불전(大佛殿)의 보물 창고로써 조영되었다. 삼각재를 세이로구미(井樓組)로 구성한 대표적인 아제쿠라즈쿠리(校倉造)로서 유명하다.

58 도다이지(東大寺)

나라(奈良)에 있는 화엄종(華嚴宗)의 대본산. 남도칠대사(南都七大寺)의 하나이다. 쇼무텐노(聖武天皇)의 발원으로 야마토(大和)의 고쿠분지(國分寺)로서 창건되었다. 본존인 비로자나불(毘盧遮那佛)의 개안공양은 752년에 행해졌고, 754년 감진(鑑眞)이 일본에 와서 계단원(戒壇院)을 창건하였다. 여러 차례 전란과 화재로 피해를 입고, 헤이안(平安) 시대 말 죠겐(重源)과 에도(江戶) 시대 고케이(公慶)에 의해 다시 재건되었다. 건축물의 대부분이 국보이고, 나라(奈良) 시대의 것으로는 전해문(轉害門), 법화당(法華堂), 쇼소인(正倉院)이 있다. 남대문(南大門)과 종루(鐘樓)는 가마쿠라(鎌倉) 시대 것으로 다이부츠요(大佛樣)이다. 1709년 재건된 대불전(大佛殿)은 일본 최대의 목조건축물이다. 1998년 「古都奈良の文化財」로서 세계문화유산에 등재되었다.

59 도쇼다이지(唐招提寺)
나라(奈良)에 있는 율종(律宗) 총본산. 759년에 간진(鑑眞)이 개창하고, 여기에 계단(戒壇)을 설치하여 율종의 근본도장(根本道場)으로 삼았다. 나라(奈良) 시대의 건물로는 금당, 헤이죠쿄(平城京) 조집전(朝集殿)을 이축한 강당(講堂), 경장(經藏), 보장(寶藏)이 있고 국보로 지정되어 있다. 고루(鼓樓)만 가마쿠라(鎌倉) 시대 것으로 다이부츠요(大佛樣)의 영향을 다소 받은 것으로 볼 수 있다. 다수의 불상이 국보로 지정되어 보존되고 있다.

60 교오고코쿠지(敎王護國寺)
교토(京都) 구죠마치(九條町)에 있으며, 796년 도지(東寺)로서 건립되었다. 구카이(空海)가 하사받아 교오고코쿠지(敎王護國寺)라고 칭하게 되고, 진언종(眞言宗)의 중심으로서 번성하였다. 국보 금당(金堂)은 1603년에 재건된 것이다. 가람배치는 나라(奈良)의 여러 사찰들을 답습하였고, 오중탑(五重塔), 대사당(大師堂), 연화문(蓮華門) 등의 건조물과, 다수의 불상(佛像), 회화(繪畵), 서적(書跡), 불기(佛器) 등의 국보를 보유하고 있다. 통칭 도지(東寺)라고 불린다.

대해 살펴보면, 이른 시기에 북방 선진문화 수용했던 고구려에서는 그 건축에 당시 대륙에서 활용되었던 양식과 동일한 점이 있고, 문화에 있어서도 고도의 기법을 가지고 있었다는 점을 알 수 있다. 다른 지역에서는 그저 수혈식 주거가 조영되었을 뿐이고, 남부 조선에서는 지금 보이는 주거와 큰 차이가 없어서 토실土室에 초가지붕을 얹은 정도의 것과 아제쿠라즈쿠리校倉造[56] 형식으로 지어진 것이 있었다는 것 등을 확인할 수 있다.

그러나 이 위서에서 일본열도에서 살고 있던 왜족倭族 건축에 대한 기사를 보면, 부모형제가 와식臥息을 각기 다른 곳에서 한다고 되어 있고, 저각邸閣을 가지며, 궁실누관宮室樓觀, 성책엄설城柵嚴設도 갖추었다고 되어 있다. 이른 시기에 문화를 수용했던 고구려의 건축기사와 크게 차이가 나지 않는 정도라는 것을 알 수 있다.

(3) 일본의 원시건축

여기에서 일단 위와 비슷한 시기 일본의 건축에 대하여 짚어 보아야 할 것이다. 일본의 원시가옥을 상상해 보면, 그 대표적인 예인 수혈주거의 경우 그 유적이 현재 남아 있기도 하고, 거울 뒷면에 도상으로도 형태를 확인할 수 있으므로 분명하다는 점은 기술한 바와 같지만, 거울 뒷면 도상에는 그밖에도 3동의 건물이 함께 표현되어 있어서 이들을 바닥 위치에 따라 구분해 보면, 지반 이하에 바닥이 있는 수혈주거, 그리고 대략 지면과 동일한 바닥면을 갖는 것, 바닥을 높이 올린 것 등으로 구분할 수 있다. 다시 말하자면 거울 뒷면의 문양에 표현된 건축을 바닥의 위치로 구분하면, 바닥이 지하에 있는 것, 지면과 동일한 높이를 갖는 것, 바닥을 지면보다 높게 올린 것, 이렇게 3 종류의 형식이 있다. 이론적으로 생각할 수 있는 세 형식의 건축을 모두 묘사하였다는 점, 그리고 이렇게 묘사된 이상 이 세 형식의 건축은 사실상 모두 조영되었음이 분명하다고 간주하여도 무방할 것이다.

이즈음 일본 문화에 있어서의 중추적 중심 지역은 간사이關西[61] 서쪽이었다고 사료되며, 이 지방의 기후를 고려해 보건데 겨울은 버티기 쉽고, 여름은 온도와 습도가 높아서 참기 어려울 정도로 신체의 움직임에도 영향을 미치는 점이 있을 것이고, 결국 가옥에 대한 고민은 여름에 생활하는 것을 주로 고려하는 방향으로 이루어졌을 것이다.

일반적으로 앞에서 본 3종류의 주거형식을 기후 관계로써 살펴보면, 수혈주거는 대체로 추위가 매서운 지역에서 조영되었으며, 고상 주거는 더위와 습기가 심한 지역에서 조영된 것이었다는 점은 세계의 가옥 분포를 통해서도 확인되는 부분이다. 따라서 일본의 원시문화 상태에 있던 시기의 중추적 문화 중심지를 조사해 보면 아마도 고상주거가 가장 보편적이었을 것이고, 이와 동동한 빈도로 지면과 동일한 높이의 바닥면을 갖는 평지주거도 많았을 것으로 생각된다. 그러나 이 평지주거도 토방에서는 살기가 어렵다. 결국 조금이라도 지면보다 높은 곳에서 생활하는 것이 좋기 때문에 그러한 저상주거低床住居가 존재했을 것이라는 점도 추정해 볼 수 있는 부분이다.

이들 세 형식의 건축 중에서 그 장대함을 뽐내기에 가장 적합한 형식은 고상주거였을 것이라는 점은 두말할 필요도 없다. 즉 귀인의 주거로 이 고상주거가 사용되었을 것이라고 생각되면, 이 건축에는 한 단계 진보한 기법이

61 간사이(關西)
교토(京都), 오오사카(大阪) 지방을 개괄적으로 일컫는 말로 간토(關東)의 상대어이다. 나라(奈良) 시대는 스즈카(鈴鹿), 아라치(愛發), 후와(不破) 세 관문의 서쪽을 뜻하였다.

사용되었을 것이다. 바로 그러한 앞선 형식과 기법을 오늘날에서 찾아보고자 한다면 신사건축에서 보이는 몇몇 요소가 여기에 해당한다. 신사 자체는 시간에 따른 변화 추이가 비교적 적은 편이고, 옛 모습 그대로 제사가 시행되고 있는 동시에 건축에서도 몇몇 후대의 기법이 추가되는 점은 있어서 과거의 형식을 확인할 수 있을 정도로 옛 기법을 토대로 전승되고 있다. 신사건축 중에서 본전에 보이는 다이샤즈쿠리大社造[50], 오오토리즈쿠리大鳥造[62], 스미요시즈쿠리住吉造[63], 신메이즈쿠리神明造[64] 등을 예로 들 수 있다.

이러한 신사건축과는 별개로 이들과 동일하게 오래된 형식을 그대로 보존하고 있는 것으로 다이죠사이大嘗祭에서 사용되는 궁宮이 있다. 이 또한 원시건축을 추정해 보기 위해서는 놓칠 수 없는 자료이다.

위서魏書 왜인전倭人傳에서 설명하고 있는 건축이 일본열도 안의 것을 보여준다고는 하지만, 어느 지역의 것인지는 명확하지 않다. 이를 명백히 밝히지 않더라도 아마 각 지역에서 세력을 떨치던 부족의 수장에 해당하는 자는 위에서 본 형식의 건축과 크게 다르지 않은 것을 조영했을 것이라고 추측된다. 그렇기에 궁실누관宮室樓觀, 성책엄설城柵嚴設이라는 표현도 등장했던 것은 아닐까?

(4) 일본과 조선에서 원시건축의 구조기법

우선 벽체에서 어떠한 구조로 축조되었는지 살펴보고자 한다. 수혈주거에 있어서의 벽체의 경우, 파내려가서 형성되는 주변 흙이 주벽이 되므로 구조적인 축조 기법은 아니라 고려 대상에서 제외된다. 따라서 문제시 될 만한

62 오오토리즈쿠리(大鳥造)
맞배지붕으로 합각부에 입구가 있는 신사 건축의 양식. 용마루에는 두 개의 치기(千木)와 다섯 개의 가츠오기(勝男木)가 있는 것이 특징이다. 그 대표적인 예로는 오오토리진쟈(大鳥神社) 본전을 들 수 있는데, 메이지(明治) 시대 때 소실된 것을 재건한 것이므로, 원형을 계승했는지에 관해서는 확인하기 어렵다. [그림4]

63 스미요시즈쿠리(住吉造)
맞배지붕을 갖고 합각부에 입구가 있는 점에서 오오토리즈쿠리(大鳥造)와 유사하지만 내진(內陣)과 외진(外陣)의 두 공간으로 이루어진 대형 신사 건축. 두 개의 치기(千木)와 세 개의 가츠오기(勝男木)가 있으며, 마루, 난간, 공포 등이 없는 것이 특징이다. 대표적인 예로는 오오사카(大阪)에 있는 스미요시다이샤(住吉大社)를 들 수 있다. [그림4]

64 신메이즈쿠리(神明造)
입구가 전면 처마 쪽에 있으면서 무나모치바시라(棟持柱)라고 불리는 종도리를 받치는 기둥을 갖는 것이 특징인 신사건축의 한 형식. 기둥은 굴립주이고, 벽은 비늘판벽, 지붕은 초가나 히와다부키(檜皮葺)의 맞배지붕이며, 다른 신사와 마찬가지로 치기와 가츠오기도 놓여 있다. [그림4]

벽체를 가진 것은 평상주거와 고상주거이다.

위서에서 보았던 주거형식 중 아제쿠라즈쿠리校倉造[56] 방식의 벽체구조는 앞에서 언급한 것처럼 목재를 횡으로 쌓아 올려서 축조한 것이며, 그 결과 벽에 틈이 많게 된다. 이렇게는 조선에서 산간 겨울의 엄혹한 추위를 견디기 어렵기 때문에 내부에 전부 흙을 발라서 막아 버리는 것이다. 그러나 일본에서는 반대로 틈을 이용하여 환기를 할 수 있었다고 보인다. 하지만 일본에서도 지역에 따라서는 원형 목재를 사용하지 않고 판재를 사용한 경우에는 외측면에 흙을 발라서 조선과 동일한 수법을 보이는 것도 있다.

이 아제쿠라즈쿠리校倉造[56]와는 별개로 위서에서 보이는 한민족의 토실土室이라고 하는 것은 어떠한 건축물을 지칭하는 것일까? 벽을 가지고 있는 것이라면 이 토실은 토벽으로 구성된 구조체라고 할 수 있을 것이다. 그 구조로서 두 가지 기법을 생각해 볼 수 있다. 하나는 벽 내부에 고마이小舞[65]로 기둥 사이를 구성하는 것, 즉 작은 대나무나 나뭇가지를 엮어서 바탕재로 삼고 거기에 흙을 바르는 수법이다. 다른 하나는 작은 돌이나 전塼을 쌓아서 그 위에 흙을 발라 마감하는 것이다. 이 두 수법은 오늘날에도 사용되고 있은 수법으로 이 둘을 병용하는 경우도 많다. 그 중 후자의 수법에 있어서 돌 또는 전塼을 대신하여 볕에서 잘 건조시킨 벽돌과 유사한 형태의 것을 사용하기도 한다. 이러한 예가 조선 남부에서 확인되기도 하였으므로, 이 책에서 말하는 토실은 이러한 것을 가리키는 것이 아닐까 생각된다.

벽체 구조와 관련하여 일본의 예를 보면, 고마이小舞[65]를 바탕으로 토벽을 구성한 예가 보편적이라 할 수 있고,

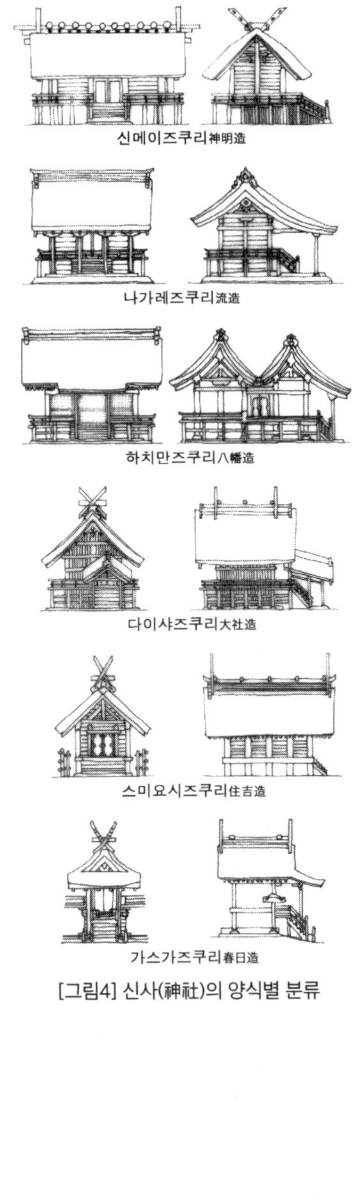

[그림4] 신사(神社)의 양식별 분류

65 고마이(小舞)
벽 내부를 구성하는 격자로 짠 틀 사이를 다시 메우기 위하여 좁은 간격으로 빽빽하게 짠 틀. 벽에 흙이나 회를 바를 때 점성을 높이는 역할을 한다.

돌이나 전을 쌓은 예는 없다. 이와 별도로 판벽이 많이 보인다. 판벽은 신사건축에서는 일반적인 수법으로 원시적으로 일본은 목재가 풍부한 곳이었기에 오로지 이 점에 의지하여 목재를 다용했던 것은 아닐까?

이어서 지붕 구조와 잇기 수법을 상정해 보고자 한다. 수혈주거는 이 지붕만으로 구성된 건축이라고 생각되지만, 이 점에 대해 우선 명확히 해둘 필요가 있다. 일본에서 보이는 수혈주거인 덴치콘겐노미야즈쿠리天地根元宮造[49]에서는 양 단에 기둥을 세우고, 이 기둥에 마루목을 걸친다. 마루목 측방에 서까래를 경사지게 걸쳐서 결합시킨 후 그 위에 마루목과 평행하게 도리를 걸치고 풀을 얹어서 초가 맞배지붕을 완성한 것으로 여겨지고 있다. 이렇게 상정해 본 수법도 실제 존재했었던 방식일 것이다. 이와는 별도로, 마루목과 서까래의 관계를 반대로 하여, 서까래를 양쪽에서 기울여서 걸쳐 세워 −이 경우에는 서까래를 서까래가 아닌 사스扠首[66]라고 부르는 것이 일반적이다− 결구하고 여기에 마루목을 걸치는 것도 있었을 것이다. 이 사스扠首[66]를 양쪽이 아닌 사방에서 세워서 걸쳐서 지붕을 만드는 것도 가능하다. 이러한 사스구미扠首組[67] 기법을 취하는 경우에는 재료 크기에 있어서 기둥이나 보와 같은 부재에 그리 크지 않은 부재를 사용하여도 조립하는 것이 가능하다. 따라서 원시적 건축에서 적극적으로 이 기법을 채용하는 경우가 많다. 사실 일본 수혈주거지에 관하여 고찰해 본 바, 이 기법 형식이 주로 사용되었던 것은 아닐까 추정된다. 즉 기둥과 도리를 가지고 결구시킨 것에, 한 쪽 끝을 땅에 묻은 사스扠首[66]를 이 도리 위에 걸쳐서 지붕 골조로 구성하였다는 것이다.

주벽을 만든 후에 이 지붕으로 덮은 건축은 어떠한 형

66 사스(扠首)
상부 지붕 가구 중에서 경사재만으로 구성된 것을 사스구미(扠首組)라 하고, 이 사스구미(扠首組)를 구성하는 경사재를 말한다.

67 사스구미(扠首組)
2개의 경사재를 맞대어 구성하는 삼각구조를 기본형으로, 이를 응용 확장하여 만들어지는 지붕 구조의 총칭.

태가 되었던 것일까? 서까래를 갖는 전자의 기법에 대하여 언급해 보자. 일본의 원시가옥에 대하여 설명하고자 하면 항상 거론되는 다이샤즈쿠리大社造[50]의 초기 형태가 바로 여기에 해당하여, 이를 어어 받아서 다이샤즈쿠리大社造[50]가 완성되었다고 설명되고 있다. 항상 다이샤즈쿠리大社造[50]는 기본 2칸에 4면에 부속칸을 덧댄 평면을 취하고 그 중앙에 기둥을 세우는 것이 특징이지만, 이 기둥이 직접 지붕을 받치고 있는가에 관해서는 불행히도 필자가 아직까지 확인해 보지 못했다. 양단 중앙의 기둥은 틀림없이 마루목을 직접 받치고 있는 듯 하다.

이 기둥, 마루목, 도리에 의해서 결구된 가구 –즈카다테시키束立て式[68]라고 칭한다– 는 다이샤즈쿠리大社造[50]를 통해 원시적 기법으로 소개되고 있지만, 일본의 보편적인 민가에서는 극히 일부에서만 확인되는 데 그치고 있으므로 그렇게 널리 활용되고 분포되지는 않았던 듯하다. 그리고 이 기법이야말로 대륙에서 전해진 것이라고 추측되지만, 조선에서는 아직 이를 입증할 만한 자료를 얻을 수가 없었다. 그러나 대륙에서는 민가에서도 확인되고, 훨씬 후대이기는 하지만 나중에 일본에 이입되는 사찰건축에서 이 형식이 보이므로, 대륙에서는 보편적인 기법이었다고 생각해도 무방할 것이다.

반면 사스扠首[66]를 결구하는 방식은 그 구법이 간단하고, 또 부재 크기와 관련하여 합리적으로 적용할 수 있기 때문에 일본 민가 대부분은 이 구법에 의해 조영되었다고 할 수 있다. 즉 기둥을 세우고 도리나 보를 올린 후, 이 보와 도리 위에 사스扠首[66]를 기대어 걸치고, 이 사스扠首[66]가 결구된 후 마루목으로 누르는 것이다. 이 방법으로 결구하는 상부 구조 방식을 갓쇼시키合掌式[69]라고 하여,

68 즈카다테시키(束立て式)
지붕가구 구조 중에서 보 위에 동자주를 세워서 지붕가구를 형성하는 방식의 것. 갓쇼시키(合掌式)와 대별된다.

69 갓쇼시키(合掌式)
두 부재를 경사지게 맞대어 세워서 삼각형의 안정된 구조를 취하는 구조방식이다. 사스(扠首) 또는 서까래에 해당하는 부재가 주요 구조체를 이루므로 사스구미(扠首組)라고도 한다. 즈카다테시키(束立て式)와 대별된다.

즈카다테시키束立て式[68]와 구분하고 있다. 이 방식과의 관계를 통해서 신사건축을 살펴보면, 신사건축의 수법은 훨씬 진보되고 세련되었으므로 명확히 결론짓기 어려운 부분도 있지만 신메이즈쿠리神明造[64]가 이 방식에 속한다고 추정된다. 신메이즈쿠리神明造[64]에는 무나모치바시라棟持柱[70]라고 하여 합각벽 밖에서 직접 마루목을 받치는 기둥이 있는데, 이 마루목은 또 사스扠首[66]에 의해서 지탱되기도 하므로, 합각에 사스扠首[66]를 지탱하는 짧은 동자주가 사용되기도 하였다.

70 무나모치바시라(棟持柱)
신메이즈쿠리(神明造)에서 양쪽 합각부 바깥에 서서 종도리의 길게 나온 부분을 받치는 기둥. [그림5]

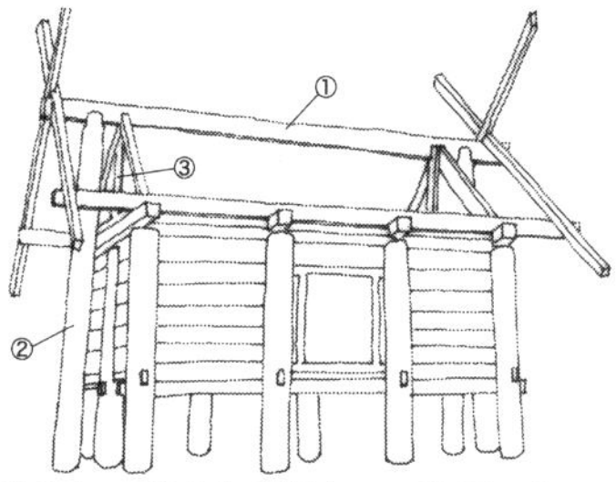

① 무네棟 ② 무나모치바시라棟持柱 ③ 고교즈카御形束

[그림5] 신메이즈쿠리(神明造) 신사 구조

이 사스扠首[66]를 활용하는 갓쇼시키合掌式[69] 상부 가구의 실례를 조선에서 찾아보자면 실로 간단한 구조로 구성된 상부가구를 제외하면 민가에서는 그 예를 찾아볼 수 없다. 조선의 민가에서 보이는 지붕가구는 즈카다테시키束立て式[68]에 속하는 것이 많고, 그리고 그 기법을 상당한 수준까지 발전시켰다. 태고적부터 이러한 계통을 이어 온 것이라고는 생각되지 않으므로, 언제부터인지는 모르겠으나 기법이 진보하면서 이 기법으로 주류가 바뀌었고, 대부분의 가옥에 이 기법이 적용됐을 가능성도 있다. 또 그밖에 사스扠首[66]를 사용한 예가 사찰건축에서 확인되지만, 대륙에서 보이는 수준에 그치고 있어 원시적인 형태의 구조라고 보기에는 어려움이 있다. 결국 조선에서는 대륙으로부터의 영향이 두드러지고, 이 점이 민가까지 침투한 것이 확인되므로, 일찍이 원시성을 탈피하였던 것은 아닐까 추정해 볼 따름이다. 상부 가구와 관련해서는 이 점을 뒷받침하기에는 언급할만한 여지가 많지 않다.

2. 상대上代 건축의 비교

(1) 한식漢式 건축의 이입

한반도나 일본열도도 원시적이고 무지몽매했던 시기부터 독자적으로 문화를 발전시켰던 것은 아니고, 또 대륙처럼 그 지역이 광대하더라도 그 문화 속에는 외부에서 전해지고 포함되는 요소들이 상당수 존재할 수밖에 없다. 즉 문화는 어떤 지역에서건 토지의 광협廣狹과는 상관없이 홀로 진보 발전할 수 있는 것이 아니므로, 부단히 외부로부터 영향을 받고 동시에 이를 다시 전파하면서 발전해 나아가는 것이다. 그리고 외부의 영향 하에서 일단 그 문화를 흡수하면, 거기에 당시의 사정에 따라 자신들의 문화를 더하여 영향을 준 문화보다도 더 훌륭한 모습을 보이기도 한다. 따라서 이 경우 첨가된 독자적 문화는 스스로 진보한 것 같다고 여겨지지 않는 것도 아니다. 그러므로 문화 발전 단계를 고려하여, 다음에 이어지게 되는 2차 영향을 고려할 필요가 없는 경우, 즉 최초로 영향을 받은 이후 자신의 것을 첨가하여 통합된 문화를 만들어 낸 경우에는 이 문화를 일단 독자적인 것으로 보아도 타당할 것이라고 생각한다. 지금 고찰하고자 하는 대상인 일본열도 및 한반도를 포함한 동아시아 대륙 전체에 대하여 이를 적용해 보자. 서방이나 남방으로부터 동아시아에 다양한 영향을 주었지만, 그렇게 생겨난 것에 대하여 대륙의 독자적인 문화라고 판단하고 논지를 전개하더라도 이 경우에는 전혀 지장이 없을 것이라고 여겨진다.

이 동아시아 대륙으로부터 일본열도나 한반도는 반복

적으로 영향을 받고 있다. 이를 건축에서 살펴보면, 앞에서 언급한 원시건축에서조차 영향이 있었음을 상정하게 되고, 원시건축이 스스로 내포하는 성질로서 토지에 순응하였다는 점을 들 수 있지만, 그 안에서 이를 명료하게 보여줄 수 있는 요소를 찾기는 어렵다. 그 원시성을 넘어서 진보한 건축을 지을 수 있게 되고 나서야 처음으로 영향을 받았다는 점을 명백히 확인할 수 있게 되는 것이다.

조선건축에서 대륙의 영향을 받았다고 할 수 있는 점이 명백히 나타나는 최초의 시기는 한이 세력을 한반도까지 떨치고, 낙랑樂浪, 진번眞番, 임둔臨屯, 현도玄菟 4군을 설치하였던 때라고 할 수 있다. 이 4군이 설치되었다는 것은 한의 세력 확장이 정치적으로 구체화된 것에 지나지 않고, 문화면에서도 문화의 이입이 이 시기에 처음으로 이루어졌다고 할 수는 없다. 훨씬 이전부터 다양한 방면에서 교섭과 소통을 통해 문화의 침투가 깊숙이 이루어졌다고 할 수 있을 것이다. 그렇게 건축에서도 마찬가지로 한식 건축이 지어지게 되었음에 틀림없을 것이다. 즉 한식 건축 이입은 낙랑군 설치 이전부터 서서히 이루어지기 시작하였다가, 낙랑군 설치라는 정치적 급변을 맞이하여 한층 급격히 행해지게 된 것이다. 그 형상은 낙랑군의 행정관청영역으로 보이는 대동강 남쪽 기슭 평양부平壤府 건너편 토성에서 명확히 드러난다.

이 낙랑 토성에 대해서는 1935년 봄과 가을 두 차례에 걸쳐서 그 일부에 대한 학술적 조사가 행해졌다. 이 보고에 의하면 건축유적도 발견되었지만, 발견된 유적만으로는 건축전체를 알기 어려웠다. 그러나 초석이 남아 있으므로 그 위에 기둥을 세웠음에 틀림없고, 또 무수히 산재해 있는 기와 파편을 토대로 기와지붕이었음을 확인할 수 있고, 이 기와 중에는 처마 끝에 사용하는 수막새 기와도 있고 거기에 문양이 남아 있다. 이 문양에는 문자를 사용한 것이 있어서 「낙랑체관樂浪體官」이라고 적혀 있는 것도 있다. 이들 유적을 통해 확인되는 건축물은 앞에서 언급했던 원시적 가옥과는 전혀 다른 성질을 갖는 것임을 확인할 수 있다.

이 한식이라고 추정되는 건축물들 중에서 당시 모습을 그대로 유지하며 오늘날까지 남아 있는 것은 동아시아 전역으로 확대하여도 특수한 석실 및 석관을 제외하면 발견된 예가 없다. 그리고 석실과 석관을 제외하면 그 형식을 추측할 수 있는 예는 분묘에 함께 매장되었던 가옥형 명기明器 또는 화상석畫像石에 표현된 건축도建築圖 정도에 지나지 않는다.

이들 자료를 바탕으로 당시 건축을 짐작해 보자면, 그 형식에 있어 이후에도 오랫동안 존재했고 현재에도 영향을 미치고 있는 대륙의 건축에서 보이는 형상과 기본적으로 동일했을 것이라고 볼 수 있다. 목구조를 위주로 기둥을 세우고 방재를 걸쳐 올린 미식楣式[16] 건축의 형태를 보이고 있으며, 경사진 지붕을 올리고 그 위에 기와를 얹은 것으로, 지붕과 기둥 사이에는 동아시아 특유의 공포가 있었을 것이라고 여겨지지만, 이 시기의 한식 공포는 후대에서 보이는 복잡한 형태는 아니었고, 발달이 이루어지지 않은 초기 형태였다고 추정된다.

이러한 형식의 건축이 동서 약 6.5정町[71], 남북 약 5.5정町[71]인 토성 안에 한나라 대륙 본토에서 보이는 것과 동등한 규모로 건물이 빽빽이 들어서 있었다고 간주하기는 어렵겠지만, 규모는 작더라도 성내 일부 구역에 한나라 본토와 동일한 형식을 가진 건축을 조영하였다는 점은

71 정(町)
길이나 면적을 나타내는 단위의 일종이다. 1정(町)은 60칸(間)으로, 1칸(間)은 1.8m의 길이 또는 1.8mX1.8m의 면적을 의미한다. 따라서 정(町)은 108m 정도의 길이나 11,664m^2(108mX108m)의 면적을 의미한다.

이 유적이 명확히 보여주고 있는 바이다.

(2) 신사神社 건축의 형식

한 무제가 4군을 설치한 이후 이 군들이 변화와 전환을 겪었던 것은 피할 수 없는 일이었다. 그렇지만, 약 400년 동안에 달하는 긴 시간 동안 한반도 일부 지역에서 용케 그 세력을 유지하였던 것은 주목할 만하다. 마침 이 시기는 일본이 부족국가로서 천황을 중심으로 그 기반을 공고히 하고 있던 때에 해당한다. 역사 속에서 드디어 천황을 중심에 놓는다는 판단을 내릴 수 있게 된 것이다. 제정일치 사회로 전개되다가, 제사와 정치가 각각 그 세력을 키우게 되면서 점차 분리할 필요가 있다고 인식하게 되었다. 황조皇祖 아마테라스오오미가미天照大神[72]의 혼령을 궁실이 아닌 이세伊勢[73] 고쥬스즈카와五十鈴川[74] 근처에 따로 모시는 등의 상황도 마찬가지이다. 이는 건축에 있어서 궁실건축과 신사건축이 용도상 분리가 이루어졌음을 의미하는 것이다.

이 신사건축은 시키넨조타이式年造替[75]에 의해 20년 주기로 재료를 완전히 교체하여 새롭게 조영되지만, 그 형식과 수법은 처음으로 이세伊勢[73]에 신사가 조영된 이후 지금에 이르기까지 어쩔 수 없는 다소의 변화는 감안하더라도 초기의 형상을 답습하며 형태를 보존해 왔다는 것, 이미 알려진 바이다. 이 이세진구伊勢神宮[76]의 정전 형식을 건축학에서는 유일한 신메이즈쿠리神明造[64]라고 칭하고 있다. 그러나 정전의 이 고식 수법만 주목하지 않고, 부속건물까지 포함하여 보면 그밖에도 가옥이 본래 가져야 하는 특징을 이해할 수 있는 단서가 상당수 발견되므

72 아마테라스오오미가미(天照大神)
황실의 조상신으로 숭배되는 여신으로 태양을 신격화한 것이다.

73 이세(伊勢)
미에켄(三重縣)의 동부 지역으로, 이세진구(伊勢神宮)가 위치한 지역이다.

74 고쥬스즈카와(五十鈴川)
이세(伊勢) 지역을 흐르는 강으로, 이세시(伊勢市) 남부 산지에서 발원하여 북으로 흘러가 이세 동남쪽 이세진구(伊勢神宮) 영역을 관통하여 이세만(伊勢灣)에 이른다. 총 12km의 작은 하천이지만 이세진구(伊勢神宮) 설화와 관련이 깊어 다양한 일화를 남기고 있다.

75 시키넨조타이(式年造替)
일정 기간마다 신사 또는 사찰을 새로 건설하는 제도를 말한다. 이세진구(伊勢神宮)는 685년부터 20년마다 조영되었는데 옛 제도와 모습을 거의 지켜왔다. 니시나신메이구(仁科神明宮), 스미요시타이샤(住吉大社)도 어느 시기까지는 20년마다 시키넨조타이(式年造替)를 행했었는데, 이후로는 안하게 되었다. 시키넨센구(式年遷宮)라고도 한다.

76 이세진구(伊勢神宮)
미에켄(三重縣)에 있는 신사(神社)이다. 내궁(內宮)과 외궁(外宮)으로 이루어져 있고, 일본의 여러 신궁 칭호를 갖는 신사들 중에서도 최고로 여겨지고 있다. 덴무텐노(天武天皇) 때에 시키넨조타이(式年造替) 제도가 정해져 20년마다 다시 건축되고 있어서 오래된 건물은 없지만, 그 형식은 그대로 이어지고 있다. 내궁(內宮)과 외궁(外宮) 모두 배치와 건물은 동일한 형식이지만, 치기(千木) 끝단이 내궁은 수평한데, 외궁은 수직으로 잘려져 있다. 가츠오기(勝魚木)는 내궁이 10개, 외궁이 9개로 차이가 있다.

로, 건축사를 서술하기 위해서 문제시해야 하는 많은 요소들이 내포되어 있다 할 것이다.

이 유일한 신메이즈쿠리神明造[64]라고 하는 형식을 보면, 그 기둥 상부는 가늘고 하부는 두껍게 하였다. 이를 굴립堀立하여 땅 깊숙이 심었으므로 초석 위에 세우는 형식과는 다르다. 정면은 기둥이 4개로 3칸을 이루고 있고, 측면은 3개로 2칸을 이룬다. 사방에 툇마루가 설치되었으며 바닥면이 높게 조영되었다. 측면 중앙에는 종도리를 직접 지지하는 무나모치바시라棟持柱[70]가 설치된 것이 특징이다. 지붕재료로는 갈대를 사용하여 이었고, 치기千木[77]와 가츠오기鰹木,勝魚木[78]도 사용되었다. 재료로 히노키檜[20]를 사용하였고, 채색이 없는 매우 간소하면서도 소박한 형태를 가진 건축이다.

이 유일한 신메이즈쿠리神明造[64] 형식이 성립되고 정착되기까지 그 발전경로를 추적해 보면 여러 단계를 보인다. 각각의 단계 별로 보이는 특징을 다른 신사 본전 형식으로 대입하여 보면 다음과 같다. 원시적 건축으로서 덴치콘겐노미야즈쿠리天地根元宮造[49]를 상정하여 살펴보는 것은 전술한 바이지만, 이를 잘 정리하여 고상高床으로 하면 이즈모타이샤出雲大社[51]의 본전 형식, 소위 다이샤즈쿠리大社造[50]가 된다. 이 다이샤즈쿠리大社造[50]는 평면이 전면 2칸, 측면 2칸으로 정 중앙에 기둥이 서게 된다는 점도 이미 기술한 바이며, 입구를 중앙에 서는 기둥을 피해서 협칸狹間에 설치하였다는 점도 특이한 사항이다. 이 입구가 한 쪽으로 치우쳐져 있다고 하여도 살림집의 경우 그리 불편하지 않겠지만, 신사에서는 결코 좋은 선택이라고는 할 수 없다. 따라서 입구를 중앙에 놓을 수 있도록 개조한 신사 본전 형식이 오오토리즈쿠리大鳥造[62]이다. 오

77 치기(千木)
신사에서 용마루 위에 얹히는 엑스(X)자 모양의 부재. 이세진구(伊勢神宮)에서는 서까래를 연장한 부재이지만, 다른 신사에서는 위에 얹히는 형식이다. 부재 중앙에 풍혈(風穴)을 뚫었고, 끝부분을 수직이나 수평으로 잘라낸다. 고훈(古墳) 시대 가형토기를 통해 호족의 거관에도 있었다고 추정해 볼 수 있다. [그림6]

78 가츠오기(鰹木·勝魚木)
신사에서 용마루 위에 직교하여 결구되는 원형 단면의 장식재이다. 초가지붕에서 사용하는 누름목이 변형되어 남은 것이라고 보인다. [그림6]

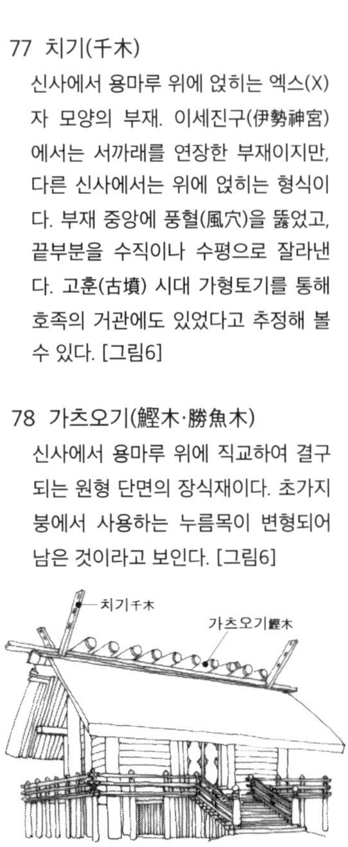

[그림6] 치기(千木)와 가츠오기(勝魚木)

79 오오토리진쟈(大鳥神社)
오오사카(大阪) 사카이(堺)에 있는 신사. 오오토리즈쿠리(大鳥造)의 원형이 되는 본전이 있다.

80 스미요시타이샤(住吉大社)
오오사카(大阪) 스미요시(住吉)에 있는 신사. 진구코고(神功皇后)를 모시는 사찰로, 스미요시(住吉) 계열 신사의 총본사이다. 본전 4동은 스미요시즈쿠리(住吉造)로 국보로 지정되어 있다.

오토리진자大鳥神社79의 본전이 그 예이다. 이 형식에서는 내부를 두 개의 공간으로 나누고 내진과 외진으로 구분하였으며, 이는 평면에 있어서도 신사다운 모습을 가미하였으므로 진일보한 형식이라 할 수 있다. 여기에서 내진과 외진 2칸을 각각 1칸씩 늘려서 도리방향으로 확장된 평면을 갖는 것이 스미요시즈쿠리住吉造63라고 불리는 것으로, 스미요시타이샤住吉大社80 본전에서 확인된다. 이상과 같은 다이샤즈쿠리大社造50, 오오토리즈쿠리大鳥造62, 스미요시즈쿠리住吉造63의 세 형식은 모두 측면에 입구가 설치된 형식이다. 반면 유일하게 신메이즈쿠리神明造64만 정면에 입구가 있다. 이들 신사본전 형식을 다이샤즈쿠리大社造50, 오오토리즈쿠리大鳥造62, 스미요시즈쿠리住吉造63, 신메이즈쿠리神明造64의 순으로 살펴보면, 이 순서 속에서 점차 형식상 진전하는 양상이 자연스레 드러난다고 볼 수 있다. 즉 건축에 있어 신사와 궁전이 분리되었을 무렵, 대체로 위와 같은 경로를 거치며 신사건축 형식이 완성에 이르렀다고 보아도 오류는 없을 것이다. 마찬가지로 궁전건축도 신사건축에서 보이는 만큼 진보하게 되었을 것이라고 추정된다.

이들 신사건축 또는 궁전건축의 변화에 있어서 한반도로 유입되었던 한식 건축은 얼마나 큰 영향을 미쳤을까? 양쪽 모두 미식楣式16이라는 점에는 차이가 없다. 그러나 기둥을 보면 한식 건축은 지표에 놓인 초석礎石 위에 세우는 형식이었던데 반하여, 신사건축은 땅 속 깊이 묻는 굴립주였다. 또 지붕결구의 경우 한식에서는 즈카다테시키束立て式68라고 여겨지는 점들이 상당히 많이 보이지만, 신사건축을 보면 다이샤즈쿠리大社造50를 제외한 다른 세 형식은 아마도 사스扠首66를 활용한 갓쇼시키合掌式69를 기본으로 하였다고 판단되며, 별도로 무나모치바시라棟持柱[70]가 필요하여 설치하였던 점도 이 구조 형식에서 기인한 것은 아닐까 생각된다. 지붕 잇기 재료로는 한식 건축에서 일반적으로 기와를 사용하였던데 반하여, 신사건축에서는 초가지붕이 일반적이었으므로 갈대류가 주로 사용되었다. 이렇게 건축의 주요 부분에서 양쪽이 전혀 다른 수법을 보이고 있다. 따라서 낙랑군 건축은 한식이 유입되어 정착된 형식인데 반하여, 신사 건축의 경우 그 구조 형식을 통해 알 수 있는 것은 우리 토양 위에서 발전되어 온 독자적인 것으로, 적어도 한식과는 전혀 계통을 달리하는 것이라는 점이다. 또 이렇게 신사건축은 원시성을 탈피하여 점차 높은 수준의 건축을 형성하였다. 그 와중에 직접적이지 않더라도 간접적이나마 외부 영향을 받았을 것이라고 추정되지만, 그렇다고 하더라도 완성된 형태 속에서는 털끝만큼도 그러한 요소를 도출하기 어려울 정도로 독자적인 변화를 통해 완성되었다고 간주하여도 좋을 것이다.

(3) 낙랑고분樂浪古墳

한반도의 한식漢式 건축에 관하여 지표로 드러난 유적을 통해 고찰하는 것이 어렵다는 것은 전술한 바와 같지만, 그 외에 무시할 수 없는 유구인 땅 속 고분이 존재한다. 이를 건축의 관점에서 살펴보면 간과할 수 없는 여러 요소들을 확인할 수 있다.

낙랑 토성 부근에는 당시의 것으로 보이는 다수의 고분들이 산재하고 있다. 이들을 구조로 구분하면 대체로 두 가지로 분류할 수 있다. 하나는 목재를 사용하는 목곽분木槨墳이고, 다른 하나는 벽돌을 사용하는 전곽분磚槨墳이다. 목재를 사용한 경우는 구조적으로 동일하게 아제쿠라즈쿠리校倉造[56]와 유사한 형태로 목재를 횡으로 쌓은 것이다. 이 수법을 사용하여 상자 형태로 결구하였는데, 폭과 길이에 비해 높이는 그 절반 정도에 지나지 않을 정도 크기로 목곽을 만들고, 이를 땅 속 깊이 묻었다. 벽돌을 사용한 경우, 먼저 바닥에 벽돌을 깔아서 채우고 주위 벽은 벽돌을 종횡으로 교차하여 쌓았다. 쌓아올리면서 점차 안쪽으로 변곡하는 궁륭穹窿 천정을 만들었다. 그 결과 전곽분은 천정이 높은 특징을 가지며, 측방에 입구를 설치한 횡혈식 분묘가 되었다. 이 분묘에 매장되어 있는 물품들은 모두 한나라 본토에서 가져온 것으로, 물론 이러한 고분 구조도 중국 본토의 형식을 본 딴 것이다. 이 구조로 보건데, 목곽분은 미식楣式[16] 구조에 속한다고 할 수 있다. 그렇게 보는 것은 당연히 목재를 사용하였기 때문으로, 지상 건축에서 목재를 사용한 미식楣式[16] 구조의 구조체와 동일하며 특별히 차이가 없다. 반면 벽돌을 사용하여 곽을 구성하는 방식은 아치식에 속하는 것인데, 비록 지하에 구성된 것이기는 하지만 조선과 일본을 통틀어 낙랑고분에서만 확인되는 것으로 그 외에 남아 있는 유구가 없다. 특히 궁륭형 천정으로 구성한 것은 후대에 석재로 조영한 예가 한둘 있는 것을 제외하면 매우 희소한 예라고 할 수 있다.

(4) 전방후원분前方後圓墳[81]

낙랑군의 멸망은 닌토쿠 텐노仁德天皇[82] 원년에 해당한다고 보면, 이 낙랑 고분에 대응하여 일본의 전방후원분

81 전방후원분(前方後圓墳)
고훈(古墳) 시대 동안 활발하게 조영된 고분으로, 원형의 봉분과 방형의 봉분이 이어진 형태를 보이는 고분의 총칭이다. 이 명칭은 가모쿤페이(蒲生君平)의 『山陵志』에서 처음 등장하였다.

82 닌토쿠 텐노(仁德天皇)
[생몰년, 재위기간미상, 일본서기에 의하면 5세기 초에 즉위하여 87년간 재위] 일본 제16대 국왕.

83 이즈미노쿠니(和泉國)
오오사카(大阪) 남부 지역의 옛 명칭. 오늘날의 이즈미시(和泉市)에 해당한다.

前方後圓墳[81]을 비교해 보아도 지장은 없을 것이라고 생각한다. 이러한 고분형식으로 되어 있는 것들 중 하나로 이즈미노쿠니和泉國[83]에 있는 닌토쿠 텐노仁德天皇[82]의 묘인 모즈노미미하라노나카노미사사기百舌鳥耳原中陵[84]가 있다. 이 묘는 수릉壽陵[85]으로 규모면에서 일본에 남아 있는 것 중 최대이며, 또 동아시아지역 전역으로 보아도 점유 면적으로 보면 최대라고 알려져 있다. 그리고 그 형식은 전방후원前方後圓으로 전면 부분의 봉토는 방형이고, 후면은 원형으로 이루어져 속칭 표주박묘, 이자산二子山으로 불리었다. 그리고 주위에는 삼중으로 호濠가 설치되어 있다. 분묘의 봉분은 삼단으로 쌓아 올렸으며, 하니와埴輪[86]가 각 단마다 둘러서 설치되었고, 해자 사이 제방 위까지도 둘러서 설치되었다고 알려져 있다. 그 규모는 장대하고 주위 장식은 위려하여 실로 극히 웅장한 모습이었다.

이러한 형식을 갖는 분묘는 돌연히 등장한 것은 아니고, 점차 발전된 결과이다. 그 초기 사례로 수진 텐노崇神天皇[87]와 게이코 텐노景行天皇[88]의 묘를 들 수 있다. 즉 전술한 바와 같이 낙랑에서 고분이 활발히 조영되었던 그 시기, 일본에서는 보다 성숙된 형태의 전방후원분前方後圓墳[81]이 드러나기 시작한 것이다.

이 전방후원분前方後圓墳[81]의 형식은 현재로서는 조선에서 그 예를 찾을 수 없고, 또 중국 대륙에서도 비슷한 사례를 찾기 어렵다고 알려져 있다. 따라서 이 묘는 일본에서 발생하고 발전한 것이라고 간주할 수 있다. 이는 신사건축이 완전히 독자적인 경로를 통해 완성되었다고 보는 것과 마찬가지로 이렇듯 장대한 분묘의 조영도 역시 독자적인 전방후원분前方後圓墳[81]으로 구축하였다는 점에서 일본 고유의 형식이라고 볼 수 있는 것이다. 이 과정

84 모즈노미미하라노나카노미사사기(百舌鳥耳原中陵)
오오사카(大阪) 사카이시(堺市)에 있는 일본 최대의 전방후원분(前方後圓墳). 닌토쿠 텐노(仁德天皇)의 능묘라고 추정되지만 고고학적인 검증은 거치지 않았다.

85 수릉(壽陵)
황제 또는 국왕이 생전에 미리 조성해 놓은 자신의 능묘이다. 중국에서는 진시황(秦始皇)의 능이 대표적이다.

86 하니와(埴輪)
일본 고분 장식으로 분구(墳丘) 위 또는 가장자리에 놓이는 토제품(土製品)이다. 원통형의 원통(圓筒) 하니와(埴輪)와 인물, 집, 동물, 식기 등의 모습을 보이는 형상(形象) 하니와(埴輪), 이 두 가지로 분류된다. 전자는 분구(墳丘)의 표식이나 묘역을 보여주기 위해서 놓이고, 후자는 의례나 제사 등과 관련하여 분구 정상부 각소에 놓였다고 추정된다.

87 수진 텐노(崇神天皇)
[생몰년, 재위기간 미상] 일본 제10대에 해당하는 국왕이라 할 수 있지만, 신화적 성격이 강하다. 일본서기에 의하면 이 국왕 대에 일본 국왕과 한 몸이었던 아마테라스오오카미(天照大神)가 조정 밖으로 분리되어 따로 모셨다고 한다.

88 게이코 텐노(景行天皇)
[재위기간 및 생몰년 불명] 일본 제12대 국왕. 수이닌텐노(垂仁天皇)의 셋째 아들. 아들이 80명이 달했다고 전해진다. 도읍은 야마토(大和)의 마키무쿠노히시로노미야(纏向日代宮)였다.

에서 비교해 보지 않으면 알 수 없었던 고도 문화가 점차 양성되는 과정을 확인할 수 있었고, 이 문화가 외부로부터 대체되었다고는 인정하기 어렵다는 점에 주목해야 할 것이다.

또 고분에 대해서는 낙랑군시대라고 불리는 시기의 말기에 이르면, 고구려, 백제, 신라가 성장하여 각각의 문화를 가지고 분묘를 쌓았다. 그 형식은 낙랑고분의 영향을 받기도 하고, 원래 가지고 있던 고유의 형식을 발전시키기도 하면서 새로운 형식을 탄생시켰다. 이 시기는 일본에서 전방후원분前方後圓墳[81]이 가장 흥성하던 전성기와 동일하며, 특히 조선 남부에서 볼 수 있는 분묘들의 형식이나 기법은 전방후원분前方後圓墳[81]과 관련성이 크다고 판단되므로, 양자가 상관성을 갖는 일면이 존재한다고 추정된다. 이 양상에 대해서는 다른 절에서 재론하고자 한다.

이렇듯 낙랑토성에서 볼 수 있는 유적으로부터 상정할 수 있는 지상 건축과, 그 통치 지역 주변에 산재하는 고분을 통해 확인되는 목축木築 및 전축塼築 수법에 대하여 살펴보자. 이 건축기법은 한족漢族이 해당 토지에 이주하면서 함께 가져온 것이지만, 낙랑이 고구려 남하로 인해 멸망하게 되면서 그들의 풍습 중 전통으로 남게 된 부분은 극히 적었고 대부분은 잊혀 졌을 것이라고 본다면 과언일까? 문화가 이입되는 상황에 대해 살펴보자면 어떤 문화가 이입되어 해당 지역으로 침투하는 양상과 정도까지 확인할 필요가 있는데, 이 경우는 수용하는 쪽의 문화 발전 단계가 수용 가능한 수준까지 도달하지 못했던 것인지, 또는 이입되는 문화가 수용하는 쪽의 문화 수준에 비하여 너무나도 동떨어진 극히 높은 문화 수준은 아니었는지 어느 쪽에 해당하는지 살펴볼 필요가 있다. 이입 문화의 고도성高度性 또는 수용 문화의 낙후성 이 중 어느 쪽이든 당시 조선 주민들은 낙랑문화를 그대로 수용할 정도로 높은 문화생활을 향유하지 못했다고 생각할 수 있다. 결국 이 낙랑문화라고 칭하는 것은 단지 한나라 본토에서 이주해 온 사람들만이 상호 공유하고 있던 것을 뜻한다고 할 수 있다.

이와는 대조적으로 야마토大和[40]로 세력을 넓히며 점차 정착되어 갔던 일본의 민족 문화는 외래에서 온 이주 민족조차도 귀화시키려는 노력을 거듭하였다. 처음에는 일본 민족 문화와 외래 민족이 가진 문화 사이에 서로 경계가 있어 구분되어 있었다 할지라도, 이들이 일본 대지에 잘 순화하였고, 그 결과 경계는 사라지고 서로 영향을 주고받으며 완전한 독자문화로 발전해 나갈 수 있었다고 볼 수 있지 않을까? 일례로 공예품이기는 하지만 거울을 예로 들면, 동일한 한식 거울이 일본이나 조선에서도 발견되고 있다. 그 발견 상태를 살펴보면 일본의 한식 거울은 다른 지역의 한대漢代 공예품과는 다소 차이가 난다. 이는 그 부속품들을 대륙으로부터 수입하지 않고 일본 현지에서 제작하였기 때문이다. 즉 거울을 수입한 이유가 거울이 가진 원래 용도로 사용하기 위함이 아닌 다른 용도로 사용하려는 목적이 있었을 가능성이 크다. 위의 차이는 그런 이유에서 연유하는 것은 아닐까? 조선에서는 그 거울을 제작하는 문화와 함께 여러 물품 일체가 그대로 옮겨 왔다. 즉 조선의 거울은 본래의 거울로서의 용도만을 가지고 있었다고 할 수 있다. 그러나 일본에서는 거울에 대한 용도를 스스로 찾아내어 변화시키고 이를 반영한 것이다. 그렇게 독자적인 용도를 추구하여 수입하였기 때문에 단순히 옮겨 오는 것에서 그치지 않았다. 이를 모방하여 만들기도 하였고, 더 나아가 스스로 좋아하는 문양을 넣어서 제작하기도 하였던 것이다.

한식漢式 건축이 조선 일부 지역에 들어왔던 무렵, 일본과 조선에 있어서의 건축양상을 살펴보았다. 그 대표적인 유적이라고 추정할 수 있는 자료를 통해 살펴본 결과, 위에서 언급한 바와 같은 상당한 차이가 있었다. 조선의 일곽에는 이입된 건축이 화려하고 웅장하게 조영되었다. 반면 여타 지역의 경우 비록 어떤 상황이었는지 명확히 확인하기는 어렵지만, 이후 한식 건축을 유입하는 양상으로 보건대 매우 저급한 수준의 건축물만이 지어졌을 것으로 보인다. 그러나 일본의 양상은 다소 차이가 난다. 조선과 마찬가지로 외래문화가 유입되었을 가능성이 있지만, 이에 대해 명료하게 지적하기 어려운 정도이다. 그 이유는 외래문화가 현지문화에 동화되었기 때문이라고 할 수 있는 것이다. 이를 뒷받침하는 독자적인 성취가 확인되므로, 일본은 독자적인 건축문화의 발전을 이룩해냈다고 하여도 문제가 없을 것이다.

(5) 수혈식 고분

낙랑고분에는 재료에 따라 두 종류가 있다고 전술하였다. 하나는 목조木造이고 다른 하나는 전조塼造이다. 그런데 이 두 분류의 차이는 단지 재료의 차이일 뿐만 아니라, 그 바탕이 되는 구조 기법에도 차이점을 보인다. 즉 목조의 경우 지표이하에 광壙을 파고, 그 속에 아제쿠라즈쿠리校倉造[56] 형식으로 목재를 가로로 쌓아 올린 후 그 안에 매장한다. 그러고 나서 그 위에 동일한 목재를 병렬로 배치하여 천정을 만들고, 다시 그 위에 다시 흙을 덮은 후 지상으로는 봉분을 높게 돋우었다. 반면 전조의 경우에는 벽돌을 쌓아 올리는 것은 외부에서 하더라도 이를 받치는 가설구조물은 내부에 설치하여야 하였을 것이다. 따라서 완성 후에 가설구조물을 벗겨내기 위해서는 내부에 들어가야 할 필요성이 있었으므로 미리 횡으로 입구를 설치해야만 했다. 장례 의식도 그곳을 통해서 행해졌다. 이러한 점에서 양쪽 구조상의 차이가 존재하는데, 전자인 목조분처럼 위에서 파내려가며 횡으로는 개구부가 없는 것을 수혈식 고분이라고 칭하고, 전조분과 같이 개구부가 횡으로 나 있는 것을 횡혈식橫穴式 고분이라고 칭하여 구분한다.

이 구분법으로 일본의 전방후원분前方後圓墳[81]을 살펴보면, 앞에서 언급했던 전방후원분前方後圓墳[81]이 왕성히 조성되던 시기의 것은 주로 수혈식이 많았다고 알려져 있다. 그리고 그곳에는 낙랑 목조 고분과 같이 목곽이 제작되어 있지 않았을 뿐더러 곽이라고 불릴만한 것조차 없이 관을 바로 안치한 경우만 있었을 뿐이다. 곽이 있다고 하더라도 관을 대신하는 용도로 제작되었다, 점토를 이용하여 세장한 선형船形 또는 장방형으로 제작하여, 그 안에 유해를 안치하고 덮개도 점토로 만드는 것이 일반적이었다. 이를 대신하여 자갈을 사용하는 경우도 있었는데, 주로 선형인 경우가 이에 해당한다. 이 자갈 주변에 자연석이나 할석割石을 쌓고, 바닥에 자갈을 깐 경우도 있다. 이 주위 벽을 쌓은 것 중에는 석관인 경우도 있다고 여겨진다. 마찬가지로 관을 목재로 제작하는 경우도 있었지만 이미 부패하여 흔적이 사라져서 명확하지 않다. 이를 곽이라고 부르면 대부분 관이 없는 경우에 해당하고, 관이라고 부르면 곽이라고 부를만한 구조물이 없는 경우로 분류된다. 곽이건 관이건 간에 낙랑고분에서 보이는 것과는 현저하게 다른 특징을 보인다. 또 이것들의 분토하는 상부면이 지표면보다 살짝만 내려가 있어, 이 점도 낙랑고분에서 깊이 파내려가는 것과는 두드러진 차이를 보인다. 그밖에 외형 봉분의 형태도 달라서 일본은 전방후원분前方後圓墳[81]이라는 독특한 형태를 갖는 반면, 낙랑고분은 사각 뿔에서 머리 부분만 평평하게 잘라낸 형태인 절두방추형截頭方錐形이라고 추정되는 점도 명확한 차이이다.

이 수혈식 고분에 관해서는 조선 남부에서 축조된 것을 함께 고려해 볼 필요가 있다.

오랜 기간 동안 신라의 수도였으며, 조선 문화의 중심적 역할을 해 온 경주는 선사시대부터 인구가 조밀한 지역이었을 것이다. 그리고 어느 시기가 되면, 즉 일본에서 거대한 분묘를 조영하고 있던 무렵과 동일한 시기가 되면, 마찬가지로 이 곳 주민들도 거대한 분묘를 조영했다. 경주 남쪽에 봉황대라고 불리는 일견 언덕으로밖에 안 보이는 고분이 있다. 이에 인접하여 민가가 늘어서 있고 주민들의 왕래가 빈번한 가도가 형성되어 있는 이곳도 본래 고분이었는데, 봉토가 점차 유실되어 근년 다수의 유물이 출토되었고, 그 중에 황금색 찬란한 금관이 발견되기도 하여 이곳을 금관총이라고 부르게 되었다. 이 두 묘에 더하여 2,3 곳의 묘를 추가하여 조사하였는데 모든 곳에서 찬란한 황금 유물이 출토된 것이다.

그런데 이들 고분에 이렇게 유물이 많고 현재에 이르기까지 잘 보존될 수 있었던 것은 이 고분의 구조형식에서 연유한 것이라고 설명할 수 있다. 즉 이들 고분의 구조 복원 작업을 통해 확인된 바에 의하면, 곽은 목조이고 그 안에 부장품과 함께 관을 두었다. 이것들을 지표면 아래로 수혈을 파고 자연석을 깔아서 만든 바닥면 위에 놓고, 주위 측면부와 상면부에도 강변에서 채집한 듯 자연석으로 채우거나 쌓아 올렸다. 이들 자연석은 접착제를 사용하지 않고 그대로 높이 쌓아 올렸는데, 일정 높이에 도달하면 빗물이 침투하지 않도록 봉분 전체에 점토를 발랐으며, 다시 그 위에 일반 흙과 자갈을 두텁게 쌓아서 만들어졌다. 내부 쪽에 자연석으로 그냥 쌓아 올렸으므로 곽이 부패하게 되면, 상부 돌이 무너져 내리고, 그 결과 수장품을 빼 내기 위해서는 무너져 내린 돌을 전부 제거해야만 했다. 간단히 처리하기 어려운 일이었다. 이렇게 하여 경주 고분의 매장품들이 오늘에 이르기까지 도굴되지 않고 보존될 수 있었던 것이다.

이렇듯 경주 고분의 구조형식은 처음 언급했던 분류형식으로 보면, 수혈식 고분에 속하는 것으로 여겨진다. 이들을 계통적으로 보자면 낙랑 고분을 잇는 것이라고 볼 수도 있겠으나, 그렇다하여도 봉분을 만들면서 자연석을 쌓은 점은 조선 남부에서 주로 보이는 지석묘의 종래 수법을 계승한다고 할 수 있어서 여기에 양쪽 계통이 혼재되어 있음을 확인할 수 있다.

이 조선 남부에서 보이는 선사시대 구축된 고인돌이라고 하는 유적은, 북부에 잔존하고 있는 고인돌과는 차이점이 있다. 대부분 큰 돌 아래 4개 이상의 돌을 괴어서 위에 놓인 커다란 돌을 받치고, 그 괸 돌 사이에 괴석塊石을 채운 형태이다. 이 거대한 돌을 묘비라고 여긴 것인지, 석실은 따로 만들어졌고 일단 위에 적석積石하여 돌로 묻은 후에 이 거대한 돌을 둔 형태로 되어 있다. 이 고인돌에서 보이는 적석 기법과 경주 고분에서 사용된 기법이 전혀 관계가 없다고 단언하기 어렵다.

이렇게 수혈식竪穴式으로 석실을 설치하는 것은, 경주 고분이 조영되었던 시기와 동일한 시기에 축조된 것이라고 추측되지만, 경주 부근 이외에도 남쪽에서는 그러한 예가 많다고 보고되고 있다. 이들은 장방형 묘혈墓穴을 파고, 그 깊이가 일정 수준에 달하면 바닥에 자연석을 늘어놓고, 다시 자갈을 깔아서 바닥을 평평히 다진다. 주변의 벽은 자연석을 안쪽으로 기울여 쌓고 그 위에 판석板石을 걸쳐 올려 천정을 구성하였다. 그 위에 봉토封土하여 완성하였다.

또 다른 유형으로 묘혈墓穴을 수혈식으로 파고, 커다란 항아리를 관으로 사용하는 양식이 마찬가지로 조선 남부인 전라남도 나주군羅州郡에서 발견되었다. 이를 옹관甕棺이라 하는데, 옹관이라 하면 선사시대인 금석병용기金石倂用期[89]의 것이 규슈九州[5]에서 발견되고 있으므로, 한반도 남부에서 보이는 옹관묘와 동일한 시기에 비슷한 사례가 있었다는 것, 즉 원시시대에 이렇듯 동일한 예가 있었다는 점이 확인된다. 이러한 사례는 한반도 남부에서도 극히 일부 지역에서만 나타나고 있으며, 관 위의 봉토가 극히 얕다는 점에서 일본에서 보이는 수혈식 고분과 유사하다. 조선의 다른 수혈식에서는 원래의 지반면 아래에 곽이 구축되는데 반하여, 이렇듯 일본과 유사하게 일본풍으로 조성했다는 점에서 추정해 보건대, 일본에서 도래한 자의 분묘가 아닐까에 관해서도 추측해 볼 여지가 있다.

이상과 같이 일본과 조선에 걸쳐 남아 있는 수혈식 고분에 대하여, 그 구조형식을 개략적으로 살펴보았지만, 요점을 다시 한 번 지적하자면, 낙랑에서 보이는 것은 한漢을 모방하여 대륙의 것이 이입된 형식이지만, 이에 반

89 금석병용기(金石倂用期)
고고학에 있어서 시대구분의 하나. 1970년대 이후에는 거의 사용하지 않게 된 용어이다. 석기시대에서 청동기시대로 넘어가는 과도기를 의미하지만, 실제로는 인류가 처음 발견한 금속인 청동과 기존에 사용하던 석기를 함께 이용하던 시기를 의미한다. 일본에서는 야요이(彌生) 시대에 해당한다.

하여 일본의 경우 대륙으로부터의 영향은 있었을지 몰라도 그 흔적은 분간하기 어려울 정도로 미미하다. 오히려 일본에서 보이는 사례는 완전히 고유한 발전을 통해 이루어진 것이라고 느껴질 정도로 자신만의 형식을 발휘하는 경우가 많고 별도 형식으로 표현되었다. 그리고 조선 남부에서는 대다수 종래의 형식이 사용되었지만, 경주 고분과 같이 낙랑의 영향이 확인되는 경우도 있다는 점은 주의하여야 하고, 남쪽 일부에 한해서 옹관甕棺이 사용된 것은 일본으로부터 도래한 형식이 적용된 것이라고 추측할 수 있다는 부분도 고려할 만하다.

(6) 횡혈식 고분

낙랑 고분이 벽돌을 재료로 사용할 수밖에 없었던 것은 측부에 입구를 설치해야만 하는 형식이기 때문이라고 앞에서 이미 기술하였다. 벽돌을 재료로 했기 때문에, 즉 구조상 요구에 따라 필연적으로 측면에 입구를 설치할 수밖에 없었다고 해석한 것이다. 하지만, 반대로 그 이전 형식 중에서도 측면에 입구를 두는 것이 있었고, 이를 모방하다보니 벽돌로 쌓는 것이 쉬워서 그렇게 하였을 가능성도 있다. 현재 평양박물관에 이관되어 있는 채협총彩篋塚이라 불리는 고분에서 보이는 것과 같이 목조로 곽을 구성하면서 측면에 입구를 둔 것도 있다. 이 고분은 분명 목재를 사용하여 벽돌쌓기를 흉내 내어 횡혈식 구조를 구축한 것이다.

이 낙랑 땅에 만주로부터 점차 남하해 온 국가가 고구려였다. 고구려는 압록강 연안 만주 의 집안현輯安縣에 수도를 두고 있었으나, 장수왕長壽王15년(서기427년)에 대동강 기슭 평양 부근에 수도를 옮기고, 그 이후 당시 조선에 있었던 국가인 신라나 백제와 대치하였다. 이 고구려의 건축 전반에 대해서는 후술하겠지만, 분묘의 경우 집안에도 다수 남아 있는 것이 확인되고, 평양을 중심으로 산재해 있는 것도 무수히 많다. 특히 집안의 분묘는 주로 적석묘積石墓인 경우가 많지만, 평양은 흙을 쌓은 경우가 많다. 이들 고구려 고분의 특징적인 것은 그 곽의 축조형식에 있다. 이들 고분을 자세히 살펴보면 다양한 형식이 분파된 것임을 알 수 있으므로 일률적으로 서술하는 것은 너무 위험하고 삼가야 하는 것이다. 한편 다음과 같이 현저하게 드러나는 점도 있다. 우선 현실玄室이 평면상 대략 방형을 취하고, 약간 안쪽으로 기울여 측벽 위에 2단, 3단 혹은 그 이상이 되도록 쌓아 올리고, 모치오쿠리持送り[90]와 유사하게 천정 넓이를 좁힌 －주위 벽면은 만곡彎曲을 형성하며 좁아지는 경우도 있다－ 후에, 모퉁이를 삼각으로 판석을 가로질러 걸치는 것을 반복하여, 마지막에는 남는 작은 방형 위로 판석을 올려서 천정을 구축하여, 천정은 상당히 높아졌다. 낙랑 전곽분磚槨墳이 궁륭식으로 천정이 높아진 것과 천정을 높게 만들어 낸 방을 가지는 것은 비슷한 점이 있다. 이 고구려 고분 중에는 현실에 덧붙여 전실前室을 갖는 것도 있고, 전실이 없는 경우도 있지만, 어떤 경우든 밖에서 안으로 유도하기 위해서는 연도羨道가 만들어져야 한다는 점은 매한가지이다. 연도와 전실 혹은 현실과의 경계에 쌓여닫이 석문石門을 설치하는 경우도 있는데, 단순히 판석板石을 세워서 고정해 놓기만 한 경우도 있으며, 이 경우에는 바깥에 돌을 많이 쌓아서 막는 경우가 일반적이다. 실室의 재료로는 작은 자갈을 쌓아서 벽을 구성한 것도 있지만, 커

90 모치오쿠리(持送り)
벽면 또는 기둥에서 수평 방향으로 돌출하는 부분을 지지하는 부재. 혹은 그런 역할을 담당하는 부분을 칭한다. 형태는 직각삼각형을 뒤집어 놓은 것처럼 생긴 것이 일반적이며, 금속, 목재, 돌 등을 활용하여 장식적 요소가 가미된 경우가 많다. [그림7]

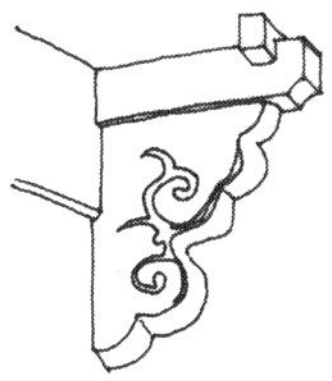

[그림7] 모치오쿠리(持送り)

다란 판석을 둘러서 주위 벽을 구성한 것도 있다. 전자의 경우는 표면을 평탄하게 하고 장식하기도 쉽도록 석회반죽을 발랐지만, 후자의 경우는 석회반죽을 바른 것과 바르지 않은 것이 혼재한다. 이 벽면에서 천정까지 채화彩畫가 되어 있는 경우도 있다. 거기에 표현된 문양의 종류는 다양하고, 문양과는 별도로 천정에 일월성신日月星辰과 벽면에 현무玄武, 청룡靑龍, 주작朱雀, 백호白虎의 사신四神을 그려 넣은 것도 많다. 그리고 인물이 어떤 행동을 하고 있는 정경을 묘사한 것도 있다. 여기서 특히 주목해야 하는 것은 현실玄室 내부를 통상의 건축에서 보이는 것과 같이 네 구석에 배흘림 기둥위에 두공을 올린 것과 같은 모습으로 표현하였고, 두공 사이에는 인자대공人字臺工을 그려 넣은 것이다. 이 인자대공은 후세에 등장하는 가에루마타蟇股[91]의 원시적인 모습이라고도 할 수 있을 것이다. 어떤 것은 실제 구조로 구성되어 있는 것도 있어서, 상대上代 건축을 연구하는 자에게 있어서는 일본과 조선을 통틀어 처음 고구려 고분을 통해 실제 유구를 확인할 수 있으므로 특별히 주의를 기울여야 하는 것이다.

이러한 고구려 고분 축조법과 동일한 기법으로 분묘를 만든 예를 백제에서도 볼 수 있다. 그 형식과 형태에 있어서 다소 차이는 있지만, 관련되어 있다고 할 수 있는 부분도 지적할 수 있다. 이를 간단히 언급하면 오류를 범할 우려도 있지만, 구조의 측면에서 보아도 고구려와 마찬가지로 두 종류가 있어, 하나는 작은 자갈을 쌓아 올린 것이고, 다른 하나는 가공한 판석을 둘러서 만들어진 것이다. 백제는 도읍을 세 번 천도하였으므로 고분의 소재지가 달라지면서 고분 형식의 차이가 보이는 점은 그대로 시대의 차이를 반영한다고 볼 수 있다. 그런 까닭에 판석

91 가에루마타(蟇股)
상하의 두 횡부재 사이에서 상부 부재를 받치는 형식으로 설치된 건축부재. 초기의 간단한 형식은 나라(奈良) 시대부터 등장하여, 홍량(虹梁) 위에 놓여서 상부 부재를 받치는 역할을 하였는데, 점차 구조적인 특징보다는 장식적인 특징이 강조되어 에도(江戸) 시대에는 조각품과 같은 가공이 행해진다. (한) 화반, 대공, 동자주 [그림8]

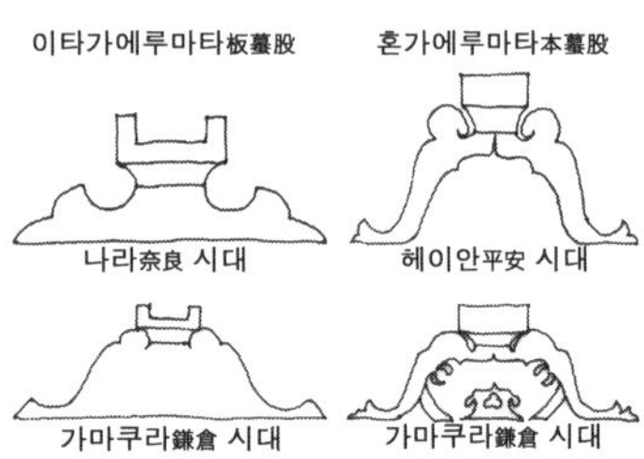

[그림8] 가에루마타(蟇股)의 종류

으로 구성된 완전한 형태의 고분이 부여夫餘 능산리陵山里에 존재한다는 점은 굳이 자갈을 쌓은 형식이 더 오래된 것이라고 주장하지 않더라도 백제도 판석 구조가 말기에 속한다고 간주할 수 있는 것이다. 게다가 이들은 고구려에서 보이는 강서군江西郡 삼묘리三墓里 고분과 동일하게 석재에 직접 채색하여 장식되어 있는 사례이다. 그러나 현실玄室의 경우 고구려가 정방형에 가까운 반면 백제는 장방형을 보인다. 평면 장변의 길이는 단변에 비하여 2배 이상 길다. 원래 평면 역시 백제 중기 이전 경우에는 장방형이더라도 그렇게 장변이 길지 않은 정방형에 가까운 사례가 있다고 알려져 있다. 또 천정의 경우 고구려와 같은 모서리를 삼각으로 받치는 구성은 없다. 일반적으로 확인되는 천정 형식은 벽면에서 천정에 이르는 면이 꺾여 올라가는 경사면을 갖는 형태이다. 어떤 것은 이 꺾인 면이 양쪽에서 만나도록 구성하여 아치 형태와 유사한 것도 확인된다. 정방형의 실에 천정을 올리는 경우, 구조재로 작은 석재를 사용하는 경우라면 궁륭형穹窿形이 유리하고, 거기에 큰 석재를 혼용하게 되면 모서리를 받쳐서 올리는 것이 유리하다고 볼 수 있다. 그런데 만약 큰 판석만으로 구성하여 큰 규모의 묘실을 조영하고자 한다면, 이 경우에는 평면을 장방형으로 하는 것이 유리했을 것이다. 즉 천정을 구성하기 위해서는 재료를 걸쳐야 하는데 그 작업이 쉬워지기 때문이다. 백제가 장방형의 평면을 갖는 것은 이러한 원리도 고려되었을 것이다. 여기에 더하여 조선 남부에서 보이는 수혈식 선사고분이 한 쪽 깊이가 긴 평면을 갖는 것, 그리고 백제와의 관계가 결코 얕다고 볼 수 없는 야마토大和[40] 조정에 의해 조영된 수혈식 고분에서도 평면이 세장형으로 구성되는 등, 분묘에서 세장형 평면을 갖는 전통을 가지고 있었다는 점도 고려하지 않으면 안 되는 것이다.

조선 남부에서 보이는 묘실이 이 두 가지로 대별된다고 보면역자주6, 서로 혼재하고 있는 경우도 많고, 양 쪽이 수법 상으로는 별반 차이가 없다고 생각되는 경우도 있다. 평면을 장방형으로 한 경우가 이에 해당한다. 횡혈식 고분이면서 경주 부근 일부에서 보이는 것에서 정방형에 가까운 평면을 갖는 것도 있다. 그 이후의 형식에 속하는 것에서 동일하게 자갈을 사용하면서도 비교적 큰 자갈을 사용하였고, 내실 측벽을 안쪽으로 기울이며 천정은 벽의 경사에 따라 점차 좁아져서 아치식이나 적출식積出式과 명확히 구분하기 어려운 방법으로 축조되기도 하였다. 상부에 큰 석재를 올려서 막아 놓은 것은 고구려 고분 일부에서 보이는 형식과 유사하고, 백제 중기의 것과도 유사하다. 또 연도와 현실의 경계에는 고구려 고분에서 보이는 것과 같은 석문이 설치되었고, 거기에 인왕상仁王像으로 보이는 것이 조각되어 있는 예도 있다. 그러나 이 형식의 고분은 명백히 인접해 있는 고구려의 형식을 본 따서 제작된 것이라고 보아 마땅하다고 추정되며, 축조 연대는 경주에서 확인되는 적석총赤石冢에 비해 후대라고 사료된다.

역자주6 이 두 형식이 정확히 어떤 것을 의미하는 것이지 본문 상에서는 분명하지 않지만, 문맥상으로 보아 벽을 자갈식으로 구성한 양식과 판석으로 구성한 양식, 이 두 종류를 의미하는 것으로 보인다.

이렇듯 엄밀히 말하면 계통은 완전히 다를지도 모르지만, 낙랑과 고구려는 둘 다 횡혈식 고분을 축조하였으며, 이는 대륙에서 전래된 것이고, 이 형식이 점차 남하하여 삼국시대 말기의 백제와 신라부터 통일신라시대에 이르기까지 영향을 미쳤다고 볼 수 있는 것이다.

일본 고분은 봉토로 전방후원형前方後圓形을 취하고 그 크기도 극히 거대하게 축조하였던 것은 내부 조영 방식으로 수혈식을 택하면서, 석실石室이나 석곽石槨이라고 명확히 확증할 만한 구조가 없고, 있더라도 관이라고 볼 수 있거나 관을 싸고 있는 구조물 정도로 조영되었기 때문이라고 전술하였다. 결국 석실이나 석곽도 근본적으로 수혈식으로 만들어졌다는 점을 두드러진 특징으로 들 수 있다.

이제 전방후원분前方後圓墳81에 대해 살펴보자. 이 전방후원분前方後圓墳81이라고 일컬어지는 것에는 대략 두 종류로 분류되고, 두 단계로 변천하였다고 볼 수 있다. 그 중 전술했던 수혈식으로 되어 있는 예는 발전 단계에 있어서 초기에 해당하는 것이고, 다음 단계에 이르면 횡혈식 석실이 혼재되어 나타난다. 이 전방후원의 형태를 갖는 것으로 규슈九州5에 있는 예들 중에는 외형만으로 보면 후대에 속하는 것으로 보이지만, 내부 수장품의 연대가 앞으로 올라가서 초기 단계로 보아야 하는 것이 있다. 이들은 또 내부 석실이 횡혈식으로 측면에 입구를 가진 것이 많다. 이 석실 구조는 현실 앞에 전실도 갖추면서 연도도 있는 것으로, 현실의 평면은 대략 정방형에 가깝다. 또 주위 벽은 작은 석재로 점점 안쪽으로 들여서 쌓았으며 궁륭형으로 만들어진 것이 확인되고, 때로는 여기에 채색장식을 한 예도 있다는 보고도 있었다. 여기까지만 보면 조선 어딘가에 소재하는 사례 중 하나와 일치하는 점이 많다. 먼저 자갈로 쌓았다는 점을 보면, 조선의 경우 고구려에서 보이는 예와 같이 그 표면을 석회반죽으로 발라서 마감하였고, 이 점은 신라 후기의 횡혈식 고분도 공통적으로 보이는 특징이다. 다음으로 채색 장식이 있다는 점을 보면, 고구려의 경우에는 석회반죽으로 마감한 위에 장식하는 예도 많지만, 삼묘리三墓里 고분과 같이 판석면에 직접 채색한 예도 있다. 백제에서는 석재면에 직접 채색을 행하였다. 이 석재면에 직접 채색하는 경우는 고구려와 백제 모두 거대한 판석을 표면에 요철이 없도록 잘 가공하여 그 위에 행한 것이다. 이 두 특징을 들어 규슈九州[5]의 분묘와 비교해 보면, 채색이 되어 있는 고분은 석회반죽으로 마감한 표면을 갖는 것도 아니고, 잘 가공된 커다란 판석으로 둘러싸인 구조도 아니다. 조선이라면 석회반죽을 발라서 숨길 법한 자연석 –이 석재는 석재 중에서 크다고 할 수 있을 정도의 크기이다– 에 직접 그려졌다는 점에서 큰 차이를 보인다. 또 다른 차이점이라고 할 수 있는 것으로 곽 안쪽에 후벽에 붙여서 선반이 있는 점, 곽 안쪽을 둘러서 낮은 칸막이벽이 있다는 점을 들 수 있다. 그 중에는 후벽의 선반과 칸막이벽이 결합하여 하나의 가옥형태로 조성된 것 등도 있다. 그러나 이는 규슈九州[5]에서 자생한 형태라고는 보기 어렵고 대륙의 어떤 것이 전래되어 나타난 것이라고 추정되지만, 어쨌든 규슈九州[5]에서 보이는 전방후원분前方後圓墳[81]은 조선에서 확인되는 것과 같은 횡혈식을 취하고 있어서 규슈九州[5]와 조선이 유사한 점이 많다고 지적할 수 있을 것이다. 즉 규슈九州[5]에서 보이는 전방후원분前方後圓墳[81]의 경우, 외형은 기나이畿內[92]에서 발달된 완성된 형태를 취하면서, 그 내부에는 반도와 대륙의 형식을 도입하였다고 볼 수 있는 것이다.

이 횡혈식 고분이 반도와 대륙에서 이입되어 우선적으로 규슈九州[5]에서 행해졌다는 것은 위에서 본 바와 같지만, 후에 간사이關西[61] 지역에서도 활용된 사례가 많아지고, 멀리 간토關東[93]까지 영향을 미치게 된다. 그러나 이 구조를 갖는 형태에서는 전방후원분前方後圓墳[81]을 유지하

92 기나이(畿內)
왕궁이 있는 수도 주변의 특별 구역. 일본에서는 야마시로(山城), 야마토(大和), 가와치(河內), 이즈미(和泉), 셋츠(攝津) 5개 지역의 총칭이다. 중국의 제도를 들여와서 8세기 초『大寶律令』을 통해 야마토(大倭), 가와치(河內), 셋츠(攝津), 야마시로(山背)의 4개국을 기나이(畿內)로 정하여 특별행정구역으로 삼았다.

93 간토(關東)
일본 본토의 동쪽 지역을 통칭하는 용어로 간사이(關西)의 상대어이다. 현재는 도쿄토(東京都), 가나가와켄(神奈川縣), 치바켄(千葉縣), 사이타마켄(埼玉縣), 군마켄(群馬縣), 도치기켄(栃木県縣, 이바라키켄(茨城縣) 총 7개 지역을 통칭한다. 과거에는 일찍이 간핫슈(關八州)라고 불렸던 무사시노쿠니(武藏國), 사가미노쿠니(相模國), 가즈사노쿠니(上總國), 시모우사노쿠니(下總國), 아와노쿠니(安房國), 고즈케노쿠니(上野國), 시모츠케노쿠니(下野國), 히타라노쿠니(常陸國)의 총 8개 지역을 통합하여 칭하는 명칭이었다.

94 비다츠 텐노(敏達天皇)

[?~585, 재위 572~585] 일본 제30대 국왕. 긴메이텐노(欽明天皇)의 차남. 역병이 창궐하여 수그러들지 않자 소가(蘇我) 일가가 불교를 전파하였기 때문이라고 하여 배불정책을 실행하였다.

95 쇼토쿠 타이시(聖德太子)

[574~622] 요메이 텐노(用明天皇)의 아들. 스이코 텐노(推古天皇)의 섭정이 되어 정치에 참여하였다. 관위십이계(冠位十二階)와 십칠조헌법(十七條憲法)을 제정하였고, 국사를 편찬하였으며, 견수사(遣隋使)를 파견하였다. 대륙의 선진문화 도입과 불교 융성에 진력하였다. 호류지(法隆寺)와 시텐노지(四天王寺)를 비롯한 수많은 사찰을 건립하였다.

96 시나가노미사사기(磯長陵)

오오사카(大阪) 타이시쵸(太子町)에 위치한 쇼토쿠 타이시(聖德太子)의 묘소.

97 우메하라 스에지(梅原 末治)

[1893~1983] 고고학자. 오오사카(大阪) 출신으로 도시샤(同志社) 보통학교를 졸업하고, 교토(京都) 대학 고고학 교실에서 자료정리에 종사하였다. 나이토 고난(內藤 湖南), 도미오카 겐조(富岡 謙藏), 하마다 고사쿠(濱田 耕作) 등의 지도로 조사연구를 시작하여 조선고적조사에도 참가하였다. 1925년에서 1929년까지 구미 여러 국가에서 아시아 출토 자료를 조사하여, 그 관심 영역을 일본에서 중국 및 주변 유라시아와 동남아시아까지 넓혔다. 1939년에 교토(京都)대학 교수가 된다. 치밀한 자료 관찰과 엄밀한 고증에 의해 동탁(銅鐸), 고분(古墳), 고경(古鏡), 중국청동기(中國靑銅器)의 연구 등, 동양고고학의 연구기반을 다지는 데 기여하였다.

기에 적합하지 않은 부분이 어쩔 수 없이 생길 수밖에 없다고 추정된다. 즉 대륙에서 횡혈식이 형성된 것은 봉분封墳을 방형方形이나 원형圓形으로 쌓고 그 아래 석실이 있었기 때문일 것이다. 따라서 내부를 횡혈식으로 취하게 되면, 봉분의 형태도 전방후원이 아닌 방형이나 원형으로 고치는 경향을 보이는 것이 당연하다 할 수 있다. 황실의 능묘 중에서 비다츠 텐노敏達天皇[94]의 능이 최후의 전방후원분前方後圓墳[81]이라고 알려져 있으므로, 이 봉분의 형태를 고치게 되었던 것도 석곽 구조를 횡혈식으로 채택했고 그 결과로서 이루어진 것이라고 할 수 있는 것이다.

이 방형과 원형, 혹은 이 둘의 결합형인 하방상원형下方上圓形은 횡혈식 석실이 성행하게 됨에 따라 점차 번성하게 된 것으로, 여기에 전방후원분前方後圓墳[81]을 거대하게 조영하였던 전통이 이어져 이 석곽을 극히 대규모로 조영하였다. 이 석곽 평면은 조선에서 고구려와 백제, 그리고 신라 일부에서 보인다는 점, 그리고 규슈九州[5]의 예까지 모두 정방형에 가까운 형태였던 것에 비하여, 마치 거대하게 조영한다는 전통을 계승하고 있는 듯 장방형을 갖는 것이 많다.

그 중에서도 쇼토쿠 타이시聖德太子[95]의 시나가노미사사기磯長陵[96] 석실은 우메하라 스에지梅原 末治[97] 박사 추정에 의하면 그 봉분이 원형 삼단이며, 현실玄室 넓이 폭 10척, 길이 18척, 높이 10척으로 되어있고, 연도는 길이 약 24척, 폭 6척, 높이 6척4촌이다. 사용한 판석은 연도에 좌우 벽 각 4매, 현실에 좌우 벽 하단 3매, 상단 2매를 겹쳐서 각각 5매씩, 후벽에 상하 2매씩의 커다란 석재를 쌓아서 구성하였고, 천정에는 대형 석재 2매를 올려서 걸쳤다고 한다. 여기에 사용된 판석은 표면을 잘 연마한 매우 훌륭한 부재였다. 따라서 이는 백제 왕릉에서 보이는 형식과 유사하다고 할 수 있지만, 크기에 있어서는 각 변을 두 배로 늘린 정도로 크고, 높이도 두 배에 달하므로 전체 부피는 8배 정도 크다는 것을 확인할 수 있다.

이 쇼토쿠 타이시聖德太子[95]의 능에서 보이는 바와 같이 다듬은 판석으로 구성된 석실을 다른 예에서도 볼 수 있지만, 다른 예에서는 이렇듯 정성껏 손질한 석재를 사용하지 않고 지상에 굴러다니는 돌을 그저 모아서 접합부만 넓게 하는 정도의 가공에 그쳤다. 쇼토쿠 타이시聖德太子[95]와 비슷한 시기의 인물인 소가 노 우마코蘇我 馬子[98]의 묘라고 전해지는 야마토大和[40] 다카이치군高市郡 시마노쇼島ノ庄에 위치한 이시부타이石舞臺[99]가 일전에 하마다 고사쿠濱田 耕作[100] 박사 지도하에 교토京都 제국대학 고고학 교실과 나라奈良[33] 현에 의해 발굴된 적이 있다. 이 고분은 그 지역에서 그리 멀지 않은 곳에서 옮겨온 석재를 위에서 언급한 정도로 약간의 가공만 하여 쌓아 올린 것으로, 조사 결과에 의하면 폭이 11척을 넘고, 길이는 25척을 넘는 것이었다. 또 천정까지의 높이는 16척이다. 측벽의 판석 구성은 하단에 3매를 놓는데 폭보다 높이가 더 긴 석재 3매를 세워서 병치하였고, 그 위 중단에 폭이 더 넓은 석재를 2매, 그리고 상단에는 폭과 높이가 하단보다 작은 석재 3매를 세워서 놓았다. 점차 안쪽으로 경사지도록 쌓아 올렸고, 후벽은 2매의 거대한 석재를 쌓았으며, 천정은 동일하게 2매의 석재로 덮었다. 입구는 남쪽에 설치하고, 연도도 설치되어 있다. 봉분封墳의 형태는 우선 방형의 단을 쌓은 후 주변에 석재를 둘러서 고정하였다고 밝혀졌지만, 그 위의 흙이 완전히 제거되어

98 소가 노 우마코(蘇我 馬子)
[?~626] 비다츠 텐노(敏達天皇) 때에 처음으로 대신이 되어 이후 3대에 걸쳐 소가(蘇我) 계열 국왕을 세우고, 계속하여 대신을 역임하였다. 모노노베노 모리야(物部 守屋)를 제압하고 불교 전파에 진력하였다. 호코지(法興寺)를 세웠으며, 고구려와의 외교를 개시하였다.

99 이시부타이(石舞臺)
이시부타이(石舞臺) 고분이라고도 하는 나라(奈良) 시대의 고분. 거대한 횡혈식 석실이 노출되어 있고, 천정석이 무대처럼 크고 넓어서 붙여진 이름이다. 소가 노 우마코(蘇我 馬子)의 묘라는 설이 있다.

100 하마다 고사쿠(濱田 耕作)
[1881~1938] 동양고고학자. 오오사카(大阪) 출신. 1905년 도쿄(東京) 대학 사학과를 졸업하고, 1909년 교토(京都) 대학에서 고고학 강좌를 창설할 때 강사로 초빙되었다. 1917년 교토(京都) 대학 교수가 되었고, 1937년에 교토(京都) 대학 총장이 되었다. 유럽의 과학적 연구법을 고고학에 도입하였고, 일본뿐만 아니라 한국 및 중국 각지의 유적까지 조사하였다. 1917년 이후 『교토제국대학 문과대학 고고학연구보고(京都帝國大學文科大學考古學研究報告)』를 발행하였고, 고고학회를 창설하는 등 고고학 연구에 공헌하였다. 저서로는 『통론 고고학(通論考古學)』, 『동아시아 고고학 연구(東亞考古學硏究)』 등이 있다.

현실의 석재가 노출되어 있기 때문에 어떠한 형태였는지는 명확하지 않다. 그저 이 주변에 공호空濠와 제방이 설치되어 있었다고 전해질 뿐이다.

쇼토쿠 타이시聖德太子[95]는 불교를 도입하는 것에 적극적이었다. 십칠조헌법十七條憲法[101]에서 보이는 「독실하게 삼보三寶를 경배하라.」는 내용은 불교를 통해 일본을 다스리고자 하는 의도를 내포한 것으로, 소가 노 우마코蘇我 馬子[98]도 찬동하여 따랐던 것이다. 불교가 도입되었다는 것은 한편으로 불교에서 필요로 하는 건축도 우리나라에 건설되었다는 것을 의미하며, 그 건축이 어떠한 것이었는지 밝히는 것은 오늘 우리에게 과제로 남아 있다. 다행히 그 양식에 대해서는 호류지法隆寺[54] 건축이 남아 있으므로 분명하지만, 이 호류지法隆寺[54] 건축이 축조되던 무렵에 지금 살펴본 바와 같은 거대한 분묘도 축조되었다는 사실도 확인하는데, 이 두 가지를 별개로 이해하는 것은 과연 타당할까? 특히 일본과 조선의 건축을 비교하고 고찰하고자 한다면, 한 쪽 조선에서는 지상에 조영된 건축물은 전무하다고 보아도 좋을 정도로 남아 있지 않은 오늘날, 고분을 통해 비교 고찰해 보면 동일한 조영물造營物이므로 불교 건축에서 서술하지 못했던 점을 명확히 할 수 있는 기회가 되지 않을까? 특히 부여 왕릉에서 보이는 형식이 그 무렵 한반도의 다른 지역에 있는 고분보다 아스카飛鳥[102] 도읍 근처에 조영된 고분 형식과 유사하다는 점은 이를 뒷받침하는 것이다. 규모에 있어서 현저히 차이가 나는 것은 양적인 면에서의 차이만을 의미하는 것이 아니라 질적으로도 차이가 있다는 것을 의미하는 것이므로, 이 점이 다른 건축에서도 마찬가지로 드러나지 않으리라 단언할 수 없는 것이다. 본 단락을 통해 대륙으

101 십칠조헌법(十七條憲法)
쇼토쿠 타이시(聖德太子)가 제정한 일본 최고(最古)의 성문법으로 17개조로 구성되어 있으며 한문(漢文)으로 기록되어 있다. 604년에 제정된 것으로 현실의 실정법이라기보다는 야마토(大和) 조정의 귀족이나 관리들에 대한 도덕적 규범을 보여주는 것이다. 불교 사상을 기반으로 하고 있으며, 유가와 법가 사상도 부가적으로 반영되어 있다.

102 아스카(飛鳥)
[592~710] 일본 역사 시대구분의 하나. 수이코텐노(推古天皇)가 즉위한 592년부터 헤이죠쿄(平城京)으로 천도할 때까지의 시대구분. 이 시기의 국왕들은 정해진 궁궐이 없었으나 모두 아스카(飛鳥) 지역을 기반으로 하였으므로 붙여진 명칭이다.

로부터 전해진 건축기법에 대해 논하자면 고분의 축조형식을 언급하지 않을 수 없는 바임을 분명히 확인할 수 있는 것이다.

(7) 고구려의 건축

위서魏書에 고구려는 궁실을 치治하기 좋아하고, 거처居處 좌우에 대옥大屋을 지어서 귀신鬼神에게 제사지냈다고 기록되어 있음은 이미 본 바와 같다. 이 고구려가 분묘를 조영함에 있어 횡혈식橫穴式 석실을 취하였다는 것도 이미 기술한 바이다. 이 석실구조는 비교적 우수하여 이 사실만으로 추론하자면 고구려 건축은 규모도 의외로 크고, 기술도 우수했던 것은 아닐까 추정된다. 이 석실 내부에 건축의 세부를 보여주는 장식이 종종 발견되는데 이 장식은 그림으로 묘사된 것과 실제 건축 형태를 보여주는 것으로 구분할 수 있다. 원래 분묘를 축조하는 기법 그 자체에 대해서까지 고려하여 서술한 것은 아니고, 분묘 내부를 실제 건축의 실내와 동일하도록 하기 위해서인지 모르겠지만, 네 모서리에 기둥을 그리고, 두공을 그렸으며, 두공은 도리를 받치고 그 위에 인자대공人字臺工을 올리고 있는 형태로 묘사하고 있다. 그리고 이렇게 구획된 벽면에 인물상 등을 그렸고, 그 인물이 건축물 속에 있는 것처럼 표현되고 있다. 이러한 방식으로 건축의 모습을 나타낸 것이다.

실제 건축 형태를 보여주는 것으로는 용강龍岡 쌍영총雙楹塚에서 보이는 바와 같이 기둥을 만들고 그 기둥 위에 주두를 올린 경우가 그러한 예에 해당하고, 순천順川 천왕지신총天王地神塚 전실에서 보이는 보 및 인자대공의 가구 형태, 현실 네 모서리에 서 보이는 인자대공 형태로 받치는 부재, 팔각천정을 받치는 첨차형의 부재 등이 이를 보여주고 있다.

게다가 이와는 별도로 건축 자체 유적 중에는 비록 그 흔적만 남아 있지만 평양 부근 청암리靑巖里 토성土城에서 발견된 팔각전지八角殿址가 있다. 또 마찬가지로 유적지 중에 원오리元五里에서 발견된 것도 있다. 이들은 단순히 건물 주변으로 판 배수로나 포장도로라고 보이는 흔적이 발견된 것으로, 초석이 있는 전각 자체의 흔적은 발견되지 않았다. 또 그밖에 고구려 때의 것이라고 추정되는 유적들에는 평양 만수대萬壽臺에서 발견된 유적, 평양신사平壤神社 참도參道 옆에서 발견된 성문지가 있다. 이들 유적지에서도 보이는 것이지만, 평양부平壤府 내에서는 연광정練光亭이나 부벽루浮碧樓로 전용轉用한 초석, 모란대牡丹臺 평양박물관 뜰로 옮긴 초석도 고구려대의 것이라고 비정하고 있는 것들이다. 이들 유적지를 비롯한 정확히 연대를 단정하기 어려운 여러 지점에서 수많은 기와조각들이 출토되었고, 그 형태와 크기는 다양하고, 문양의 종류도 매우 많다.

분묘 석실을 다루면서도 추정했었지만, 이들을 통해 고구려 건축이 규모가 크고 기술 또한 우수했다는 사실을 간략히 엿볼 수 있다. 이 부분과 관련하여 앞에서 언급했던 청암리靑巖里 토성 내 팔각전지 유적을 통해 보다 한층 분명히 하고자 한다. 즉 그 유적지 중에서 현재 지상에 드러난 것은 건물 주변의 배수로 또는 길이라고 추정되는 부분뿐이다. 이들의 한 변 내측 길이를 실측하면 10m내외이다. 실제 건물은 그 안에 조영되었겠지만, 그렇더라도 이 전각이 매우 거대한 것이었을 것이라고 확신하는 데에는 전혀 무리가 없다. 근거는 확실하지 않지만, 이 전각은 다층으로 이루어졌을 가능성이 크다고 추정되고 있다. 이를 사찰로 보고 고구려 문자왕文咨王7년에 건립된 금강사金剛寺라고 비정해 보면, 그 배치 형태로 보아 여기서 보이는 팔각전은 탑파라고 보아야 마땅하다. 탑파는 단층인 경우도 있지만 2층 이상이라고 보는 것이 일반적이므로, 다층으로 조영된 매우 거대한 규모의 건물을 상상하지 않으면 안 된다. 또한 그 건축의 세부는 고분벽화에서 보이는 정도의 요소들이 적용되었을 것이라고 추정된다.

이를 동일한 지역에 세워진 낙랑군 건축과 비교해 보면 확연한 차이가 보인다. 낙랑시대와 비교하여 고구려 건축은 상당히 진보하고 발전된 형태의 건물이라고 할 수 있다. 그러나 이러한 건축형식은 고구려가 독자적으로 이루어낸 것이 아니다. 그 형태는 대륙에 있는 북위北魏 시대에 조각되었다고 하는 운강석굴雲崗石窟[55]에 새겨진 건축 형식과도 유사한 점이 있다. 이 석굴이 사찰로서 건립되었으므로 그 건축형식의 전파도 사찰로서 전파되었을 가능성이 크다고 할 수 있다. 특히 고구려 이외의 백제나 신라의 경우에는 사찰을 조영하는 건축기술이 전래되고 나서 처음으로 그 원시성으로부터 탈피하게 되었다고 보아야 할 것이다. 또 일본에서도 이 사찰건축이 먼저 백제로부터 전파되고 나서 건축기술의 괄목할만한 발전이 있었다고 보이며, 일단 이 형식으로 통일된 이후 더욱 새로운 발전을 이룩하였다는 사실을 부정할 수 없는 것이라고 적시할 수 있는 것이다.

(8) 사찰건축의 이입

불교가 한반도에 들어오게 된 것은 고구려, 백제, 신라 삼국으로 분립되어 있던 시기이며, 고구려에는 일찍이 소수림왕小獸林王2년(372년)에 전진前秦의 왕 부견符堅이 사신과 승려 순도順道[역자주7]로 하여금 전해주도록 한 것이 그 시작이라고 한다. 고구려가 아직 평양으로 도읍을 옮기기 이전의 일이다. 백제에는 침류왕枕流王원년(384년) 고구려보다 불과 12년 늦게 서역의 승려 마라난타摩羅難陀[역자주8]가 동진東晉을 통해 들어오면서 전래된 것이 처음이라고 전해진다. 또 신라의 경우 눌지왕訥祇王 때에 이미 민간에서는 불교가 성행하고 있었다고 하며, 법흥왕法興王 때에 이르러 왕이 이를 흥성시키고자 하여 군신들의 의중을 모아 승인했다고 한다.

역자주7 원문에는 도순(道順)이라고 기록되어 있으나, 순도(順道)의 오기라고 판단된다.

역자주8 원문에는 나란(羅難)이라고 기록되어 있으나, 마라난타(摩羅難陀)의 오기라고 판단된다.

이 백제로부터 일본에 불교 경론經論을 바친 것은 백제 성명왕聖明王30년, 긴메이 텐노欽明天皇[103]13년(552년)이었다. 천황은 이에 대하여 군신들과 상의하고 승인하는 등의 결정을 하지 않고 급격한 신앙의 확장을 삼가고자 했으나, 머지않아 쇼토쿠 타이시聖德太子[95]가 삼보三寶를 극진히 경배하게 되면서 십칠조헌법十七條憲法[101]에서도 드러나듯이 불교는 지위고하를 막론하고 널리 퍼지기에 이르렀다. 즉 스이코 텐노推古天皇[104] 대에 이르러 사찰 조영이 성행하게 되었고, 조선에서도 사실상 이 시기에 이르러 융성하게 사찰 조영이 이루어졌다고 할 수 있을 것이다.

103 긴메이 텐노(欽明天皇) [?~571, 재위 539~571] 일본 제29대 국왕. 게이타이텐노(繼體天皇)의 아들. 도읍은 시키시마노가나사시노미야(磯城嶋金刺宮).

104 스이코 텐노(推古天皇) [554~628, 재위 592~628] 일본 제33대 국왕. 긴메이텐노(欽明天皇)의 3녀. 비다츠텐노(敏達天皇)의 황후였는데, 수슌텐노(崇峻天皇)가 소가노우마코(蘇我馬子)에게 암살당한 후 즉위하였다. 쇼토쿠타이시(聖德太子)가 섭정하여 국정을 운영하였다.

긴메이 텐노欽明天皇[103]2년(541년)에 이르자, 양梁으로부터 박사博士, 승려僧侶, 공장工匠, 화사畵師가 백제로 건너왔다는 기록이 있다. 549년에는 부처의 사리가 양梁

에서 신라로 전해졌고, 553년에는 신라가 황룡사皇龍寺 공사를 시작하여 그 금당이 준공된 것은 비다츠 텐노敏達天皇[94] 13년(584년)이며, 탑파는 고토쿠 텐노孝德天皇[105] 원년(645년)에 조영되었던 것이다. 일본에서 현재 남아 있는 호류지法隆寺[54] 가람은 후대에 재건된 것일 수도 있지만, 호류지法隆寺[54]는 요메이 텐노用明天皇[106]의 쾌환을 기원하기 위하여 약사상藥師像을 건조한 후 이를 안치할 만한 사찰로서 조영된 것이다. 그러나 요메이 텐노用明天皇[106]는 그 완성을 보지 못하고 붕어하여 유명을 받들어 스이코 텐노推古天皇[104]와 쇼토쿠 타이시聖德太子[95]가 완성시킨 것으로, 그 시기 사원 건립의 상황을 알 수 있는 하나의 사례라 할 것이다. 이를 전후하여 관사官寺와 사사私寺 조영이 급속도로 증가하였다.

105 고토쿠 텐노(孝德天皇)
[597~654, 재위 645~654] 일본 제36대 국왕. 비다츠 텐노(敏達天皇)의 증손. 누이인 고교쿠 텐노(皇極天皇)가 양위하여 즉위하였다. 도읍지를 나니와노나가라노토요사키노미야(難波長柄豊碕企宮)로 옮기고 다이카노카이신(大化改新)을 행했다.

106 요메이 텐노(用明天皇)
[?~587, 재위 585~587] 일본 제31대 국왕. 긴메이 텐노(欽明天皇)의 4남. 쇼토쿠 타이시(聖德太子)의 아버지. 불교를 신봉하고 신도(神道)를 숭상하였다. 병환으로 쓰러졌을 때 삼보(三寶)에 귀의하고 싶다고 신하들에게 언급했던 것이 발단이 되어 소가 노 우마코(蘇我 馬子)와 모노노베 노 모리야(物部 守屋) 사이의 대립이 커졌다.

(9) 백제 및 신라의 불교 건축

고구려의 고분은 고분 그 자체와 거기 그려진 건축도建築圖를 기초자료로, 여기에 유적지, 유물을 더하여 건축의 대략적 개요를 알 수 있다. 이것만으로 충분하다고는 할 수 없더라도 자료로서 도움이 되는 부분은 많다고 할 것이다. 그러나 백제는 고분에 관하여 고구려에서 보이는 만큼에도 이르지 못하였다. 단지 최근에 발견된 유적지와 거기에서 출토된 유물에서 건축의 상태를 추정해 볼 수 있을 뿐이다. 그리고 그 기초자료로서 유일하게 남아 있는 유구를 하나 추가할 수 있다.

그 유구가 부여 읍내에 세워진 「대당평백제국비명大唐平百濟國碑銘」이라는 글자를 기단부에 새긴 이른바 평제탑平濟塔이다. 분명 이 석탑은 백제가 조영한 건축으로 백제 말기쯤에 건립되었을 것이다. 그렇게 보는 이유는 이 비명碑銘을 새기기 위하여 비석을 대신하여 탑을 세운 것이 아니고, 이 탑이 세워져있었기 때문에 우선 이 탑의 기단에 이 비명을 새겼을 뿐이기 때문이다. 이 비명과 동일한 글귀가 지금도 부여박물관에 전시되고 있는 석제 수조에서도 보인다. 따라서 여기저기에 동일한 비명을 새겨서 그 위공偉功을 전하고자 했던 의도를 가졌다고 볼 수 있는 것이다. 이것이 일단 탑이 백제 멸망 전에 세워졌다고 보는 이유이다. 그리고 이 탑이 백제 때의 것이긴 하지만 말기에 속한다고 보는 것은 탑 자체가 석탑이기 때문이다. 즉 이러한 석조탑石造塔으로서 부여 읍내 밖에서 실례를 찾아보면, 유일하게 금강錦江 기슭 장하리長蝦里에 소재한 더더욱 건립연대가 불명확한 유사형식의 탑이 있을 뿐이다. 읍내 사찰지에 있는 탑지로 보이는 유적도 모두 목탑이라고 추정되므로, 이 부여에 처음 사찰건축 기술이 전래되어 최초로 사찰이 지어졌던 시기에는 탑은 일단 목탑이었다고 추정하는 것이 타당하다. 따라서 이 평제탑은 이미 석조탑 건립이 성행하던 시기에 지어졌거나, 성행까지는 아니더라도 목조탑 시대 이후에 지어진 것이라고 간주할 수 있는 것이다. 결국 평제탑 건립연대는 백제 멸망 이전이기는 하지만, 그 시점에서 그렇게 많이 거슬러 올라가지는 않을 것이라고 보아야 할 것이다.

부여의 백제 유적은 근래 들어 다양한 경로를 통해 풍부해지고 있다. 일찍이 계획적으로 발굴조사가 시행된 군수리사지軍守里寺址를 비롯하여 최근에는 부소산성扶蘇山城 내 일대에서 발견된 사찰 유적지로 보이는 곳, 평제탑 주위를 발굴하여 그 사찰의 가람배치 상황을 알 수 있게 된 것, 이에 더하여 읍 동남쪽 대지臺地에 새롭게 발견된 유적지 등이 추가된 주요 자료에 해당한다. 이들 사찰지로 보이는 주요 유적을 통해 알 수 있는 사찰 가람의 당탑 배치는 남북을 일직선으로 하여 남쪽부터 중문이라고 보이는 유적이 있고, 그 뒤로 탑이 서며, 탑 북쪽에는 금당이 있는 형태이다. 이 탑과 금당을 감싸고 중문 옆에서 이어지는 회랑이 있고, 이 회랑이 양쪽에서 북쪽으로 꺾여 올라가고 다시 동쪽 회랑은 서쪽으로, 서쪽 회랑은 동쪽으로 꺾여서 강당이라고 불리는 금당 뒤편 건물에 접속하여 이어진다. 이 회랑이 꺾이는 지점에 별도의 당우를 건립한 예도 확인된다. 이러한 배치로 건설되는 사찰건축은 그 기단으로 설치되는 부분을 기와를 쌓아서 만들고, 그 내부 기둥을 세우는 위치에서 초석을 두고 기둥을 세웠던 흔적이 발견되고 있다. 그 위 축부에 관해서는 충분히 확인할 수 있을 만한 자료가 발견되지 않고 있다. 그리고 지붕은 기와를 사용하였다. 기와는 혼가와라부키本瓦葺[107]로 암키와와 수키와를 교차하여 놓은 것으로, 그 중에 연화문蓮花文이라고 불리는 여덟 잎이 달린 꽃문양이 있는 수막새를 사용한 것도 있다. 이에 반하여 암막새에서 꽃문양과 같은 것이 있는 경우는 아직 발견되지 않았지만, 일부 유적에서 암키와의 한쪽을 손가락으로 누른 흔적이 발견되어 문양 비슷한 것을 확인할 수 있다. 막새기와는 아니지만 수막새 기와에서 보이는 문양부분만 – 기와의 문양 있는 부분만을 떼어 낸듯한 원반형– 남아 있는 것이 있고, 거기에 철제 못 머리가 남아 있는 것도 있어서 이는 특정 부분을 장식하기 위해서 덧붙였던 것이라고 생각된다. 일반적으로 이것은 서까래 밑단에 이를 장식하기 위하여 붙인 기와라고 추정되고 있다. 이밖에도 용머리를 장식하는 치미의 파편도 발견되고 있다.

107 혼가와라부키(本瓦葺)
암키와를 깔고 그 사이에 수키와를 올리는 방식으로 기와를 이는 것 또는 그런 기와지붕을 뜻한다. 일반적인 기와지붕 구성 방식으로, 특히 한국의 전통 기와지붕은 모두 이러한 방식이라 할 수 있다.

이렇듯 백제 유구유적지를 통해서 명확해진 것들은 신라에서도 동일하게 보이는 부분이다. 단지 명백히 삼국시대에 속하는 유구로 판단되는 것들 중에서 신라의 경주에 남아 있는 유구는 분황사芬皇寺 다층탑 밖에 없고, 이 탑은 벽돌 형태로 잘라 낸 안산암安山巖을 사용하여 표면을 마감하였으므로, 평제탑과는 재료에서 큰 차이가 있다. 이 점이 구조에도 반영되어 상당히 다른 외관으로 표현되기에 이르렀던 것이다. 그러나 분황사 탑은 여러 차례 수리를 거쳤다. 또 재료상의 특성으로 보아도 지금의 형태를 창건 당시의 모습이 그대로 남아 있는 것이라고 볼 수 있는지에 관하여 의문시될 수밖에 없다. 이러한 재료와 구조를 갖는 탑이 경주 분황사에만 있었던 것은 아니었다. 분황사 동쪽에 지금도 남아 있는 석조 인왕상이 소재한 지역 주변에서 마찬가지로 벽돌 형태로 잘라 낸 석재 파편이 산재해 있는 것을 볼 수 있다. 여기에도 동일한 구조 형식의 탑이 조영되어 있었다고 보아도 좋을 것이다.

그러나 분황사 전방에 황룡사지皇龍寺址가 있다. 황룡사 조영은 전술한 바와 같이 오랜 시간을 요하는 것이지만, 그만큼 그 규모도 거대하게 조영되었다. 현재 그 지역에 마을이 있어서 전각의 배치 등 건축과 관련된 전반을 한 눈에 확인하기는 불가능하다. 그러나 주요 전각에 관해 살펴보면 중문을 남쪽에 두었고 거기에서 일직선으로 탑, 금당, 강당 순서대로 늘어 서 있는 모습을 보였음을 알 수 있고, 특히 현재도 명확히 남아 있는 것은 탑과 금당 유적이다. 이 사찰에도 탑과 금당을 둘러싸는 회랑이 있었을 것이고, 그밖에 부속하는 건물들도 빽빽하게 들어서 있었을 것으로 생각되지만, 그런 것들을 현재로서는 명백히 밝힐 수가 없다. 강당의 초석도 원래 위치에서 옮겨져 있는 것이 많다. 이들 건축물 중에서도 가장 수려하고 훌륭했다고 보이는 탑의 경우, 양쪽 끝단에 위치하는 초석의 거리를 실측해 보면 초석 중심간 거리가 약73척 정도에 달하며, 이를 7칸으로 구획하여 배치하였다. 또 금당지에 있어서는 정면(도리방향) 9칸, 측면(보방향) 4칸으로 되어 있지만, 실측치수는 도리방향으로 148척을 넘고, 보방향으로 거의 66척 정도에 이른다. 거기에는 본존本尊이나 협시脅侍가 세워져 있었다고 추정되는 불좌석佛座石까지도 남아 있는 것을 확인 할 수 있다.

이러한 전당殿堂이 어떻게 조영되었던 것일까? 환언하자면 이 건축의 구조 형식은 어떠한 것이었을까? 그 점을 명백히 할 만한 자료가 아직 발견되지 않고 있지만, 아마도 백제의 경우에서 설명했던 것들이 여기에서도 동일하게 행해지고 있었다고 간주해야 할 것이다. 그러나 그 이상의 것은 백제나 신라 모두에 있어서 불명확하다는 점을 밝히지 않을 수 없다.

(10) 호류지法隆寺[54]의 건축

긴메이 텐노欽明天皇[103]13년(552년)에 백제로부터 불상과 경론 등을 헌상 받고 비다츠 텐노敏達天皇[94]6년(577년)에 다시 백제로부터 경론經論, 승니僧尼, 주금사呪噤師, 조불공造佛工, 조사공造寺工을 헌상 받아 이들을 나니와難波[108]의 오오와케오노데라大別王寺[109]에 머물도록 하고 수슌 텐노崇峻天皇[110]원년(588년)에 백제는 조공을 헌상하면서, 불사리佛舍利, 승령조율사僧聆照律師 영위令威, 혜중惠衆, 혜숙惠宿, 도엄道嚴, 영개令開, 사공寺工 태량미다太良未

108 나니와(難波)
오늘날의 오오사카(大阪) 및 그 주변 지역의 옛 명칭. 「浪速」 또는 「浪華」라고도 쓴다. 다이카노카이신(大化改新) 이전에는 해상교통의 요충지로 번성하였고, 그 중에서도 한반도의 사신을 접대하는 고로칸(鴻臚館)이 설치되어 조정 대외 교섭의 요충지였다. 쇼토쿠타이시(聖德太子)에 의해 시텐노지(四天王寺)가 건립되었다.

109 오오와케오노데라(大別王寺)
나니와(難波) 지역에 있었던 백제의 기술자들이 건너와 머물렀던 곳이다. 실제 위치는 구체적으로 확인할 수 없고, 용도도 실제로 사찰이었는지에 대해서도 불분명하다. 오오와케노오오키미(大別王)를 일본에서 백제로 건너간 사신으로 보고, 거처 또는 관청으로서의 의미로 사(寺)를 사용하였다는 설도 있다.

110 수슌 텐노(崇峻天皇)
[?~592, 재위 588~592] 일본 제32대 국왕. 긴메이 텐노(欽明天皇)의 아들. 소가(蘇我) 일가에 의해 옹립되었지만 소가 노 우마코(蘇我 馬子)에게 암살당했다. 백제에서 승려 혜총(惠總)이 건너오고, 사공(寺工), 노반박사(鑪盤博士), 와박사(瓦博士), 화공(畵工) 등이 건너와서, 588년 호코지(法興寺) 조영에 착수하였다. 591년 한반도 정세변화에 대응하고자 기타큐슈(北九州)에 대군을 집결시켰지만, 소가 노 우마코(蘇我 馬子)가 야마토 노 아야 노 아타이코마(東漢 直駒)에게 명하여 암살하였다.

多, 문가고자文賈古子[역자주9], 노반박사鑪盤博士 장덕將德 백미순白味淳[역자주10], 와박사瓦博士 마내문노麻奈文奴[역자주11], 양귀문陽貴文, 능귀문陵貴文, 석마제미昔麻帝彌[역자주12], 화공畫工 백가白加를 함께 바쳤던 것이다. 이에 의하면 백제는 계속하여 아스카飛鳥[102] 조정에 불상과 경론을 바치는 한편, 승려와 사찰 건립에 필요한 기술자를 보냈다고 할 수 있다. 수슌 텐노崇峻天皇[110] 때는 호류지法隆寺[54] 조영이 계획되고 착수되기 시작한 시기이다.

이 호류지法隆寺[54] 건립 연기는 되풀이할 필요도 없이 요메이 텐노用明天皇[106]의 병환이 쾌차하기를 기원하기 위하여 약사상藥師像 조상하였는데, 불행히도 요메이 텐노用明天皇[106]가 이를 마치기 전에 붕어崩御하여, 그 유지를 스이 코 텐노推古天皇[102]와 쇼토쿠 타이시聖德太子[95]가 받들어 건립하였다. 이 기록은 호류지法隆寺[54] 금당金堂 동쪽 부분에 안치되어 있는 약사상藥師像의 광배에 명문으로 남아 있어 알려지게 되었다. 그러나 또 호류지法隆寺[54] 금당金堂 중앙칸에 안치되어 있는 석가삼존불釋迦三存佛은 쇼토쿠 타이시聖德太子[95]와 그의 비妃가 병환으로 쓰러지자 이들의 평유平癒를 기원하기 위하여 여러 신하들이 불상 건립을 발원하여 제작된 불상으로, 역시 도중에 이들도 유명을 달리하였다는 내용이 이 불상의 광배 뒷면에 기록되어 있다. 그렇다면 이 불상을 위해서도 마찬가지로 사찰이 건립되지 않았을까 추측된다. 즉 지금의 호류지法隆寺[54] 금당에는 각각 두 사찰의 본존이 될 만한 불상 2구가 안치되어 있다고 볼 수 있다. 실제로 호류지法隆寺[54]는 지금 남아 있는 가람과 폐사된 가람지가 있어, 이 두 사찰이 나란히 조영되었거나 전후하여 조영되었을 것이라고 여겨지고 있다. 그런데 호류지法隆寺[54]와 관련하여 덴치 텐

역자주9 원문에는 文賈占子라고 표기되어 있으나, 文賈古子의 오기라고 판단된다.

역자주10 원문에는 鑪盤博士將德白味淳라고 표기되어 있으나, 鑪盤博士將德白味淳의 오기라고 판단된다.

역자주11 원문에는 瓦博士奈麻文奴라고 표기되어 있으나, 麻奈文奴의 오기라고 판단된다.

역자주12 원문에는 昔麻師浦라고 표기되어 있으나, 昔麻帝彌의 오기라고 판단된다.

노天智天皇[111]9년(670년) 봄 4월 초 「밤중을 지나 호류지法隆寺[54]에 불이 나니, 한 채도 남은 것이 없고, 큰 비 내리고 천둥번개 치니……」라는 기록이 일본서기日本書紀에 등장한다. 그 해석에 있어서는 이견이 있다. 첫째, 두 사찰은 각각 시기를 달리하여 건립되었고, 그 중 하나는 화재를 입었고 다른 하나는 현재까지 남아 있는 것이라고 보는 학설, 통칭 비재건론非再建論이 있고, 둘째, 한 사찰이 있었는데 이 사찰이 불에 타고 다른 한 사찰(현재 남아 있는 것)이 그 뒤에 새롭게 조영되었다고 보는 설, 즉 재건론再建論이 그것이다. 이렇게 두 의견이 현재 대립하고 있다.

현재 남아 있는 호류지法隆寺[54] 중에서 가장 오래 된 부분은 중문中門, 그리고 동서로 뻗어 나가 북쪽으로 꺾여 올라가고 다시 마주보는 방향으로 꺾여서 장방형으로 둘러싸고 있는 회랑, 이 회랑에 의해 둘러싸인 영역의 동쪽에 위치하는 금당, 그리고 그 서쪽에 나란히 서 있는 오중탑, 이렇게 이루어진 곳이다. 이들 건축은 형식에 있어 이미 살펴 본 고구려 건축과 상통하는 부분이 많다. 우선 기둥의 형태이다. 쌍영총雙楹塚 기둥에서는 명확히 보이지 않았지만, 고산리高山里 제1호분 현실 벽화에서 보이는 기둥은 배흘림을 가지고 있는데, 이는 위에서 언급한 호류지法隆寺[54] 4동의 건축물에서도 보이는 것으로 두드러진 공통점이라 할 수 있다. 기둥 위에는 주두가 놓이게 된다. 이 주두에는 굽받침이라고 하는 판재를 1장 놓고 그 위에 일반적인 형태의 주두가 놓이는 모습을 보이는데, 이 점도 고구려와 호류지法隆寺[54]가 갖는 공통점이다. 그 위에 첨차와 소로를 결구시켜 상부 가구를 지지하게 되는데, 호류지法隆寺[54] 금당, 오중탑, 중문에서는 처마를

111 덴치 텐노(天智天皇)
[626~671, 재위 668~671] 일본 제38대 국왕. 죠메이텐노(舒明天皇)의 차남. 후지와라 노 가마타리(藤原 鎌足)와 함께 소가(蘇我) 일가를 멸하고, 황태자로서 다이카노카이신(大化改新) 개혁정치를 주도하였다. 즉위 후 도읍을 오오츠(大津)로 옮기고, 법령체제의 기초를 닦았다.

받치는 부분, 즉 외부로 드러나는 부분과 내부에서 가구를 받치는 부분이 다르게 구성되어 있다. 외부는 구모히지키雲肘木[112]와 구모토雲[113]라고 불리는 형식으로 되어 있는데, 내부는 삼승식三升式으로 결구되어 있으며, 첨차는 강한 곡선 형태를 보인다. 이를 고구려 형식과 비교해 보면, 고구려는 호류지法隆寺[54]에서 보이는 이 두 가지 특징과는 다른 특징을 갖는다고 볼 수 있다. 그나마 더 유사한 쪽을 택하자면 후자의 내부 가구에서 유사성을 확인할 수 있다. 여기에 더하여 공통적으로 보이는 점은 사스扠首[66] 가구를 차용한 점이다. 순천順川 천왕지신총天王地神塚 전실에서 그것이 확인된다고 이미 지적하였는데, 호류지法隆寺[54] 회랑에서도 그 모습이 보인다. 이 가구형식이 다른 건축에서도 지붕가구에 적용되었다는 것은 쌍영총雙楹塚 벽화에 그려진 건축도를 통해 알려져 있지만, 이 그림에서는 즈카束[114]를 더하여 이노코사스豕扠首[115] 형식으로 되어 있다. 이것도 마찬가지로 동일하게 호류지法隆寺[54] 다마무시노즈시玉蟲廚子[116역자주13] 지붕 합각부에서 확인할 수 있다. 이렇게 보면 호류지法隆寺[54] 금당도 오늘날의 해체수리 이전까지는 근세 때 개조를 거치면서 건립 당시의 모습이 남아 있지 않았지만, 이 형식을 채용한 증거가 있다는 것을 이번에 분명히 하였다. 사스扠首[66]가 공포 사이에도 들어가 있는 것은 고구려 고분에서 일반적으로 보이는 특징으로, 호류지法隆寺[54] 금당金堂, 중문中門 상층을 둘러싸고 있는 난간 고시구미腰組[117]에서도 확인된다. 단지 호류지法隆寺[54]는 똑바른 직선으로 되어 있지 않고 곡선으로 유연하게 휘어진 형태라는 점에서 차이가 날 뿐이다.

이상에서 살펴본 바는 양쪽이 모두 가지고 있는 특징

112 구모히지키(雲肘木)
아스카(飛鳥) 시대 사찰 건축에서 보이는 공포 부재로, 구름 형태를 갖는 첨차 부재이다. 구모히지키(雲肘木)가 사용되면 구모토(雲斗)도 함께 사용되는 것이 일반적이다. 대표적인 예는 호류지(法隆寺) 금당과 오중탑을 들 수 있다.

113 구모토(雲斗)
아스카(飛鳥) 시대 사찰 건축에서 보이는 공포 부재로, 구름 형태를 띤 소로이다. 주로 구모히지키(雲肘木)와 함께 나타난다. 대표적인 예는 호류지(法隆寺) 금당과 오중탑을 들 수 있다.

114 즈카(束)
보와 같은 횡부재를 아래에서 받치는 역할을 하는 짧은 수직부재. 즈카바시라(束柱)라고도 한다. (한) 동자주

115 이노코사스(豕扠首)
사찰건축에서 대들보 위에 인(人) 자 형으로 부재를 결구하고 그 중간에 동자주를 세운 형태의 것. 한국 고건축을 예로 설명하면, 인자대공과 동자대공이 합쳐진 형태라고 할 수 있다. 일본 사찰 건축에서 합각부 장식 등에 사용된다.

역자주13 원문에서는 王蟲廚子라고 표기되어 있으나 玉蟲廚子의 오기라고 판단된다.

116 다마무시노즈시(玉蟲廚子)
호류지(法隆寺)에 남아 있는 아스카(飛鳥) 시대의 즈시(廚子)로, 국보이며 높이 2.33m이다. 궁전 형태의 즈시(廚子)와 이를 받치는 수미좌(須彌座) 2부분으로 구성되어 있다. 목제에 옻칠을 하였고, 투각한 금동 장신구로 장식되어 있고, 이 장식 아래에는 비단벌레 날개를 덮어 놓았다. 다마무시(玉虫)라는 이름도 여기에서 유래하였다.

이지만, 호류지法隆寺[54]에 관해서는 건축물로서 완전한 형태가 남아 있기 때문에 그밖에도 눈여겨 볼만한 부분이 매우 많다. 우선 기단을 들 수 있다. 하단이 낮고 –후세에 덧붙여졌을 가능성도 있다– 상단이 높은 두 단을 겹친 이중기단인데, 그 높이도 상당히 높다. 이 이중기단에 대해서는 조선의 경우 통일신라시대에 속하는 석탑 중 유사한 형식으로 되어 있는 것을 다수 볼 수 있지만, 고구려의 경우 그러한 유적을 아직 확인할 수 없었다. 백제의 경우 하단의 쌓는 방식은 다르지만, 평제탑에서 그 예를 확인할 수 있다. 이 기단 위에 초석이 배치되는데, 호류지法隆寺[54]에서는 자연석과 석재를 가공하여 제작한 것을 사용하였다. 고구려의 유구에서도 자연석 초석도 있지만, 이를 삼국시대의 것이라고 인정하고 단정하기에는 유구의 상태를 고려하건데 어려움이 따른다. 반면 석재를 가공하여 초석으로 사용한 예는 쉽게 확인할 수 있어서, 평양박물관 뜰에 놓인 것과 같이 이중으로 원형을 조각한 것도 있다. 그 상부에 십자로 홈이 파여 있는 것은 중심을 보여주기 위한 것으로 추정된다. 이 초석 위에 놓이는 목조 부분 중에서 기둥과 공포는 이미 살펴보았고, 처마는 장방형 단면 서까래를 사용하며 홑처마인 점은 호류지法隆寺[54] 건축 4동이 갖는 동일한 성질이며, 단면이 원형인 서까래를 사용하는 것은 다마무시노즈시玉蟲廚子[116]에서 확인된다. 이 처마의 경우 서까래 위에 가야오이茅負[29]를 두고 이를 기와를 받는 용도로 사용하여 기와지붕을 구성하였다는 점은 다마무시노즈시玉蟲廚子[116]를 통해서 확인해 볼 수 있는데, 금당 및 기타 건축도 그 수법을 택하고 있었을 것이다. 조선의 경우 이 수법이 겹처마 부연에서 확인된다는 차이는 있지만, 현재도 목조 건축 건설

117 고시구미(腰組)
중층 이상의 건물에서 사면에 난간을 갖춘 툇마루가 설치되는 것을 볼 수 있는데 이를 받치는 공포를 의미한다. 탑이나 누각에서는 오래 전부터 널리 사용되었는데, 에도(江戶) 시대에 이르러 단층의 건축에서도 사용되게 되었다.

에서 행해지고 있는 방식이다.

이렇게 호류지法隆寺[54] 건축과 고구려 건축에서 보이는 유사점은 당시 동아시아 지역이 공통적으로 공유하는 성질이었다는 점은 운강석굴雲崗石窟[55]을 통해 확인할 수 있으므로, 당연히 백제나 신라의 건축과도 상통한다고 볼 수 있을 것이다. 이 공통점을 더욱 구체적으로 살펴보면 거기에서 또 차이점이 발견된다. 사스扠首[66] 형태의 화반이 호류지法隆寺[54]에서는 곡선이었는데 반하여 고구려 고분에서 보이는 것은 직선이었다는 점도 그 차이이다. 이를 대륙의 유구를 통해 보면, 북위北魏에서는 직선이지만 수隋나 당唐이 되면서 곡선으로 변화하는 것을 볼 수 있으므로 시대의 차이가 있다고 해석할 수도 있다. 그러나 또 장소의 차이도 있으므로, 북방 건축과 남방 건축이 가진 차이라고도 생각해 볼 수도 있다. 고구려와 백제의 기와 문양을 비교해 보면 고구려에서는 복사문輻射文이라고 일컬어지는 것을 주로 사용한 것에 비하여, 백제의 문양은 호류지法隆寺[54]의 기와와 유사하다. 백제와 일본 야마토大和[40]에서 동일한 건축양태를 보인다는 점은 이미 알려진 바이고, 백제는 대륙 남방에 위치하는 양梁으로부터 문물을 받았던 정황도 있으므로, 고구려와 백제, 일본이 보이는 차이점은 대륙에 있어서 남북의 차이에 기인하는 것이라고 보아도 좋을 것이다.

백제와 호류지法隆寺[54]가 유사한 건축형식을 갖는다고 보고 이들 사찰건축의 규모를 비교해 보자. 백제의 예로 부여 군수리軍守里 폐사지를 보면, 일단 그 탑파 기단의 한 변은 46척이고, 호류지法隆寺[54] 오중탑도 비슷하게 46척에 가까운 치수를 갖는다. 또 군수리사지軍守里寺址 금당지가 남북 60척, 동서 90척의 기단을 갖는 것으로 보고되고 있는 것에 대해, 호류지法隆寺[54] 금당 또한 대략 비슷한 크기의 기단을 가지고 있다. 이 비교를 통해 기단의 규모가 비슷하다는 것은 높이에 있어서도 비슷한 높이의 건축을 조영하였을 것이라고 추정된다. 그러나 기단 축조 기법에 있어서 한 쪽은 기와를 쌓아 올리는 방식이고 다른 하나는 석조라는 차이가 있다. 일본 쪽의 것을 다른 폐사지도 포함하여 고려해 보면, 기와쌓기로 기단을 제작한 기법이 일본에 원래 전무했다고 단언하기는 어렵다. 그도 그럴 것이 호류지法隆寺[54]는 지금의 모습이 스이코 텐노推古天皇[104] 대의 창건 당시 그대로라고 보기에는 의문점이 많으므로, 창건 당시에도 호류지法隆寺[54] 기단이 석조였을 것이라고 단정하기에는 근거가 충분하지 않다고 할 수 있다. 그렇다고 하여도 부여에서 발견된 유적들은 모두 기와쌓기 기단이며, 아직 석조 기단은 발견되지 않았으므로, 전반적으로 생각하면 호류지法隆寺[54] 석조기단과 대응한다고 볼 수 있는 것은 존재하지 않았다고 할 수 있다. 그러한 점에서 양 쪽에 차이가 있으나, 그 차이점에서 질적 차이를 끌어낼 수는 없지 않을까? 더욱이 문양이 있는 암막새가 부여에서는 발견되지 않았지만 －발견된 것은 모두 후대의 것이다－ 호류지法隆寺[54]의 경우 우수한 문양을 사용한 암막새가 한참 후대에 나타날지라도 이미 문양을 사용했던 것이 확인된다. 어떤 특정 내부 문제가 호류지法隆寺[54] 암막새에 문양을 사용하도록 변화를 이끌었다고도 할 수 있겠지만, 이와 관련하여 이 내부 문제가 질적인 차이가 표출되는 양상으로 전개되었다고는 간주하기는 어려울 것이다. 호류지法隆寺[54] 배치는 전술한 바와 같이 탑, 금당이 남북으로 서 있는 백제와 신라의 사찰들, 그리고 일본 시텐노지四天王寺[118] 등과는 달

118 시텐노지(四天王寺)
593년에 창건된, 오오사카시(大阪市)에 있는 사찰. 중문, 탑, 금당이 남북으로 일직선 상에 위치한 가람배치였다. 화재로 인해 대부분의 건물이 소실되었고, 현존하는 것은 대부분 에도(江戶) 초기에 재건된 것으로 특히 오중탑(五重塔)은 제2차 세계대전 이후에 철골조로 재건된 것이다.

리, 탑과 금당을 동서로 나열시켰다. 이러한 배치는 호류지法隆寺[54] 뿐만 아니라 다수의 사찰에서 채용되었지만, 백제나 신라에서는 그러한 사찰지가 발견된 실례가 없다는 점에서 일본의 독창적인 형식일 가능성이 크다고 생각된다. 이를 독창적인 것이 아니고 대륙 어딘가의 수법이 적용된 것이라고 하여도, 조선에서 취하지 않았던 방식을 일본이 대담하게 채택한 것이라고 볼 수 있다. 여기에 조선과 비교하여 일본은 다양한 변화와 풍부한 형식으로의 발전을 꾀하였다고 지적할 수 있는 것이고, 이 점이 건축 표현 상의 질적 차이로 이어질 수 있었던 것은 아닐까? 이러한 사고를 거듭한다고 해서 더욱 명확한 해답을 얻을 수는 없겠지만, 백제와 일본의 고분이 그 규모와 질에서 모두 차이가 있었던 것과 마찬가지로, 사찰건축에서도 둘 사이에는 차이가 있다고 판단된다. 사찰 조영에 있어서 백제로부터 그 기술을 수용하면서도 그대로 머물러 있지 않고, 일단 그것을 극복하고자 하였다고 보인다. 그 태도는 실로 배울만한 것으로써 단순히 모방에 그치는 수준이 아니었음을 살펴볼 수 있을 것이다.

3. 중고中古[119] 건축의 비교

(1) 당식唐式 건축의 이입

상고上古 시대 건축기술의 이입에 있어 다음과 같은 두 가지를 일본과 조선에서 공통적으로 살펴볼 수 있다. 일본과 조선을 통틀어 한식漢式이 낙랑樂浪으로 전해졌다는 점, 그리고 대륙에서도 이보다 나중에 전해진 것이지만 불교가 전래되고 이와 함께 사찰건축이 전해졌다는 점, 이 두 가지가 특징적이라고 이해할 수 있다. 그렇지만 이 둘 사이에는 이입이라는 점은 동일하지만, 질적으로 차이가 난다고 판단된다. 그러한 판단에는 다음과 같은 부연 설명이 필요하다. 우선 낙랑의 건축은 한인漢人의 왕래에 의해 들여온 건축이므로 한인들이 선호하는 고향의 건축일 것이라고 볼 수 있다. 이 한인의 건축이 전래되었을 때, 한반도에 원래 있던 재래 건축에 어느 정도 영향을 미쳤는가는 앞으로도 연구되어야만 하는 의문으로 가득한 부분이라 할 수 있다. 반면 그 후 불교의 이입과 수반하여 이루어진 건축기술의 이입은 불교를 향한 신앙을 바탕으로 시작된 것이므로 그 이입의 상황은 신앙의 깊이와도 관련이 있다고 볼 수 있다. 즉 건축 형식에 있어서도 초기의 불교가 도래되었던 당시에는 반드시 대륙 형식이어야 한다는 제한이 적었을 것이고, 당시 불상을 안치하는 장소로 주택을 사용하기도 하였던 것이다. 그러다가 신앙이 널리 전파되어 확산이 진행됨에 따라 그 외형도 정돈할 필요가 생겨난 것이다. 이러한 요구는 외래자–불교를 전파한 사람–의 바람으로 이루어지는 경우가 물론

119 중고(中古) 시대
일본에서 시대 구분을 하는 방법의 하나로 상고(上古), 중고(中古), 근고(近古)로 나누는 경우가 있고, 여기에서 중고(中古) 시대는 중세에 해당한다. 오늘날은 많이 사용하지 않는 표현인데, 이 책에서는 중고(中古)와 중세(中世)를 모두 사용하여 과도기적인 특징을 보인다.

많았지만, 이와 별개로 불교를 전파 받는 사람, 즉 일본과 조선에 원래 살고 있던 신도들이 내면적 요구에 의한 발로로서 행해지기도 하여서, 바로 이 경우에는 낙랑에 있던 한식漢式 건축의 이입과는 질적 상이가 존재할 수 있다.

이처럼 전술한 바와 같이 불교 전래에 수반되는 대륙 건축기법의 이입은 조선의 경우 삼국시대 말기, 일본의 경우 아스카飛鳥 시대[102]에 각각 특징적인 구조 형식을 취하며 활발히 이루어졌다. 이 아스카飛鳥 시대[102]와 삼국시대가 대략 비슷한 시기에 끝난다는 점에 초점을 맞추고, 여기에는 도대체 어떠한 의미가 포함되어 있는 것인지 살펴보자.

아스카飛鳥 시대[102]가 다음 시대로 넘어가는 것은 소가蘇我 일가[120]의 멸망과 다이카노카이신大化改新[121]이라고 하는 정치적 국면의 전개가 중점에 놓인다. 그리고 이 개혁의 의의는 다양한 관점에서 검토될 수 있을 것이다. 한편으로 이 개혁은 단순한 섬나라인 –적어도 대륙을 배경으로 하는 동해의 한 외딴 섬인– 일본이 세계적인 사고를 갖게 되었음을 보여주는 것은 아닐까? 당시 대륙에는 패권을 장악한 당唐이 있었다. 당은 당시 멀리 동유럽과도 관계를 갖는 강력한 세력이었고, 일본이 비록 지역적으로 근거지가 동아시아에 치우쳐 있기는 하였지만, 이 세력들에게 밀리며 종래의 방식만을 고수할 수 없게 된 것이다. 즉 자국 중심에서 전 세계를 향해 자신을 드러내야 하는 세계 중심으로 입장이 바뀌었다는 점에서 기인한 것일 수도 있다. 세계 중심에서 자신을 고려하기 위해서는 모든 문물제도를 동등한 수준까지 높일 필요가 있음을 깨달았고, 이에 저해되는 모든 제도를 개혁할 필요가 있

120 소가(蘇我) 일가
고대 중앙 호족의 하나. 배불파(排佛派)인 모노노베(物部) 씨와 대립하여, 587년 모노노베 노 모리야(物部 守屋)를 물리치고 정권을 장악하였다. 불교를 비롯한 한반도 문화를 적극적으로 도입하는데 공헌하였다. 645년 다이카노카이신(大化改新) 때에 종가(宗家)가 멸문하였다.

121 다이카노카이신(大化改新)
645년, 덴치텐노(天智天皇)와 후지와라 노 가마타리(藤原 鎌足) 등이 중심이 되어 삼한조공일(三韓朝貢日)에 대극전(大極殿)에서 소가 노 이루카(蘇我 入鹿)를 죽이고, 그의 아버지 소가 노 에미시(蘇我 蝦夷)를 자살시켜서 소가(蘇我) 일가를 멸하였던 고대 정치사에 있어서의 대개혁.

었다. 그렇게 강요당한 결과라 할 수 있을 것이다. 단순한 씨족국가에서 세계국가로 비약하기 위해서는 모든 국면에 걸쳐 개혁할 필요가 있었고 이것이 바로 다이카노카이신大化改新[121]으로 나타난 것이라 할 수 있다. 과연 이것이 예술 측면에서는 나타나지 않았다고 볼 수 있을까? 또 건축 측면에서 보이지 않는다고 할 수 있을까? 마찬가지로 이 겉으로 보이는 동요도 그 속에 있는 문화적인 움직임이 표출된 결과라고 할 수 있지 않을까? 이 점은 문물의 측면에서도 명백하게 확인할 수 있는 것이다. 여기에 나라奈良 시대[33] 초기의 문화적 특성이 엿보인다. 따라서 동일한 방식으로 대륙으로부터 건축형식의 이입이 이루어졌고, 이입이라는 점에서는 전시대와 큰 차이가 없었다고 할 수도 있지만, 그 내용에 있어서는 아스카飛鳥 시대[102]와 나라奈良 시대[33]가 상이하다는 점을 상정할 필요가 있다.

또한 마찬가지로 조선에 있어서도 원시 민족으로부터 삼국 대립의 씨족 국가로 일단 국지적 결합이 이루어졌지만, 이 병립 상태는 점차 용인하기 어려운 상황으로 전개되었고 종국에는 이를 해소해야만 하는 필요성이 생겨났다. 그 결과 하나가 다른 둘을 멸망시키는 형태로 전개되었고, 심지어 이 통일은 외국인 당唐의 원조를 받고 나서야 가능한 일이었다. 여기에도 어떤 의미에서 일본과 마찬가지로 개혁의 요구가 동일하게 부여되었다고 볼 수 있지만, 내부에서 요구를 해결해내지 못하고 외부로부터 가해진 압력을 통해서야 완수하였다고 할 수 있을 것이다. 그 결과 결국 오랫동안 외부의 압력에 시달리게 되었고, 그렇게 적극성이 결여된 태도를 유지해야만 하는 입장에 놓였다고 할 수 있는 것이다.

지금 이 중에서 건축과 관련되어 나타난 특징을 개괄하여 살펴보고자 한다. 일본의 경우, 당唐과 교섭하기 위하여 그 수도를 외관상 동일한 형식을 취하도록 하는 계획을 세웠고, 후지와라쿄藤原京[122]와 헤이죠쿄平城京[42]가 건설하고 경영한 것이 그 첫 번째 시도라 할 수 있다. 이 도성에 궁전을 세웠고, 그 건축형식을 당풍唐風으로 하였다. 그리고 도성을 장엄하게 보이도록 하기 위해 많은 사찰을 축조했다는 점 등도 그 특징으로 들 수 있다. 여기에 활용된 기술은 일찍이 조선으로부터 가져오고 배워서 배양시킨 것을 바탕으로 하였다고 볼 수 있다. 그뿐만 아니라 이를 기초로 직접 당으로부터 이입한 것도 이용되었다고 추정하는 바이다. 이처럼 급진적으로 대륙 건축형식을 이입하고자 노력하였는데, 이에 대하여 아스카飛鳥 시대[102]가 갖는 특징이라 할 수 있는 당으로부터의 문화이입과 그 부산물이라고 단정하기에는 다소 무리가 있다. 오히려 건축이란 대륙으로부터 배워야 하는 것이라는 명백한 의도를 가지고 조성한 결과라고 짐작된다. 여기에서 건축 이입이 의식적으로 이루어졌다는 측면을 확인할 수 있다. 이와 더불어 주목해야 할 점은 건축 이입이 이루어졌다고 하더라도 전래 기술을 완전히 말살하거나 천시하지 않았다는 것이다. 이 점이 주요 고려 사항임을 간과해서는 안 된다. 궁전宮殿의 조영에 있어서 공식적인 의식이 거행되는 공간은 대륙의 건축형식을 그대로 활용하였지만, 내부 공간은 종래의 형식을 -다소의 변화가 이루어진 부분은 있지만- 그대로 활용하였다는 점을 확인할 수 있다. 즉 당식唐式 건축을 매우 적극적으로 이입하고 활용하였지만, 거기서 그치는 것은 아니었다는 점이다. 마찬가지로 조선 건축에서의 내부 공간을 파악하고자 한

122 후지와라쿄(藤原京)
694년~710년까지 아스카(飛鳥) 시대의 도읍. 나라(奈良) 가시하라(橿原)를 중심으로 하는 야마토(大和) 3산으로 둘러싸인 지역에 있다. 아스카키요미하라(飛鳥淨御原)에서 천도해 와서 겐메이텐노(元明天皇)가 헤이죠쿄(平城京)로 천도할 때까지 16년간 이어졌다. 조방제(條坊制)를 채용한 일본 최초의 도읍으로, 대극전(大極殿), 조당원(朝堂院), 관아(官衙) 등의 유적이 발굴되었다.

다면 남아 있는 자료를 통해 판단을 내리는 것은 사실상 불가능하다. 그렇지만 조선에서도 위와 같은 상황은 동일한 수준으로 진행되었을 것으로 추정되며, 아마도 조선에서만 발생했던 독특한 특징들도 있었을 터이다.

어쨌든 일본과 조선의 양자를 통해 가장 현저하게 드러나는 점으로 당식唐式 건축이 이입되었다는 점과 이를 외관상에 있어 적극적으로 이용하였다는 점을 들 수 있고, 여기에는 별다른 이견의 여지가 없다고 판단된다.

(2) 경주의 건축유적지

신라의 수도는 현재의 경주에 조영되었다. 이 도시의 대로大路는 그저 들길로 남아있어 현재 상태에서는 겨우 어슴푸레 짐작할 수밖에 없다. 경주의 대로는 그저 종횡으로 통하였다고 추정할 수 있을 뿐이다. 전체적으로 도시가 어느 정도 규모였고 어떠한 계획으로 이루어졌는지 일차원적 복원이 이루어진 지역도 있지만 아직 충분한 검토가 이루어지지 않았다. 동시에 후지와라쿄藤原京[122]나 헤이죠쿄平城京[42]가 장방형 평면으로 그 전체를 규정하고, 헤이죠쿄平城京[42]에서는 명확하게 구조팔방九條八坊으로 나뉘었으며, 좌경左京과 우경右京을 나누는 중앙도로 정면에 남면하여 궁성이 들어서는 정연한 형식을 갖춘 것에 비하여, 경주의 도성은 그러한 계획을 가지고 있었다고 볼 수 있을 정도로 자료가 갖추어지지 않았다. 오늘날 전해지는 반월성半月城 아래에 보인 임해전지臨海殿址는 궁성의 일부에 해당한다고 간주해도 좋을 것이다. 이 건물은 안압지雁鴨池에 인접해 있었고, 건물의 아마오치미조雨落溝[123] 흔적이라고 추정되는 유적이 있어 그 수로水路 흔적으로부

123 아마오치미조(雨落溝)
낙수물을 흘려 보내기 위해 설치된 것으로 지붕 처마 끝선에서 수직으로 떨어지거나 흘러 내려오게 설치되는 배수구.

터 규모를 추측해 보자면 훌륭한 건축이 조영되었다고 생각된다. 쇼와昭和 17년(1942년) 여름에 가뭄으로 이 연못 바닥이 완전히 드러나면서 연못 바닥에 박혀있던 초석이 발견되었고, 땅 속에서 고와古瓦도 출토되었는데 이를 통해서도 그 사실이 증명된다. 이러한 사실들로부터 이 유적은 궁궐이었다고 보아야 마땅할 것이며, 그렇다면 반월성과 함께 이 유적을 포함하는 궁궐 전체는 도성과의 관계에 있어서 어떠한 위치를 차지했던 것일까? 이와 관련하여 헤이죠쿄平城京[42]의 경우와 비교해 보더라도 그 유사성을 발견하기 어렵다. 결국 경주는 당唐 장안성長安城은 물론이고, 발해渤海 동경성東京城에서도 보이는 정연한 질서를 갖추지는 못했던 것으로 추정된다. 이는 그 지역 고유의 지역적 특성을 바탕으로 그대로 발전했기 때문이라고 보이며, 여기에 조리條里 체계가 소개되었다고 하더라도 조리條里 체계가 적용되었다고 특정할만한 단계까지 나아가지는 못했던 것은 아닐까 추정된다. 그럼에도 불구하고 수많은 사찰이 조영되었다는 점, 그리고 그 사찰 조영이 후대에 주로 이루어졌다는 점은 조리체계가 전혀 고려되지 않았다고는 볼 수 없음을 시사한다.

이 사찰과 관련하여 통일신라시대 경주 도성 내에 건립된 사찰을 세 보면 엄청난 수에 달한다. 그러나 당시의 법등法燈을 오늘날까지 전하며 명맥을 유지하는 사찰은 거의 없고, 경주읍慶州邑 내외로 보면 불과 분황사芬皇寺와 백률사栢栗寺 정도를 꼽을 수 있을 따름이다. 과거의 유지에 당탑堂塔이 남아 있다면 그나마 다행이고, 그 외에는 과거 건물 지붕을 덮었던 와편瓦片이 산재해 있는 수준에 지나지 않아서 해당 유적지가 어느 절이었는지 이름조차 용이하게 파악하기 어려운 상황이 되었다.

이 폐사지 중에서 비교적 완전하고, 그 규모를 확인할 수 있는 것을 살펴보자. 삼국시대에 속하는 황룡사지皇龍寺址를 제외하고, 통일신라시대에 창건한 것을 들자면 사천왕사四天王寺와 망덕사望德寺, 그리고 보문리普門里에 자리 잡은 한 사지寺址정도일 것이다. 이 사천왕사는 신라를 침입하여 정벌하려 했던 당唐을 격퇴하기 위해 사천왕四天王에 기도하고자 창건하였다고 전해지고, 망덕사는 당에서 온 사신에게 사천왕사 대신 보여줄 사찰로 건설되었다고 전해진다. 이 두 사찰 모두 현재는 남아 있는 초석을 통해서 겨우 가람 중심이 어디였는지 확인할 수 있는 정도에 지나지 않는다. 그럼에도 중문 유적지에서 금당 유적지를 면하여 서서 보면, 금당 전방 동서에 각각 목탑이 위엄있게 서 있던 흔적을 볼 수 있다. 또 금당 배후에는 강당講堂이라고 할 만한 건물이 있었다는 점도 비록 초석 위치가 이동했다고는 하나 그 흔적이 분명히 남아 있어 확인할 수 있다. 이 점은 보문리 사지의 경우도 대체로 마찬가지이다. 특히 사천왕사의 경우 금당과 강당을 잇는 남북선에 대칭으로 같은 형식의 건물이 2동씩 동서로 나뉘어 위치해 있었고, 또 이 건물들은 기단 및 초석이 남아 있어 금당을 횡으로 나누는 축에 대칭하는 위치에 남북으로 나뉘어 위치하였다는 점을 확인할 수 있다. 이 건물 초석의 형식은 다른 유례를 찾아볼 수 없기 때문에, 이것만으로는 건물에 어떠한 용도가 포함되어 건립되었는지 분명하지 않다. 그리고 이 당탑堂塔은 중문에서 강당에 이르는 회랑으로 둘러싸여 있었던 것으로 추정된다.

이처럼 회랑 안쪽 중앙에 금당을 두고 그 전방 좌우에 동서 2기의 목탑을 지은 사찰이 있었다는 점은 조선의 경우에는 특이한 사례라고 할 수 있어서, 사천왕사와 망덕사지, 그리고 보문리 폐사지 외에 현재까지 알려진 사례가 딱히 존재하지 않는다. 탑이 1기에서 2기로 늘어나는 변화는 단지 조선에서만 보이는 것이 아니었고, 후술後述하겠지만 나라奈良[33]에서도 확인되며, 이는 결국 당唐이라고 하는 대륙의 영향을 받은 것이라고 생각된다. 그러나 가람의 주요 건물이라 할 수 있는 탑파를 목조보다 석조로 건립한 경향이 크다는 점은 조선 특유의 상황에 의한 것이다. 만약 석조탑이라는 특징을 통해 조선 건축의 특수성을 파악하고자 한다면 목조탑의 유적이 나타나는 사찰에 보다 특별히 주의를 기울일 필요가 있다는 점도 염두에 두어야 할 것이다.

(3) 불국사의 쌍탑

조선건축에서 가장 우수한 건조물로서 자주 언급되는 것이 석탑이다. 그리고 그 석탑 중에는 최우수 등급이라고 내세울 만한 것들도 적지 않다. 그러한 우수한 석탑 중에서도 특히 주목해야만 하는 것이 불국사佛國寺 석탑이다. 물론, 조선 미술에 조금이라도 관심이 있다면 누구나 알고 있는 바이겠지만, 불국사에 남아 있는 통일신라시대의 유구는 탑뿐만이 아니다. 청운교青雲橋와 백운교白雲橋라고 불리는 석제石梯, 그리고 그 석단石壇을 비롯하여 석등롱石燈籠, 대웅전大雄殿에 안치된 불상, 사리탑 등, 상당히 가치가 높은 많은 유구가 현존하고 있다. 그 중에서도 청운교와 백운교에 올라 중문인 자하문紫霞門에 서서 금당을 마주 보면 좌우로 나뉘어 서 있는 2기의 석탑은 뛰어난 형태와 견실한 기술을 뽐내고 있다. 뿐만 아니라

이 2기의 탑은 다음과 같은 이유에서도 또한 걸작이라고 칭찬하지 않을 수 없다.

탑 2기 중에서 서쪽에 세운 것을 석가탑釋迦塔이라고 부른다. 이 탑은 탑파의 형태로만 보면 일반적인 형태이고, 따라서 이 탑의 형식을 일반형이라고 습관처럼 규정한다. 또 이 탑 자체의 형태와 부분에 대한 전체적인 비례에 대해 언급하자면 더할 나위 없을 정도로 우수하므로, 이 점을 강조하여 석가탑을 일등으로 삼는 것은 전혀 서운할 바 아니지만, 이 정도의 석탑이라면 그 외에도 유례가 많으므로 굳이 이것 하나로 한정하여 최고의 평가를 내리는 것은 다소 무리가 있다. 여기에서 강조해야만 하는 부분은 바로 이 석가탑과 대비되어 동쪽에 서 있는 다보탑多寶塔이라 불리는 탑으로, 이 두 탑이 쌍을 이루며 서 있다는 점이다.

동쪽에 서 있는 다보탑은 서쪽에 서 있는 석가탑과 그 형태상 정반대가 되며 그 유례도 하나밖에 없는 유일무이한 것이다. 정방형, 팔각형, 원형의 평면상 각기 다른 다양한 형태의 부재를 쌓아올렸다는 점은 일본에서 2층 다보탑을 구성하는 방식과 상관되는 부분이라고 할 수 있다. 그렇지만, 불국사 다보탑은 석조이므로 일본의 목조 다보탑과는 전혀 다른 정취를 지닌 것이라고 보아야 한다. 게다가 형태가 독특하다는 점에 그치지 않고, 흠잡을 만한 곳이 단 한 군데도 없는 완벽한 비례체계로 조성되어 있다는 점도 주목할 필요가 있다. 즉 이 다보탑이라고 하는 유례가 없을 정도로 변화무쌍한 특수형 동탑, 그리고 석가탑이라고 하는 가장 평범한 형식을 지닌 일반형 서탑, 말하자면 비범함과 평범함의 대칭, 이 대칭에 의해 평범함이 평범하지 않게 되고, 또 비범하면 흔히 그러하

듯 도태되기 쉬운데, 도태로부터 자유롭게 되는 그러한 우수성을 드러내고 있는 것이다. 여기에서 통일신라시대 건축 전체를 섭렵할만한 성질을 읽어 낼 수 있으며, 이렇듯 좋은 사례가 남아 있음에 기뻐해 마지않는다. 또한 이는 당시에 불교문화가 융성했기 때문에 가능했던 것으로 당시를 이해하기 위해 헤아려야 하는 유력한 자료임은 두말할 필요도 없을 것이다.

(4) 야마토大和[40]의 야쿠시지藥師寺[125]

경주 땅에 조영된 여러 사찰들 중에서 앞 단락에서 언급한 사천왕사는 문무왕文武王 19년, 즉 서기 679년에 건립되었다고 전해진다. 불국사의 경우 그 창건연대가 더 거슬러 올라간다고 전해지고 있지만, 기록 상으로는 후대에 경덕왕景德王10년(751년) 김대성金大城이 중수하였다는 것이 확인되므로, 지금 남아있는 유구는 원래 유구가 아닌 김대성이 중수했던 무렵에 조영한 것이라고 보는 편이 타당하다. 그렇다면 이 시기는 덴표쇼호天平勝寶[126]3년에 해당한다. 사천왕사와 불국사라고 하는 두 사찰의 창립 연대에 대응하여 일본의 상황을 대조해 보면, 경주에 사천왕사四天王寺가 창건된 다음 해에 덴무 텐노天武天皇[124]는 야쿠시지藥師寺[125]를 영건하였다. 또한 불국사의 전체적인 중수가 이루어졌다고 생각되는 해에 도다이지東大寺[58] 금당, 흔히 나라奈良[33] 대불전大佛殿이라 통칭하는 건축물이 완성되었고, 그 이듬해에 개안식이 거행되었다.婚

야쿠시지藥師寺[125]는 덴무 텐노天武天皇[124]가 후지와라쿄藤原京[122]를 조영한 지역과 가깝고, 그 목적도 황후의 병환 치유 기도하기 위함이었다. 나중에 도읍을 헤이죠쿄平

124 덴무 텐노(天武天皇)
[?~686, 재위 673~686] 일본 제40대 국왕. 죠메이 텐노(舒明天皇)의 3남. 형인 덴치 텐노(天智天皇)의 황태자가 되었다가, 형이 죽자 요시노(吉野)로 퇴거하였다. 672년에 거병하여 고분 텐노(弘文天皇)를 물리치고 아스카키요미하라(飛鳥淨御原)에서 즉위하였다. 재위 중에 국사 편수에 착수하였고, 법령체제를 추진하였다.

125 야쿠시지(藥師寺)
나라(奈良) 니시노쿄(西の京)에 있는 법상종(法相宗)의 대본산. 남도칠대사(南都七大寺)의 하나이다. 680년 덴무 텐노(天武天皇)가 황후의 병환이 치유되기를 기원하여 창건하였다. 718년 헤이죠쿄(平城京)가 조영되면서 현 재지로 이전하였다. 화재 등으로 그 전모는 사라졌지만, 나라(奈良) 초기의 삼중탑(동탑)을 비롯하여 당대의 여러 불상이 남아 있다. 금당과 서탑은 재건된 것으로 1당2탑 양식의 가람배치를 보인다. 탑은 3층인데 각 층마다 모코시(裳階)가 붙어 있는 독특한 형태이다. 가마쿠라(鎌倉) 시대에 건립된 동원당(東院堂)도 있다.

126 덴표쇼호(天平勝寶)
[749~757] 나라(奈良) 시대 고켄 텐노(孝謙天皇) 대의 연호.

127 니시노쿄(西の京)
헤이안쿄(平安京)와 헤이죠쿄(平城京)에서 정중앙을 남북으로 관통하는 주작대로(朱雀大路) 서쪽 지역을 뜻한다. 우경(右京)이라고도 한다.

128 오오사카(大阪)
긴키(近畿) 지방의 중심도시. 교토(京都)가 정치 중심지라면, 오오사카(大阪)는 무역과 상업을 통한 경제 중심적 역할을 담당하였다. 아스카(飛鳥)시대 한반도와 무역과 외교를 주도했던 나니와(難波)도 이 지역이다.

城京[42]로 옮기자 야쿠시지藥師寺[125]도 헤이죠쿄平城京[42]의 우경右京 6조2방 지역, 지금의 니시노쿄西の京[127]로 옮겼다. 지금 그 곳에는 여전히 당시 지어진 동탑 1기가 잔존하고 있고, 형태는 변화무쌍하여 현존 목조 삼중탑三重塔 중에서 가장 변화가 많은 것으로 꼽힌다. 이 탑 자체에 대해서도 후술하겠지만, 야쿠시지藥師寺[125]를 언급하면서 이 탑에 관한 사항을 제외하고도 강조해야 할 점이 있다면 바로 가람배치다. 호류지法隆寺[54] 혹은 오오사카大阪[128]의 시텐노지四天王寺[118]에서 보이는 가람배치는 탑과 금당의 위치 관계에서 양자가 동일하다고는 할 수 없지만, 탑이 1기만 존재한다는 점은 공통된 특징이다. 이 야쿠시지藥師寺[125]의 경우 동서로 2기의 탑이 조영되었다. 남대문南大門을 지나 중문中門에 이르면 옆으로 보랑步廊이 펼쳐진다. 중문 옆 동서로 뻗어가는 보랑步廊은 영역을 구획하는 역할을 하는 것으로, 이 보랑은 북쪽으로 꺾이면서 2기의 탑과 금당을 둘러싸고, 금당 후방의 강당에 이른다. 따라서 여기에서 중문으로 들어서면 바로 눈 앞에서 금당과 마주서서 곧바로 대면하게 되고, 탑은 금당의 전방 좌우에 나란히 서 있는 것을 보게 된다. 이러한 것은 이미 언급한 경주 망덕사望德寺의 배치와 완전히 동일한 것이다. 경주 사천왕사지四天王寺址와는 기본형이 동일하면서도 금당 배후에 동서로 서 있는 2동의 건축물의 유무만이 상이할 뿐이다. 양자 모두 그 가람배치에 있어서는 야쿠시지藥師寺[125]와 동일한 형식에 속하는 것으로 보아도 좋을 것이다. 이처럼 보랑步廊으로 둘러싸인 영역 안에 금당의 전방 동서에 2기의 탑을 건설하는 것은 당의 사찰에서도 행해지던 것으로, 당으로부터 전해진 가람배치 형식이라는 의미에서 당식唐式 가람배치라는 이름으

129 하자마이시(間石)
기둥 초석과 옆 기둥 초석 사이를 메워서 끼워 넣는 작은 돌로 외벽 하단부에 있는 틈에 끼워 넣는 돌을 말한다. 사시이시(差石)라고도 한다.

130 시텐바시라(四天柱)
목조탑에서 심주 주위에 있는 4개의 기둥. 다보탑(多寶塔)이나 삼중탑(三重塔)의 경우에는 2개로 생략되어 니텐바시라(二天柱)인 경우도 있고, 기둥이 모두 생략된 형태도 있다.

131 고후쿠지(興福寺)
나라(奈良)에 있는 법상종(法相宗) 대본산 사찰. 남도칠대사(南都七大寺)의 하나이다. 후지와라 노 가마타리(藤原 鎌足)의 유지에 따라 건설된 야마시나데라(山階寺)에서 시작되어 후에 아스카(飛鳥)로 옮겨진 후에는 우마야사카데라(厩坂寺)라고 불렀으며, 헤이죠쿄(平城京) 천도와 더불어 현재지에 이전되면서 고후쿠지(興福寺)라고 불리게 되었다. 후지와라(藤原) 일가의 사찰로서 권세를 누렸다. 국보인 오중탑(五重塔)은 1426년에 재건되었고, 삼중탑(三重塔)은 13세기 초에 재건된 것이다. 동금당(東金堂)은 1414년, 북원당(北圓堂)은 1210년에 재건되었다. 그밖에도 불상(佛像), 불구(佛具), 서적(書跡) 등 다수의 문화재를 소장하고 있다.

132 야마다데라(山田寺)
나라(奈良)에 위치했던 아스카(飛鳥) 시대 건립의 사찰. 643년 소가 노 구라야마다 노이시카와마로(蘇我 倉山田石川麻呂)가 건립하였다. 1976년부터 진행된 발굴조사에 의하면 가람배치는 중문, 탑, 금당, 강당이 일직선으로 늘어선 시텐노지(四天王寺) 방식에 가깝지만, 북쪽 회랑은 강당까지 이어지지 않았다고 추정되고 있다.

로 불리고 있다.

또한 하나 더, 야쿠시지藥師寺[125] –여기에서의 야쿠시지藥師寺[125]는 초창기의 원래 야쿠시지藥師寺[125]에 있었던 금당지金堂址 및 탑지塔址를 가리킨다– 와 경주 사천왕사나 망덕사의 유적지에 남아 있는 초석을 비교해 보면, 돌의 표면을 방형으로 하고 단 하나를 높여서 제작했다는 점에 기본적인 공통점이 있다. 경주 사천왕사에서는 이 기본적인 형태의 초석을 그대로 탑에 사용하였고, 야쿠시지藥師寺[125]에서는 금당에 사용하였다는 점이 확인된다. 반면 야쿠시지藥師寺[125] 탑의 경우, 시텐바시라四天柱[130]에서 사용한 초석도 이와 동일한 형태를 사용하였지만, 측주側柱의 초석은 하자마이시間石[129]와 잘 연결되도록 그 옆에 위치한 하자마이시間石[129]와 동일한 형태의 초석을 사용하였다는 점이 상이하다. 이와 같은 배려는, 형식상으로 완전히 다르지만, 경주 사천왕사 금당 배후에 동서로 서있는 건물 초석에서도 드러난다. 경주 사천왕사와 망덕사의 금당을 비롯하여 그밖에 대략적으로 동일한 시기에 건립된 여러 사찰들의 초석은 위의 기본형을 바탕으로 하고 있다. 여기에 더하여 원주를 세우기에 적합하도록 원형으로 한단 더 높이거나 단면이 원호인 구멍을 파내는 등의 기법을 추가한 정연한 형태의 초석을 사용하였다. 야쿠시지藥師寺[125]와 경주 사천왕사, 망덕사의 초석 윗부분에 서 있었을 목조 건축을 비교하는 것은 불가능하지만 이처럼 가람배치 및 남아 있는 초석에 관해서는 유사한 형식으로 이루어져 있었다고 할 수 있는 것이다.

야마토大和 시대[40]에 건립된 사찰은 이 외에도 규모가 큰 관사官寺가 다수 있는 것으로 알려져 있고 많은 수의 유적지가 남아 있다. 고후쿠지興福寺[131][역자주14], 야마다데

133 구다라지(百濟寺)
일본에 널리 알려진 사찰 중에서 백제(百濟)라는 명칭을 갖는 사찰이 여럿 있는데, 대부분 그 연원은 쇼토쿠 타이시(聖德太子)와 관계가 있는 경우가 많다. 쇼토쿠 타이시(聖德太子)의 유명을 받들어 건립한 구다라다이지(百濟大寺)가 헤이죠쿄 안으로 옮겨 가서 다이안지(大安寺)가 되고 그 자리에 구다라지(百濟寺)가 들어섰다는 설이 있지만, 구다라다이지(百濟大寺)와 구다라지(百濟寺)의 관련성은 명확하지 않다.

134 시모츠케야쿠시지(下野藥師寺)
도치기(栃木) 남부 시모츠케(下野)에 있던 야쿠시지(藥師寺). 7세기 후반에 창건되었다. 761년에 계단(戒壇)이 설치되어, 도다이지(東大寺), 간제온지(觀世音寺)와 함께 삼대 계단으로 불리었다. 1965년부터 1971년까지의 발굴조사를 통해, 남북 중축선상에 남문, 중문, 금당, 강당이 늘어서 있고, 중문과 강당을 잇는 회랑 안에 금당과 그 배후 서쪽에 치우쳐서 계단당(戒壇堂)이 있었음을 확인했다.

135 즈쿠시(筑紫)
고대 규슈(九州) 지역의 총칭.

136 간제온지(觀世音寺)
후쿠오카(福岡) 다자이후시(太宰府市)에 있는 천태종 사찰. 670년 덴지텐노(天智天皇)가 사이메이텐노(齊明天皇)의 명복을 빌기 위해 발원하여, 746년에 완성되었다. 고대 큐슈(九州)를 관장했던 다자이후(大宰府) 정청(政廳) 영역 동쪽에 위치하여 일본 서역(西域)을 대표하는 사찰로 자리 잡았다. 도다이지(東大寺), 시모츠케야쿠시지(下野藥師寺)와 함께 일본 삼계단(三戒壇)의 하나이다. 헤이안(平安) 말기에 도다이지(東大寺)의 말사(末寺)가 된다. 호류지(法隆寺) 방식의 가람배치로 현재의 건물은 에도(江戶) 시대의 것이지만, 나라(奈良) 헤이안(平安) 시대의 범종과 불상 등이 남아 있다.

역자주14 원문에서는 弘福寺라고 표기되어 있으나 이는 興福寺의 오기라고 판단된다.

라山田寺[132], 구다라지百濟寺[133]가 그 예에 해당한다. 야마토大和[40] 지역을 벗어나면 시모츠케야쿠시지下野薬師寺[134], 즈쿠시筑紫[135]의 간제온지觀世音寺[136]와 같이 다소 떨어진 지역에 조영된 경우도 있었으며, 그리고 긴키近畿[137] 지역에는 야마시로山城[138]의 야마시나데라山階寺[139]와 오우미近江[140]의 수후쿠지崇福寺[138]가 조영되었다. 이들은 모두 규모가 큰 사찰들이다.

(5) 도다이지東大寺[58]의 조영

후지와라쿄藤原京[122]는 대륙의 제도에 따라 조영된 도읍이었지만, 점점 증진되는 도시 문화에 비하여 그 땅이 협소하게 느껴지게 되었고, 한층 광활한 지역을 찾아 보다 훌륭함과 화려함을 갖춘 헤이죠쿄平城京[42]를 영위하기에 이르렀다. 그리고 이 새로운 도읍에 야쿠시지藥師寺[125]를 이건하고 이와 함께 다른 많은 관사官寺도 이건하면서 도읍의 장엄을 갖추게 되었던 것이다. 원래 일본의 사찰은 호류지法隆寺[54]나 야쿠시지藥師寺[125] 건립 유래에서 보이는 것처럼 시주施主라 할 만한 인물이 병환으로부터 쾌차하기를 기원하는 것, 또 타계한 인물의 명복을 비는 것 등, 개인적인 기복에 창건 목적이 있었는데, 창건 목적이 변화하여 수도 장엄莊嚴이나 국가 진호鎭護라는 목적을 갖게 된 것이다. 나아가 국토를 지키고 이를 기원하기 위하여 하나의 지역마다 하나의 사찰을 건립하도록 기획하였는데, 그것이 고쿠분지國分寺[142] 영건이다. 한걸음 더 나아가 일본 전체를 위한 소고쿠분지總國分寺[143]를 계획하고 헤이죠쿄平城京[42] 동쪽 가스가노春日野[142]에 도다이지東大寺[58]를 건립하기에 이르렀다.

137 긴키(近畿)
일본 본토 중앙과 서쪽에 위치하는 지방으로, 교토(京都), 오오사카(大阪), 고베(神戶)를 중심으로 하는 지역으로 일반적으로 간사이(關西)로 불리는 지역과 거의 일치한다. 역사적으로 문화중심지로서 기나이(畿內)라고 불리는 야마토노쿠니(大和國), 야마시로노쿠니(山城國), 셋츠노쿠니(攝津國), 가와치노쿠니(河內國), 이즈미노쿠니(和泉國) 지역과 그 주변인 오우미노쿠니(近江國), 이가노쿠니(伊賀國), 이세노쿠니(伊勢國), 시마노쿠니(志摩國), 기이노쿠니(紀伊國), 단바노쿠니(丹波國), 단고노쿠니(丹後國), 다지마노쿠니(但馬國), 하리마노쿠니(播磨國), 아와지노쿠니(淡路國) 지역.

138 야마시로(山城)
교토(京都) 남부 지역의 옛 지명.

139 야마시나데라(山階寺)
고후쿠지(興福寺)의 옛 명칭

140 오우미(近江)
일본에서 가장 큰 호수인 비와코(琵琶湖)를 둘러 싼 지역이다. 원래 비와코(琵琶湖)를 지카츠아하우미(近淡海)라고 불렀던 것에서 유래하여 오우미(近江)라는 지명이 생겨났다.

141 수후쿠지(崇福寺)
오우미(近江) 시가(滋賀)에 있던 고사찰. 668년에 덴치텐노(天智天皇)가 창건하였다고 전해지며, 헤이안(平安) 시대 수차례 화재와 지진의 피해를 입고, 1057년에 재건되었고, 1230년 엔조지(園城寺)에 부속되지만 폐사되었다. 현재는 금당과 강당 등의 초석만 남아 있다.

이 도다이지東大寺[58]의 본당인 금당 즉 대불전大佛殿의 건설에는 덴표天平[145]19년(747년)부터 덴표쇼호天平勝寶[126]3년(751년)까지의 기간이 소요되었으며, 그 규모는 정면이 11칸, 총 길이 296덴표자쿠天平尺[146], 측면 7칸 총 길이 170덴표자쿠天平尺[146]이었다. 지금의 대불전大佛殿에 비하면 확실히 정면 폭이 넓었으며, 건물 높이는 126덴표자쿠天平尺[146]였다고 전해진다. 이에 더하여 탑파는 7층으로 세워졌고, 높이는 230덴표자쿠天平尺[146]를 넘는 것이었으며, 동과 서에 2기가 세워졌다.

이렇게 거대한 금당과 탑파가 있었고, 여기에 경주의 사천왕사四天王寺나 야마토大和[40]의 야쿠시지藥師寺[125]처럼 회랑으로 둘러싸는 형태를 취했다고 추정해 보면, 그 점유 면적은 실로 가늠할 수 없을 정도의 크기였을 것이다. 따라서 이와 같은 크기의 건물들은 회랑으로 둘러싼다고 하여도, 회랑의 본래 의도라고 할 수 있는 둘러싸인 면적으로 한정하여 어떤 구역을 구획하고자 하는 목적을 달성하기가 어렵다. 따라서 이 도다이지東大寺[58]의 경우 금당과 탑파를 둘러싸는 회랑이 각각 존재하는 형태로 변화한 것이 확인되었다. 따라서 야쿠시지藥師寺[125]에서 인왕상仁王像을 배치하여 가람을 수호하는 역할을 수행했던 중문의 역할은 도다이지東大寺[58]에서는 남대문이 겸하게 되었다. 금당만을 둘러싸는 회랑에는 중문이 위치하게 되었는데, 가람을 수호하는 천왕상天王像을 두어 종래의 중문과는 별도의 역할을 갖도록 변화가 이루어진 것이다. 이는 도다이지東大寺[58]에서만 보이는 특징이 아니다. 후지와라藤原 일가[7]의 사찰인 고후쿠지興福寺[131]에서도 다소 차이는 있지만, 그러한 경향이 확인된다. 어쨌든 사찰이 대규모로 영위되면서부터 생겨난 변화로 간주할 수 있을 것이

142 고쿠분지(國分寺)
741년 쇼무텐노(聖武天皇)의 칙원으로, 고쿠분니지(國分尼寺)와 함께 각 지역마다 건립된 관사(官寺). 7세기 말부터 호국경전 독송을 통한 국가 안녕 기원이라고 하는 불교정책이 촉진되기 시작하였는데 고쿠분지(國分寺) 제도는 이를 정착시키고 고착화하는 역할을 하였다. 중앙 대사(大寺)에서 전개한 국가 불교를 획일적으로 지방으로 신장시켰던 것으로, 율령체제를 근간으로 하여 질병, 기근, 반란 등의 재난을 진호국가(鎭護國家) 사상으로 잠재우고자 하는 의도가 엿보인다. 정식 명칭은 금광명사천왕호국지사(金光明四天王護國之寺)이다. 일본 내 승려들을 감독하는 역할을 하였고, 또 조정으로부터의 특별 보호도 있었다. 나라(奈良) 도다이지(東大寺)를 소고쿠분지(總國分寺)로 삼았다.

143 소고쿠분지(總國分寺)
전국에 위치한 고쿠분지(國分寺)를 총괄하는 사찰로, 나라(奈良)의 도다이지(東大寺)가 이에 해당한다.

144 가스가노(春日野)
나라(奈良) 가스가야마(春日山) 기슭 일대의 지역. 가스가타이샤(春日大社) 경내에서 도다이지(東大寺), 고후쿠지(興福寺)에 걸쳐서 펼쳐진 지역으로 옛 헤이죠쿄(平城京) 동교(東郊) 일대이다.

145 덴표(天平)
[729~749] 나라(奈良) 시대 쇼무텐노(聖武天皇) 대의 연호

146 덴표쟈쿠(天平尺)
다이카노가이신(大化改新) 이후 나라(奈良) 시대에 사용된 기준척으로, 당(唐)의 대척(大尺)과 동일한 치수이다. 덴표쟈쿠(天平尺)의 단위길이는 약 29.6cm정도이다.

다. 이 점에 관해, 조선 사찰의 경우 목탑에서 석탑으로 변화하였고, 석탑을 대규모로 조영하기에는 제한이 있었으므로, 탑파 건립은 그 제한 사항 안에서 이루어졌다. 나아가서는 가람 전체 규모도 작게 구획을 정리하는 경향이 엿보인다. 따라서 가람배치 형식에 있어서도 도다이지東大寺[58]에서 행해진 것과 같은 변화는 확인되지 않는다. 유사한 변화가 나타난 것은 먼 훗날이며, 전혀 다른 원인에 의한 것으로 형식도 달랐다.

그 후로 도다이지東大寺[58]는 두 번이나 화재를 입었다. 남대문은 첫 화재 후에 재건된 것이 현재 남아있고, 중문, 회랑, 금당과 같은 주요 건물은 에도江戶 시대[38]의 것이며, 결국 탑파는 화재 이후 재건되지 않았다. 그리고 지금의 금당 즉 대불전에 보이는 건축양식은 재건했던 당시인 가마쿠라鎌倉 시대[18]의 모습에 준하는 것으로, 창건 당시의 양식과는 별개라고 할 수 있어 그 모습이 거의 남아 있지 않다. 그러나 그 크기에 있어서 목조건축으로서는 여전히 세계 제일이라는 점에서, 덴표天平[145] 연간에 창건했을 때의 모습도 짐작은 할 수 있을 것이라고 생각된다. 이것이 건축 형식으로서는 어떠한 것이었을까? 이 점은 도다이지東大寺[58]에 남아 있는 법화당法華堂, 또는 三月堂나 야쿠시지藥師寺[125]에 인접해 있는 도쇼다이지唐招提寺[59] 금당을 통해 다음에서 고찰해 보고자 한다. 또한 이 건축 형식이야말로 통일신라시대와 통하는 점이 있고, 더욱이 당唐의 자은사慈恩寺 대안탑大雁塔 미석楣石에 그려진 건축도建築圖와도 유사점을 확인할 수 있어서 이른바 당식 건축이라는 영역 속에서 설명할 수 있다는 점에 주목할 필요가 있다.

(6) 당식唐式 목조건축

이전 시대 즉 아스카飛鳥 시대[102]의 유구로서 호류지法隆寺[54] 금당, 탑, 중문, 회랑이 남아 있다는 것은 이미 전술하였다. 그 다음에 해당하는 당대의 건축 유구로는 건축형식 상으로 보면 야쿠시지藥師寺[125] 동탑東塔이 해당된다. 헤이죠쿄平城京[42]의 야쿠시지藥師寺[125]는 덴표天平[145]2년(730년)에 원래의 야쿠시지藥師寺[125]에서 이건된 것인데, 이 동탑도 그 때 옮겨지었는지 새로 지었는지 의문점은 많다. 고故 아다치 고足立 康[147]박사는 이건하면서 새로 건립된 것은 맞지만, 사찰 규모가 완전히 동일하다는 점에서 이전 형식은 그대로 유지된 채 만들어졌다고 단정하였다. 건립 연도는 차치하더라도, 그 형식이라는 점에서는 호류지法隆寺[54]의 형식을 잇는 것이 된다. 그러나 호류지法隆寺[54]와 야쿠시지藥師寺[125]의 경우 같은 형식의 것이 단지 시간차에 의한 변화가 드러난 예라고 보기 어려운 부분도 있어서, 형식에 있어서 각각 전혀 다른 계통에 위치하는 것은 아닐까 생각한다. 그러한 차이가 현저하게 보이는 부분이 야쿠시지藥師寺[125] 동탑東塔에서는 호류지法隆寺[54]에서 보이는 구모토雲斗[113]와 구모히지키雲肘木[112]를 볼 수 없다는 점, 주두에 굽받침이 없다는 점, 처마가 각형 서까래를 사용한 홑처마가 아니라 서까래 단면이 원형이고 부연만 각형인 겹처마라는 점 등이다. 이는 호류지法隆寺[54]의 건축 형식이 백제로부터 전래되었고, 백제는 중국 남방의 계통을 이어받은 반면 야쿠시지藥師寺[123]는 당과 직접적인 교섭이 이루어진 후에 전래된 양식이라는 점에서 기인한다. 야쿠시지藥師寺[125]는 그중에서도 대륙 북방의 양식이 보인다는 점에서, 계통의 차이가 있다고

147 아다치 고(足立 康)
[1898~1941] 가나가와(神奈川) 출신으로 1926년 도쿄(東京) 제국대학 조병학과를 졸업하고, 다시 도쿄(東京) 제국대학 미술사과에 들어가 1928년에 졸업한 후 대학원에서 건축사를 전공하였다. 1933년 『야쿠시지 탑파의 연구(藥師寺塔婆の研究)』로 학위를 받고, 그 해 일본고문화연구소(日本古文化研究所) 이사가 되어 후지와라큐(藤原宮)의 유적 조사를 하였다. 1937년에 건축사연구회(建築史研究會)를 창립하여 1938년부터 『建築史』를 간행하였다. 호류지(法隆寺) 재건비재건논쟁에 참여하여 신비재건론(新非再建論)이라는 주장을 펼친 것으로도 유명하여, 기다 사다키치(喜田 貞吉)와의 논쟁이 알려져 있다. 그 외의 저서로는 『약사사가람의 연구(藥師寺伽藍の研究)』, 『일본 조각사 연구(日本彫刻史の研究)』, 『일본건축사(日本建築史)』 등이 있다.

볼 수밖에 없을 것이다. 이 양식상 차이를 조선의 석탑에서도 파악할 수 있다. 즉 전술한 평제탑平濟塔과 통일신라시대 초기작으로 보이며 경주에서 조금 떨어진 곳에 위치한 고선사지高仙寺址 삼층석탑을 비교해 보면, 후자는 불국사 석가탑과 함께 일반형에 속하는 양식을 가지고 있다. 역자주15 이렇게 양식적 측면에서 구별되는 특징은 일본과 조선을 통틀어 공통적으로 확인되는 부분이다. 그럼에도 불구하고 호류지法隆寺54와 야쿠시지藥師寺125는 같은 목조이고 시간의 차이가 그리 크지 않으므로 다른 후세의 것과 비교하면 훨씬 많은 부분에서 공통점을 보이는 것은 당연하다 할 것이다.

이 야쿠시지藥師寺125 동탑東塔은 탑파이기 때문에, 특수한 형식의 건축이라는 점을 피해서 설명할 수는 없다. 일반적인 형식의 건축에 대하여 말한다면 전당殿堂과 같은 다른 건축에 대해 언급해야만 할 것이다. 그러나 나라奈良 시대33에 속하는 유구 중 목조건축을 예로 들자면 몇 개가 현존하는데, 전당으로 도다이지東大寺58 법화당法華堂, 도쇼다이지唐招提寺59 금당, 야쿠시지藥師寺125 본당本堂을 들 수 있고, 규모가 작은 것으로는 가이류오지海龍王寺148 서금당西金堂을 들 수 있다. 평면이 팔각형인 원당圓堂으로는 후세 보수된 부분이 많더라도 일단 나라奈良33 시대의 우수한 축조물로 들 수 있는 호류지法隆寺54 몽전夢殿이 있고, 또 그밖에 에이잔지榮山寺149 팔각원당八角圓堂이 있다. 이러한 불전에는 속하지 않지만 호류지法隆寺54 동원東院 전법당傳法堂, 호류지法隆寺54 식당食堂, 도쇼다이지唐招提寺59 강당講堂도 나라奈良 시대33의 건축물이다. 문으로는 도다이지東大寺58 전해문轉害門, 호류지法隆寺54 동대문東大門, 창고로는 도다이지東大寺58 법화당法華堂에 속해

역자주15 원문에는 전자에 해당하는 평제탑(정림사지 오층석탑)에 대한 설명이 없이 후자에 대한 설명만 보인다. 원작자의 실수로 전자에 대한 설명이 누락된 것으로 보인다. 역자의 개인적인 소견이지만, 정림사지 오층석탑은 고선사지 삼층석탑과 달리 기단부가 낮고, 각 층의 옥개석를 길게 뺀 점 등, 목조 건축의 특징을 보다 많이 반영하고 있다는 설명이 필요할 것으로 보인다. 정림사지 오층석탑이 호류지法隆寺 오중탑과 유사한 비례체계를 갖는다는 점도 함께 설명하면 작자의 의도를 보다 명쾌하게 반영할 수 있을 것으로 판단된다.

148 가이류오지(海龍王寺)
나라(奈良)에 있는 진언율종(眞言律宗)의 사찰. 창건 연대는 덴표(天平, 729~749) 연간으로, 고묘코고(光明皇后)가 후지와라 노 후비토(藤原 不比等)의 저택을 고쳐서 창립하였고, 완성된 것이 731년이라고 전해진다.. 원래 후지와라 노 후비토(藤原 不比等)의 저택 동북쪽 구석에 있었으므로, 우사(隅寺), 우원(隅院), 협사(協寺) 등으로 불리웠다. 경내에 남아 있는 오중소탑(五重小塔)이 국보로 지정되어 있다.

149 에이잔지(榮山寺)
나라(奈良)에 있는 진언종(眞言宗) 사찰. 719년 후지와라노무치마로(藤原武智麻呂)가 건립하였다고 전해진다. 그 중 팔각당(八角堂)은 아들 나카마로(仲麻呂)가 760년~768년에 건립한 것으로, 호류지(法隆寺) 몽전(夢殿)과 함께 나라(奈良) 시대 대표적인 팔각당(八角堂) 유구로 알려져 있다.

있는 것, 도쇼다이지唐招提寺[59]에 있는 것을 들 수 있고, 그중에서도 가장 대표적이고 유명한 것으로 원래 도다이지東大寺[58]에 속해 있었던 쇼소인正倉院[57]이 있다. 탑파 중에서 나라奈良 시대[33]에 속해야 하는 것으로 또 다이마데라當麻寺[150] 동서탑東西塔도 있다. 즉 다수이면서도 다양한 건축이 남아 있기 때문에, 이들을 통틀어서 개괄하면 함부로 일반화시키는 우를 범하게 되는 것이지만, 다음과 같이 개략적인 특징을 서술하는 것은 가능할 것이다. 석조 기단의 위에 배흘림기둥을 세우고, 주두 위 두공은 삼출목 두공까지 보이며, 하앙을 갖추었으며, 처마는 겹처마이다. 내부 가구에서는 기둥 위 두공으로 홍량을 받치며, 그 위에 가에루마타蟇股[91] 형태의 동자주를 얹고, 다시 위에 소홍량小虹梁을 얹는 형식의 반복으로 구성되며 최상부에서 가에루마타蟇股[91] 형태의 대공으로 종도리를 받치는 구조로 되어 있다. 또는 대홍량大虹梁 위에 인자대공人字臺工을 얹고 바로 종도리를 받치는 형식으로 되어 있다. 석탑 등에서 목조건축 기법을 겨우 엿볼 수 있는 조선에서도 석조 기단이 동일한 형식으로 되어 있다는 점, 배흘림기둥을 채용했다는 점, 주두에 오목하게 깎은 면이 있다는 점 등에서 일치하고 있으므로, 그 이외의 점도 대략 유사할 것이라고 추정할 수 있을 따름이다.

150 다이마데라(當麻寺)
나라(奈良) 가츠라기(葛城)에 있는 사찰로, 612년에 창건되었다. 종파는 정토종(淨土宗)과 진언종(眞言宗)이다. 쇼토쿠타이시(聖德太子)의 남동생 마로코(麻呂子)가 가와치(河內)에 건립한 만보장원(萬寶藏院)을 681년에 엔 노 오즈노(役 小角)가 이전 후 개칭한 것이다. 본당(本堂), 금당(金堂), 강당(講堂), 동서(東西)의 삼중탑(三重塔)이 남아 있고, 이중 동탑(東塔)은 나라(奈良) 시대, 서탑(西塔)은 헤이안(平安) 시대의 것이다. 본당인 만다라당(曼多羅堂)에는 다이마만다라(當麻曼多羅)를 봉안하였고, 밀교 본당으로서는 가장 오래된 건물이다.

그렇지만 여기에서 더 고찰해 보자. 이 시기가 되어 일본의 건축이 이처럼 발전을 이룩하게 된 것은 지리적으로 풍부한 목재 자원을 보유하고 있었던 점에서도 기인하겠지만, 목조 건축에 대한 기능적인 숙련도가 높아지고 통달하게 되어 이를 전통으로 정착시켰고, 이를 바탕으로 이후 당唐에서 이입된 형식과도 잘 적응할 수 있도록 노력한 결과라고 볼 수 있을 것이다. 결과적으로 목조건축을 거대하고 화려하게 조영하게 되었고, 그 웅장함에 대해 말하자면 다른 시대에서는 유례를 찾기 어려운 것이었다. 그렇게 거대한 건축물을 조영할 수 있었다는 점에서 당시 전 세계 문화의 정수가 모여 있던 당唐의 거대한 건축물들과 비교하지 않더라도, 조선도 마찬가지로 목조건축의 숙련도가 높아지는 동일한 흐름으로 나아가고 있었다고 지적할 수 있다. 즉 구례 화엄사華嚴寺 각황전은 현재의 건물이 신라 시대에 건립된 기단 위에 재건된 것이므로, 건립 당시의 건축물도 지금과 거의 같은 규모였을 것이라고 간주할 수 있다. 비록 나라奈良[33]의 도다이지東大寺[58] 대불전에는 훨씬 못 미치는 규모이지만, 상당히 큰 규모의 건축이었다고 할 수 있다. 그러다가 조선은 점차 가람의 주요 탑파를 석조로 변화시키면서 작은 규모의 석탑에 만족하게 되었다. 이러한 흐름은 점차 목조 건축에도 영향을 미치게 되어 목조 건축의 고착화를 초래하였다. 이 점이야말로 조선 건축의 특징적인 부분이라 할 수 있을 것이다. 사찰을 산간의 협소한 위치에 조영하게 되었던 양상은 일본에서도 마찬가지이므로 이를 이유라고 하기는 어렵고, 작은 규모로 조영하게 되었다는 점은 기술을 발전시키지 못하고 고착시킨 결과라고 생각할 수 있는 것이다. 전통을 바탕으로 당으로부터 이입한 건축기술을 어떻게 적용할 것인가에 있어서 양쪽을 명확히 구분할 수 있으며, 그 속에서 양쪽의 성격이라는 측면을 엿볼 수 있게 되는 것이다. 이러한 측면에서의 특징 바로 동화同化라는 현상이 다음 세대에서 매우 짙게 드러나는 것을 확인할 수 있다.

(7) 사찰건축과 심산深山

사찰이 수도에 성대하게 조영되어 국위 신장을 과시하는 것은 대륙과의 교통이 번성하던 때에는 필요하였을 것이다. 이는 사찰을 영위한다는 것이 정치적 요소의 일면이기도 하다는 것을 의미하는 것이다. 그러나 불교 그 자체에 대한 내면적 성찰이 깊어짐과 동시에, 외부와의 교섭도 그러한 관점에서 행해지지 않게 되면서 불교가 바뀌기 시작하였다. 가지기도加持祈禱를 통해 종교적 성취를 추구하는 형식을 취하게 되면서, 사찰은 심산유곡深山幽谷의 땅을 구해 조영되는 경우가 많아졌다. 헤이안쿄平安京[43]가 건설되고, 그 도성의 장엄을 위해, 좌우 양경兩京에 각기 하나씩의 사찰을 조영하였던 것은 전시대의 풍습을 따른 것으로 생각되지만, 이 수도 진호鎭護를 위하여 천태종天台宗[45]을 개창한 전교대사傳敎大師 사이쵸最澄[151]에 의해 히에이잔比叡山[152]에 엔랴쿠지延暦寺[153]를 조영하게 한 것도, 새로운 요구에 응한 것이라고 보아야 하는 것으로, 게다가 계단戒壇까지 들어서게 된 것은 이 새로운 세력의 지지에 의한 것이라고 생각하지 않을 수 없는 것이다. 고보다이시弘法大師 구카이空海[154]가 진언종眞言宗[46]을 일으켜 도성 근처에는 진고지神護寺를, 멀리 고야산高野山[203]에는 곤고부지金剛峯寺[204]를 건립했던 것도 비슷한 맥락이다. 이처럼 사찰건축은 산지에 적응하지 않으면 안 되었던 것이고, 그러한 이유에서 다른 모습이 나타나는 변화가 일어나게 된 것이다.

산지에 조영되는 사찰은 토지의 넓이를 충분히 확보하지 못하는 문제가 있어 좌우 대칭형 가람배치가 불가능하게 되고, 각각의 건축 평면에서는 밀교에 어울리도록 비

151 사이쵸(最澄)
[767~822] 헤이안(平安) 초기의 승려. 일본 천태종(天台宗)을 개창하였다. 히에잔(比叡山)에 들어가 법화일승(法華一乘) 사상에 심취하여 근본중당(根本中堂)을 창건하였다. 804년 당(唐)에 유학갔다가 805년에 귀국하여 천태종을 개창하였다.

152 히에이잔(比叡山)
교토(京都)와 시가(滋賀) 경계에 있는 산. 848m, 839m의 두 봉우리로 이루어져 있다. 천태종(天台宗) 총본산 엔랴쿠지(延暦寺)가 위치해 있다. 국보로 지정되어 있는 근본중당(根本中堂)을 비롯해 대강당(大講堂), 계단원(戒壇院), 석가당(釋迦堂), 그리고 산기슭의 시가인(滋賀院) 등 백여 동의 당탑이 있다.

153 엔랴쿠지(延暦寺)
시가(滋賀)현 오오츠(大津)시 사카모토혼쵸(坂本本町)에 있는 천태종 총본산. 산호는 히에이잔(比叡山)이고 788년에 사이쵸(最澄)가 이치죠시칸인(一乘止觀院)으로서 창건하였다가 823년에 엔랴쿠지(延暦寺)로 사호를 바꾸었다.

154 구카이(空海)
[774~835] 헤이안(平安) 초기의 승려. 사누키(讃岐) 출신으로, 일본의 진언종(眞言宗)을 개창하였다. 804년에 사이쵸(最澄) 등과 함께 당에 유학하여, 장안(長安)의 청룡사(靑龍寺) 혜과(惠果)에서 수학하였다. 806년에 일본으로 돌아와 고야산(高野山) 곤고부지(金剛峰寺)를 건립하였다. 사가텐노(嵯峨天皇)로부터 도지(東寺)를 수여받고, 이듬해에 대승도(大僧都)에 임명되었다. 일본 최초의 서민학교인 슈게이슈치인(綜藝種智院)을 설립하였으며, 서예가 뛰어나서 삼필(三筆)의 한 명으로 꼽힌다. 후대에 서민들에게 신앙의 대상으로 숭배되었다. 저서로는 『산고시이키(三敎指歸)』, 『十住心論』, 『辯顯密二敎論』『쇼료슈(性靈集』, 『文鏡秘府論』, 『텐레이(篆隷) 万象名義』 등이 있다.

밀공간이 풍부한 형식이 탄생하였고, 주요 당우의 내진內陣이 한단 안쪽으로 들어가 봉당封堂에 조성된 것은 천태진언天台眞言에서 볼 수 있는 특징이다. 또한 용도에 따라 탑의 형식도 다양하여 다층탑뿐만 아니라, 천태종天台宗[45]에서는 새롭게 소린토相輪樑[155]의 형식을 만들어 냈고, 진언종眞言宗[46]에서는 다보탑 형식을 창조하였다. 더욱이 조사祖師를 받들기 위하여 개산당開山堂이나 어영당御影堂이 조영되었고, 법화삼매당法華三昧堂[156] 등이 가람 안에 조영되었던 것도 점차 드러나는 변화의 결과이다.

이 심산에 조영된 건축의 상당수는 창건 당시 그대로 남아 있는 것이 거의 없지만, 고보다이시弘法大師[151]가 조영했다고 전해지는 무로우지室生寺[157]에는 밀교적 요구를 충족시키는 금당과 오중탑이 헤이안平安 시대[17] 초기 건립 당시의 모습 그대로 남아 있다. 금당은 전면에 한 칸을 덧붙여서 예배공간으로 활용하는 변화가 에도江戶 시대[38]에 행해지기도 하였지만, 이를 제외하면 전면 3칸 측면 1칸의 모야母屋[158]에 1칸씩의 히사시廂[159]가 덧붙여진 형식으로 조영되어, 헤이안平安 시대[17] 초기 건축에서 자주 취하는 수법을 보인다. 지붕을 히와다부키檜皮葺[160]로 한 것은 주요 당우라고 하더라도 산지에 조영되는 건축으로서 재료 활용에 있어 매우 합당하고 필연적인 선택이라고 할 수 있는 것이며, 바닥은 고로바시네다轉ばし根太[26]라고 할 만한 지반과 마루판 사이 간격이 거의 없는 수법을 사용하여, 이는 현재의 조선 불교 건축과 크게 차이가 없는 기법을 취한 것이라고 할 수 있다. 오중탑도 형식상으로는 나라奈良 시대[33]를 계승한 것이지만, 지붕을 히와다부키檜皮葺[160]로 한 점은 금당과 동일하고, 그 땅에서 얻기 쉬운 재료를 취하였다. 사실 그러한 점에서 외래 수법

155 소린토(相輪塔)
불탑 형식의 하나이다. 하나의 기둥 상부에 상륜(相輪)을 얹은 형태이다. 하부에 경전 등을 봉안하였다. 사이쵸(最澄)가 히에이잔(比叡山) 린노지(輪王寺)에 건설한 것이 가장 오래된 것이다.

156 법화삼매당(法華三昧堂)
천태종(天台宗)의 법화삼매(法華三昧)를 행하는 건물이다. 일명 삼월당(三月堂)이라 불리는 도다이지(東大寺) 법화당(法華堂)이 대표적이다.

157 무로우지(室生寺)
나라(奈良) 우다(宇陀)에 있는 진언종(眞言宗) 사찰. 681년 덴무텐노(天武天皇)의 칙령에 의해 엔 노 오즈노(役 小角)가 개창하였다고 전해진다. 헤이안(平安) 시대에 겐케이(賢璟)가 각 전각을 정비하고, 후에 구카이(空海)가 크게 재건하였다. 여인의 입산을 금지하는 고야산(高野山)과는 달리 여성 참배를 허락했기 때문에 여인고야(女人高野)라고 불리기도 하였다. 헤이안(平安) 초기의 오중탑(五重塔), 금당(金堂), 석가여래입상(釋迦如來立像), 석가여래좌상(釋迦如來坐像) 등이 남아 있고, 모두 국보로 지정되어 있다. 금당은 외진이 내진보다 넓은 특징을 지니며, 오중탑은 높이 약 16m로 소형으로 제작되어 있다. 가마쿠라(鎌倉) 시대에 건립된 관정당(灌頂堂)은 와요(和樣)에 젠슈요(禪宗樣), 다이부츠요(大佛樣)을 접목시킨 건축물이다.

158 모야(母屋)
히사시(廂)와 대비되는 개념으로, 신덴즈쿠리(寢殿造)에서 중앙의 높은 공간을 모야(母屋)라고 하고 주변으로 덧붙여지는 한단 낮은 공간을 히사시(廂)라고 하였다. 구조적으로 쉽게 해결할 수 있는 크기의 단위 공간으로, 내부는 3X2칸 또는 2X2칸으로 구성되었다. 정면 칸수는 차이가 있을 수 있으나, 측면 칸수는 2칸 크기의 기본적인 구성을 바탕으로 하였다. 사찰에서는 모야(母屋)와 히사시(廂)의 구분에 따라 불상을 안치하는 곳과 예배 장소로 구분하여 활용하였다. (한)내진

이라 할 수 있는 기와지붕에 구속되지 않고 국풍國風 건축으로 나아가는 경향이 드러나는 좋은 예라고 할 수 있을 것이다.

한편 한반도에 대륙으로부터 밀교가 전래된 것과는 별도로, 일찍이 일본에서 선종이 성행하게 되자, 이 두 요소의 영향에 의해 사찰이 깊은 산 속에 자리 잡는 경향이 짙어지고, 통일신라시대 말기에는 수도 경주에서 그리 멀지 않은 산속에 수많은 사찰이 건설되는 경향이 보인다. 즉 한반도의 척추라 할 수 있는 태백산맥을 따라 태백산, 설악산, 금강산, 그리고 가야산, 지리산 등 남부 동해안 지역은 수많은 산중 사찰이 위치하게 된 것도 그러한 연유에서이다. 조선을 대표하는 미술품 중 하나인 화려한 석조물이 많이 남아 있는 사찰도, 기실 지리산 등을 중심으로 산재해 있는 남원 실상사實相寺, 구례 화엄사華嚴寺와 연곡사燕谷寺, 곡성 태안사泰安寺, 장흥 보림사寶林寺, 화순 쌍봉사雙峰寺 등을 들 수 있으며, 이들과 더불어 강릉 굴산사지掘山寺址, 양양 사림사지沙林寺址 등을 꼽을 수 있다. 이러한 수많은 명작 석조물들 중에서도 석탑으로는 화엄사 사리탑舍利塔을 거론하지 않을 수 없다. 이 탑은 층탑의 형식을 취하고는 있지만 사리탑으로 불리고 있으므로 가람의 탑파로서 축조된 것이라기보다 일종의 부도浮屠로 축조하였다고 보는 편이 타당하다. 기단이 되는 부분의 네 모서리에 사자상獅子像을 두고, 중앙에 승형상僧形像을 둔 형식으로 되어 있다. 이와 비슷한 형식을 갖는 탑으로 이외에도 3기가 남아 있지만, 이 탑이 최고의 걸작이며, 또 신라 석조미술의 정수라고 볼 수 있는 작품이다. 또한 부도 중에서 가장 화려한 것은 쌍봉사 철감선사徹鑒禪師 부도로, 그 탑신에 목조 팔각원당의 모습이 세밀하게 표

159 히사시(廂, 庇)
원래 廂은 건물에서 중앙의 주요 건물에 좌우 옆에 붙는 협칸 또는 부속공간을 의미하고, 庇는 빗물을 막을 수 있는 처마 또는 덧붙인 지붕을 의미한다. 일본 건축 특히 신덴즈쿠리(寢殿造)에서는 3X2칸 또는 2X2칸의 모야(母屋)이라고 불리는 기본형의 평면에 4방향으로 한칸씩 늘린 공간을 의미한다. 여기에 한 칸이 더 늘면 그 공간은 마고히사시(孫廂)라고 한다. 한국 전통건축에서 내진과 외진의 구분과 유사하지만 일치한다고는 볼 수 없다. (한) 외진

160 히와다부키(檜皮葺)
히노키(檜) 껍질 긴밀하게 겹쳐 쌓는 방식으로 지붕을 구성하는 지붕잇기 방식이다. 서까래 위에 이와 직교하는 방향으로 일정 간격으로 살을 걸치고 이 살에 히와다(檜皮)를 끈이나 못으로 고정하였다. 히와다(檜皮)를 촘촘히 쌓고, 그 두께가 30cm이상인 경우도 드물지 않다. 용마루, 내림마루 추녀마루 등의 꺾임부는 기와지붕과 동일하게 처리하는 경우가 많다. 외관이 우아하게 되지만, 동일한 식물성 재료를 사용하는 갈대나 짚을 사용하는 가야부키(茅葺)에 비해서 고가이므로, 궁전, 신사, 사찰 등에서 널리 사용되고, 민가에서는 거의 사용되지 않는 수법이다. 내구연도는 15년 정도라고 여겨지는데, 히와다(檜皮)를 채취하고 지붕이기를 하는 데 특수한 기술을 요하고, 삼림보호라는 차원에서 재료공급도 어려움에 처해서 앞으로의 문화재 수리에 지장을 초래할 우려가 있다. 단지 가연성 재료이므로 시가지에서 일반 건축에 적용하는 것은 법규로 금지되고 있다.

현되었다. 그리고 석등롱石燈籠으로는 화엄사 각황전覺皇殿 앞에 있는 것을 들 수 있는데, 드물게 규모가 크면서도 빼어난 조각이 있는 것이다. 이와 대략 비슷한 형식을 갖는 것으로는 동일하게 지리산에 위치한 실상사實相寺, 조금 떨어진 임실 폐사지에서 보이는 것 등을 들 수 있고, 전라남도 담양 개선사지開仙寺址와 경상남도 가야산 해인사海印寺 말사인 청량사清凉寺에서도 유사한 석등이 보인다. 멀리 떨어진 지역의 사찰로는 강원도 양양 사림사지沙林寺址, 철원 풍천에 있는 석등도 이와 비슷한 형식이다. 이들은 모두 우열을 가리기 어려운 빼어난 작품들이라 할 수 있다. 단순한 석등롱이지만 동일한 형식, 더하여 우수하기까지 한 것들이 이처럼 다양한 지점에 산재해 있다는 것은 이를 통해 불교문화의 양상을 유물을 통해 보여주고 있는 것이다. 동일한 시대의 일본과 마찬가지로 깊은 산 속 또는 도시에서 멀리 벗어난 지역에 사찰 건축을 경영했다는 것을 보여주는 것이며, 이 점에서는 일본과 조선이 동일한 경향을 갖는다고 해석할 수 있다.

161 후지와라 노 미치나가(藤原 道長)
[966~1027] 헤이안(平安) 중기의 조정 대신. 가네이에(兼家)의 아들이며, 미치타카(道隆)와 미치카네(道兼)의 동생. 세 명의 딸을 모두 국왕과 혼인시켜 삼대에 걸쳐서 외척 세력이 되어 정권을 독점하였다. 1019년에 출가하여, 호죠지(法成寺)를 건립하였다.

162 호죠지(法成寺)
후지와라 노 미치나가(藤原 道長)가 창건한 대사찰. 1019년 교토(京都) 히가시야마(東山)에 건설을 시작하여 1020년 아미타당(阿彌陀堂) 건립과 함께 무료쥬인(無量壽院)이라 하였는데, 1022년 금당이 완성되면서 호죠지(法成寺)라고 칭하게 되었다. 헤이안(平安) 시대를 대표하는 대사찰이었는데, 후지와라(藤原) 일가의 몰락과 함께 쇠퇴하여, 난보쿠쵸(南北朝) 시대에는 화재로 가람을 잃고, 폐사하였다.

163 에이가모노가타리(榮華物語)
정편 30권, 속편 10권 총 40권으로 이루어진 헤이안(平安) 시대의 역사 이야기. 작자로 정편이 아카조메에몽(赤染衛門)이라는 설이 유력하고, 속편은 데와노벤(出羽辯)이라고 전해지지만 미상이다. 정편 30권은1028년~1034년 사이에, 속편 10권은 1092년~1107년에 작성된 것으로 여겨진다. 후지와라 노 미치나가(藤原 道長), 후지와라 노 요리미치(藤原 賴通)가 누린 영화(榮華)를 중심으로 우다 텐노(宇多天皇)에서 호리카와텐노(堀河天皇)에 이르기까지 15대 200년간의 역사를 이야기 형식의 편년체로 기술하였다.『겐지모노가타리(源氏物語)』의 영향을 받았다고 추정된다.

4. 중세 건축의 비교

(1) 국풍國風의 건축

신라가 한반도를 통일하고 통일왕조를 유지했던 기간은 265년에 이른다. 이 시기를 둘로 나누어, 전기는 지극히 강성했으며 일본의 나라奈良 시대[33]에 해당하고, 불교가 양쪽 모두 국가 진호의 법으로서 존숭尊崇되었던 시기이다. 후기는 헤이안平安 시대[17] 초기에 해당하며, 불교가 여전히 존숭되었지만 그 교리에 있어서는 전기와 달리 밀교가 신앙의 대상이 되었던 시기이다. 이러한 상황 속 건축 양상에 대해서는 앞에서 대략적으로 기술하였다. 이 시기를 거쳐 일본에서는 후지와라藤原 일가[7]가 그 권력을 잡는 헤이안平安 시대[17] 후기가 된다. 후지와라藤原 일가[7]의 부처에 대한 흔구欣求가 화려한 사찰을 조성할 수 있게 하였는데, 이들 후지와라藤原 일가[7]의 섭정은 정치적 측면에서는 체제 개혁으로 여겨지고 있다. 이와 유사하게 한반도에서는 신라의 멸망과 고려의 창건이라고 하는 정치체제의 개혁에 더불어 정치 권력자 자체가 바뀌는 변화가 일어났다. 이어서 정권을 쥔 고려의 왕씨王氏도 불교에 대한 깊은 신앙을 가지고 있었으므로, 일본과 마찬가지로 다수의 사찰을 건립하여 건축 측면에서 공통적인 역사적 변천을 확인할 수 있다.

이러한 신라나 고려가 헤이안쿄平安京[43] 조정과 전혀 관계가 없다고 할 수는 없겠지만, 양측의 문화적 측면에 있어서의 관계성은 그리 두드러지게 드러나지 않는다. 따라서 건축에 있어서 양자의 관계라고 하는 것은 그다지

164 오오카가미(大鏡)
헤이안(平安) 후기의 역사소설로, 3권본, 6권본, 8권본이 있다. 작자는 미상이 시라카와인(白河院) 집권기를 전후하여 성립하였다고 추측된다. 오오야케 요츠기(大宅 世繼)와 나츠야마 노 시게키(夏山 繁樹)라고 하는 두 노인의 옛날이야기에 대하여 젊은 사무라이가 비판을 가하는 형식으로 이루어져 있다. 후지와라 노 미치나가(藤原 道長)의 영화를 중심으로 850년-1025년의 역사를 기전체로 기록하였다.

165 무료쥬인(無量壽院)
호죠지(法成寺)의 별칭.

166 후지와라 노 가마타리(藤原 鎌足)
[614~669] 7세기 중엽의 중앙 호족. 후지와라(藤原) 일가의 선조이며 후히토(不比等)의 아버지. 덴치 텐노(天智天皇)와 함께 소가(蘇我) 씨를 무너뜨리고 다이카노카이신(大化改新)을 단행하여 율령체제의 기초를 닦았다.

167 도우노미네(多武峯)
나라(奈良) 사쿠라이시(櫻井市)에 있는 산. 표고 619m. 후지와라 노 카마타리(藤原鎌足)가 덴치 텐노(天智天皇)와 함께 소가(蘇我) 일가 토벌을 기획했던 곳이라고 알려져 있다. 산중턱에 후지와라 노 가마타리(藤原鎌足)에 제사지내는 단잔진쟈(談山神社)가 있다.

168 후지와라 노 후히토(藤原 不比等)
[659~720] 나라(奈良) 초기의 조정 대신. 후지와라 노 가마타리(藤原 鎌足)의 차남. 아버지 사후에 집안의 대를 이어 정이위(正二位) 우대신(右大臣)에 올랐다. 대보율령(大寶律令) 제정에 참가하였고, 헤이죠쿄(平城京) 천도를 추진하였다. 후지와라(藤原) 일가 번영의 기초를 닦았다.

명료하지 않다. 즉 전혀 관계가 없는 것처럼 보이는 양자를 비교하는 것은 의미가 없는 일일지도 모른다. 그렇지만 당唐이라고 하는 강국으로부터 억압받던 조선과 당으로부터 더 이상 얻을 것이 없기 때문에 견당사遣唐使 파견을 폐지한 헤이안쿄平安京43 조정은 독자적으로 건축 조영을 이룩했다는 점, 즉 그 양상 속에서도 국풍國風을 발휘했다는 점은 동일하게 확인된다. 이 점에서 공통성을 갖고 있다고 볼 수 있으며, 비교 고찰의 의의를 여기에서 찾을 수 있다.

그런데 통일신라시대부터 고려시대까지에 해당하는 현존 건축유구 중 목조 건축은 전무한 상태이지만, 석조 건축 중 그 일부는 전술했던 것처럼 우수한 것이 많다. 질이 우수할 뿐만 아니라, 양에 있어서도 상당히 많은 것이 그 특색이다. 이에 반하여 일본은 건립 건수는 일부에 지나지 않았지만 몇몇 목조 건축이 남아 있어[역자주16], 그 시기의 건축양상을 밝히기에 충분하다. 양자의 비교도 이러한 자료를 바탕으로 다음과 같이 개괄해 볼 수 있다.

조선에서 보이는 석조물은 전시대에서 이어져 내려와 조선 나름의 웅장한 규모로 건조되었지만, 제작기법이 세련되고 숙련되면서 당초의 웅대함과 호방함이 점차 사라지고 단지 화려하고 복잡한 작품을 만들어 내고 있었음을 부도나 석등롱石燈籠을 통해 확인할 수 있다. 또한 이 점은 일본 목조건축에 대해서도 동일하게 지적할 수 있는 부분으로, 나라奈良 시대33에 도다이지東大寺58를 영건할 정도로 호방했던 모습은 헤이안쿄平安京43 건설 당시만 해도 여전히 간직하고 있었다. 점차 이러한 성격이 사라지면서 호방함을 대신하여 화려함을 추구한 건축을 짓는 양상으로 변화하였던 것이다. 후지와라 노 미치나가藤原 道

169 고쿠라쿠지(極樂寺)
일반적으로 유명한 것은 1259년 호죠 시게토키(北條 重時)가 건설한 가마쿠라(鎌倉)의 고쿠라쿠지(極樂寺)가 유명하지만, 여기서의 고쿠라쿠지(極樂寺)는 899년 후지와라 노 모토츠네(藤原 基經)가 건설한 진언율종(眞言律宗) 사찰이다. 이후 일련종(日蓮宗)으로 개종하고, 여러 차례 사호를 개명하였고, 1590년의 대공사 이후 호토지(寶塔寺)로 개명하여 오늘에 이르고 있다.

170 홋쇼지(法性寺)
교토(京都) 히가시야마(東山)에 있는 정토종(淨土宗) 사찰. 925년 후지와라 노 다다히라(藤原 忠平)가 창건. 후지와라 노 다다미치(藤原 忠通)와 그의 아들 구죠카네자네(九條兼實)가 이 사찰로 출가하였다. 후에 폐사되었지만, 메이지(明治) 시대에 비구니사찰로 재건되었다.

역자주16 건립 건수가 적다는 것은 석조 건축의 건립 건수가 적다는 것을 의미하는 것으로 보인다. 동일한 시기 일본도 사찰에서의 목조 건축 조영은 활발히 일어났다.

171 후지와라 노 모로스케(藤原 師輔)
[908~960] 헤이안(平安) 중기의 조정 대신. 모로스케에서 시작하여 3대에 걸쳐 대대로 섭정(攝政)과 관백(關白)을 역임하며 섭관가(攝關家)의 시조가 되었다.

172 후지와라 노 노리미치(藤原 敎通)
[996~1075] 헤이안(平安) 중기의 조정 대신. 후지와라 노 미치나가(藤原 道長)의 3남. 15세에 종삼위(從三位)에 오른 후 승진을 거듭하여 내대신(內大臣), 우대신(右大臣), 좌대신(右大臣)을 거치고 형 후지와라 노 요리미치(藤原 賴通)의 뒤를 이어 간파쿠(關白)가 되지만, 고산죠텐노(後三條天皇)이 친정을 실시하여 실권을 쥘 기회는 없었다.

長[161]가 영건했던 호죠지法成寺[162]는 에이가모노가타리榮華物語[163]를 통해 그 휘황찬란했던 모습을 여실히 전하고 있다. 오오카가미大鏡[164]에 의하면 그 무료쥬인無量壽院[165]의 전당殿堂이 후지와라 노 가마타리藤原 鎌足[166]의 도우노미네多武峯[167], 후지와라 노 후히토藤原 不比等[168]의 야마시나데라山階寺[139], 후지와라 노 모토츠네藤原 基經의 고쿠라쿠지極樂寺[169], 후지와라 노 타다히라藤原 忠平의 홋쇼지法性寺[170], 후지와라 노 모로스케藤原 師輔[171]의 료곤인楞嚴院[역자주 17], 또는 쇼무 텐노聖武天皇[41]의 도다이지東大寺[58] 보다도 훌륭하며, 「나니와難波[108]의 덴노지天王寺 등을 쇼토쿠 타이시聖德太子[95]가 정성을 기울여 만들어 내셨으나, 무료쥬인無量壽院[165] 또한 훌륭히 조성하셨으니. 나라奈良[33] 칠대사七大寺 십오대사十五大寺 등과 비교해 보아도 또한 이 무료쥬인無量壽院[165]이 매우 빼어나니, 극락정토를 현세에 표현해 내고자 하였음에 다름 아니리라.」라고 기록되어 있다.

후지와라 노 미치나가藤原 道長[161]의 아들 후지와라 노 노리미치藤原 教通[172]가 우지宇治 별장을 사찰로 삼고, 아미타당阿彌陀堂이라고도 불리는 뵤도인平等院[173] 봉황당鳳凰堂이 현재 남겨져 있는 모습을 보면 그 점을 분명히 알 수 있을 터이다.

그럼에도 이들 사찰이 상당히 주택풍으로 조성되었다고 하는 점은 주택풍이라는 것 자체에 태고이래의 깊은 전통적 요소가 가미되어 있음을 의미하는 것은 아닐까? 이는 이들 사찰건축이 대륙에서 이입된 형식을 그대로 따르지 않았음을 의미한다. 이즈음 불교의 교리도 대중의 기호에 맞추어 아미타 신앙이 점점 퍼져갔고, 상행삼매당常行三昧堂[174]으로서 아미타당이 건설되면서, 그 건축으로

173 뵤도인(平等院)
교토(京都) 우지(宇治)에 있는 후지와라 노 요리미치(藤原 賴道)가 조영한 천태종(天台宗) 사찰. 가장 중요한 건물인 아미타당(阿彌陀堂)은 봉황당(鳳凰堂)이라고도 불리며, 중당(中堂), 익랑(翼廊), 미랑(尾廊)으로 구성되어 있다. 외부로 드러나는 나무 부분은 모두 붉게 칠했고, 벽과 천정의 연결부위는 채화하여 장식하였다. 내부 천정은 옻칠과 나전(螺鈿)으로 꾸몄으며, 벽과 문에는 벽화가 그려져 있다. 이 건물 외에도 뵤도인(平等院)에는 관음당(觀音堂), 정토원객전(淨土院客殿)이 남아 있다.

역자주17 문맥상 슈료곤인首楞嚴院을 의미하는 것으로 보이나, 분명하지는 않다.

174 상행삼매당(常行三昧堂)
천태종(天台宗)의 사종삼매(四種三昧) 중 상행삼매(常行三昧)를 수행하고 수도하기 위해 세운 불당이다. 죠교도(常行堂)라고도 한다. 아미타불을 본존으로 하지만, 신앙의 대상으로 세운 아미타당(阿彌陀堂)과 달리 수도와 수행을 목적으로 한다. 851년 히에이잔(比叡山)에 엔닌(圓仁)이 건립한 것에서 유래한다. 상행삼매당(常行三昧堂)에서 90일간 아미타불 주위를 염불을 외며 걸으면서 마음속에 아미타불을 새기는 상행삼매(常行三昧)를 행하므로, 건물 중심에 아미타불을 안치하는 방형(方形) 평면을 보이고, 지붕은 모임지붕이 많다. 그밖에 법화삼매(法華三昧)를 행하기 위하여 세운 법화당(法華堂)도 있어, 이 두 건물을 복도각으로 연결하여 니나이도(荷い堂)라고 부르기도 한다.

175 히와다(檜皮)
히노키(檜)나 스기(杉)의 나무껍질로 주로 지붕이음 재료나 벽재로 사용한다.

176 가와라지키(瓦敷)
바닥재로 기와를 사용하여 깐 방 또는 공간을 지칭한다. 수평으로 깔기도 하지만 수직으로 세워서 촘촘히 까는 경우도 있다. 수평으로 까는 경우에는 지붕기와와는 달리 평평한 형태로 구워낸다.

서의 성격을 일본의 생활풍습에 맞추어 고치도록 요구받게 되었다. 그래서 사찰을 주택풍으로 개건하는 경향이 두드러지기 시작했다고 생각해 볼 수 있다. 또한 사찰이 밀교의 영향으로 산지에 조영되기 시작한 이후, 건설에 사용된 재료는 주로 산지에서 얻기 쉬운 것을 활용하는 방향으로 변화하였다. 지붕재료로는 가까이에서 얻을 수 있는 히와다檜皮[175]를 사용하는 경우가 점점 많아졌고, 마루에 널판을 사용하였으며, 가와라지키瓦敷[176]를 사용하던 예도 사라졌고, 건물 사변에 툇마루를 설치하는 등의 변화가 생겨났다. 이처럼 외관상으로도 두드러지게 국풍이 드러나기 시작한 것이다.

과연 이러한 특성이 한반도 목조 건축에도 드러났는지 어땠는지에 대해서는 그 유례를 살펴보지 않고 명료하게 밝히는 것은 불가능할 것이다. 그렇지만 이즈음 조선에서 번성했던 석조물을 통해서도 국풍의 양상을 살피는 것도 가능하지 않을까? 석탑의 형태는 당唐 시대에 만들어졌다고 보이는 대륙의 석탑에서 출발하였다고 할 수 있다. 그것이 신라 중기나 말기에 이르면서 완벽하게 독자적인 형식으로 완성되었고, 이것이 고려에 전승되면서 고려 또한 이를 백제풍과 절충하여 독특한 형식을 취하고 있다. 또 부도도 마찬가지로 대륙의 형식을 모방하면서 시작되었고 규모에 있어서의 발전은 없었지만, 이와 별도로 많은 부분에 조탁彫琢을 더하여 실로 화려한 것을 남기고 있는 것도 조선풍을 발휘한 것이라 할 수 있을 것이다. 고려시대에는 통일신라시대만큼의 우수한 석등롱은 만들어지지 않았지만, 일본의 동시대 석등롱과는 비교할 수 없을 정도였다는 점에서 전통의 강력함에 주목해야 할 것이다.

177 우다 텐노(宇多天皇)
[867~931, 재위 887~897] 일본 제59대 국왕. 고코텐노(光孝天皇)의 7남. 스가와라 노 미치자네(菅原 道眞)을 등용하여 후지와라(藤原) 일가를 견제하는 정치적 쇄신을 꾀하였다. 양위할 때 아들인 다이고 텐노(醍醐天皇)에 전해 준 교훈인 간표 노 고유이카이(寬平 御遺誡)가 유명하다.

178 다이고 텐노(醍醐天皇)
[885~930, 재위897~930] 우다 텐노(宇多天皇)의 장남. 스가하라 노 미치자네(菅原 道眞)를 우대신(右大臣)으로 등용하여 엔키(延喜)의 치세라고 불리는 국왕 중심의 친정을 실시하였다.

179 닌나지(仁和寺)
교토(京都) 서쪽 오오무로(大室)에 있는 사찰로, 고코텐노(光孝天皇)의 칙원에 의해 888년에 완성. 오닌(應仁)의 난으로 전소하였지만, 에도(江戶) 초기에 재건하였다. 금당(金堂)은 1611년 건립한 자신전(紫宸殿)을 이건하였고, 어영실(御影室)은 청량전(淸凉殿)을 이축하여 개조한 것이다. 인왕문(仁王門), 오중탑(五重塔) 등과 함께 비도정(飛濤亭), 요곽정(遼郭亭) 등의 다실(茶室)이 있다.

180 다이고지(醍醐寺)
교토(京都) 후시미(伏見) 지역에 있는 사찰로, 874년에 착공하여 907년에 완공되어 다이고 텐노(醍醐天皇)의 칙원사(勅願寺)가 되었다. 1470년 오닌(應仁)의 난으로 대부분의 건물이 소실되어, 게이쵸(慶長, 1596~1615) 연간에 도요토미 히데요시(豊臣 秀吉)에 의해 재건하였다. 오중탑(五重塔)과 금당(金堂)은 창건 당시인 헤이안(平安) 시대에 건립되었다. 그밖에 약사당(藥師堂), 청롱궁(淸瀧宮) 배전(拜殿) 등 총 4동이 국보로 지정되어 있다.

(2) 왕실과 불사

181 시라카와 텐노(白河天皇)

[1053~1129, 재위 1072~1086] 일본 제72대 국왕. 고산죠 텐노(後三條天皇)의 장남. 양위 후에는 국왕 3대 43년에 걸쳐서 섭정을 통해 실권을 장악하였다. 불교를 신봉하여 호쇼지(法勝寺) 등의 사찰을 건립하였다.

182 원정(院政)

헤이안(平安) 말기 후지와라(藤原) 일가에 의한 정치가 쇠퇴하면서 무가(武家) 정치가 성립하기까지 과도기에 나타나기 시작한 정치형태로, 국왕이 자신의 자리를 양위하고 상왕이 되어 정치를 주도하는 것을 뜻한다. 상왕이 되면 원(院)의 칭호가 주어지는 것이 일반적이므로 원정(院政)이라고 칭하게 되었다. 시라카와텐노(白河天皇)가 1086년 호리카와텐노(堀河天皇)에게 양위하고 원청(院廳)을 열면서 정권을 잡았던 것에서 시작하였다.

183 홋쇼지(法勝寺)

헤이안(平安) 말기 왕실이 건립한 원찰인 로쿠쇼지(六勝寺)의 하나. 시라카와텐노(白河天皇)의 발원으로 1075년에 건립되어 1077년에 공양회를 행했다. 금당, 강당, 아미타당, 구중탑 등이 있으며 전각의 규모가 원래는 장대했다고 전해진다.

184 호리카와 텐노(堀河天皇)

[1079~1107, 재위 1087~1107] 시라카와텐노(白河天皇)의 차남. 아버지의 양위에 의해 8세에 즉위하였다. 아버지의 원정(院政) 하에서도 장원정지령(莊園停止令)을 내리고, 승도(僧徒)의 봉기를 제지하는 등 정치력을 보였다.

185 손쇼지(尊勝寺)

헤이안(平安) 시대 교토(京都) 히가시야마(東山)에 있던 로쿠쇼지(六勝寺)의 하나. 호리카와텐노(堀河天皇)의 발원으로 1102년에 공양회(供養會)를 행한 기록이 있다.

국도國都 장엄을 위한 불사, 이는 역시 국가진호國家鎮護 국토안태國土安泰를 위한 것이다. 불법佛法은 곧 왕법王法으로서 불교에 대한 존숭이 두터웠다고 하는 점은 나라奈良[33]의 불교를 재정리하기 위해 건설된 헤이안쿄平安京[43]에서도 그 도시 안에 동사東寺와 서사西寺를 조영하였고, 더욱 활발히 산지사찰을 경영했다는 점에서도 분명히 드러나지만, 어느 쪽이든지 기대하는 바는 국가진호였던 것이다. 그러나 외부 전래불교라는 점에서의 종교적 성찰은 아미타 신앙을 발전시켜 극락정토를 흔구欣求하는 결과를 낳고, 이러한 정토를 보다 가깝게 느끼기 위하여 사찰가람은 다수의 도시 안팎에 다시 조성되는 경향에 이르게 된 것이다.

이러한 조영의 초기 예로는 우다 텐노宇多天皇[177], 다이고 텐노醍醐天皇[178] 치세 시절의 닌나지仁和寺[179], 다이고지醍醐寺[180]를 들 수 있고, 후지와라藤原 일가[7]가 권력을 쥐었던 시기에는 그 권력을 이용하여 다수의 사찰이 영건되었으며, 그 대략은 이미 언급한 오오카가미大鏡[164]의 인용문에서도 확인할 수 있다. 시라카와 텐노白河天皇[181]가 양위를 한 후에도 계속 정사를 행했던 시기, 이른바 원정院政[182]을 행하던 시기에는 시라카와 텐노白河天皇[181]의 홋쇼지法勝寺[183], 호리카와 텐노堀河天皇[184]의 손쇼지尊勝寺[185], 도바 텐노鳥羽天皇[186]의 사이쇼지最勝寺[187], 도바 텐노鳥羽天皇[186]의 정비正妃 다이켄몽인待賢門院[188]의 엔쇼지圓勝寺[189], 스토쿠 텐노崇德天皇[190]의 죠쇼지成勝寺[191], 고노에 텐노近衛天皇[192]의 엔쇼지延勝寺[193] 등 이른바 로쿠쇼지六勝寺[194]가 오토鴨東[195], 오카자키岡崎[196] 등지에 연이어 건립되었다.

현재 모습은 겐쵸建長[197] 연간에 재건한 것이지만, 히가시야마東山[198]의 유명한 삼십삼간당三十三間堂(렌게오인蓮華王院[199] 본당)도 고시라카와 텐노後白河天皇[200]가 조영한 것으로 당시의 그러한 정세를 설명해 주는 좋은 예로 현재까지 남아 있는 것이다.

고려의 왕씨는 태조太祖가 개성에 도읍을 정하고, 궁궐을 건설함과 동시에 그 도성 내에 법왕法王, 자운慈雲, 왕륜王輪, 내제석內帝釋, 사나舍那, 천선天禪, 신흥新興, 문수文殊, 원통圓通, 지장地藏 등의 십사十寺를 조영했다고 전해진다. 이에 더하여 저택 하나를 광명사廣明寺로 전용하여 다시 짓고, 또 일월사日月寺를 궁궐 서북에 조영하였으며 그 이외에도 다수의 사찰들을 건설하였다. 태조의 이러한 불교에 대한 태도는 후대의 왕에게도 계승되어 제3대왕 정종定宗은 개국사開國寺를, 제4대왕 광종光宗은 대보은사大報恩寺, 불일사佛日寺, 숭선사崇善寺 등을 조영하여 계속하여 수많은 사찰을 건립하는데 힘썼고 그 후대 왕도 불교를 장려하여 매우 번성하였다.

헤이안쿄平安京[43]의 로쿠쇼지六勝寺[191]는 각각 천재나 내란을 겪으면서 소실되었는데 마찬가지로 개성의 사찰들도 모두 파괴되었다. 그렇게 헤이안쿄平安京[43]의 도읍 안팎에 있던 유서 깊은 사찰들이 그 자취를 감추게 되었지만, 도심에서 다소 떨어진 닌나지仁和寺[179]나 다이고지醍醐寺[177]와 같은 경우는 후세에 가람을 재정비하면서 당탑堂塔의 대부분을 원위치에 재건하였다. 그리하여 오늘날도 그런 엄연한 모습을 접할 수 있게 된 것이다. 또한 다이고지醍醐寺[180]는 소실되기 쉬운 재질인 목조 오중탑이 창건 당시 모습 그대로 남아있어, 당시의 건축 양식을 설명해주는 귀중한 자료로 활용되고 있음은 언급할 필요도

186 도바 텐노(鳥羽天皇)
[1103~1156, 재위1107~1123] 일본의 제74대 국왕. 호리카와 텐노(堀河天皇)의 장남. 탄생과 동시에 황태자가 되어 1107년에 즉위하여 1123년 스토쿠 텐노(崇德天皇)에게 양위하였다. 이후 3대 28년간 섭정을 실시하였다.

187 사이쇼지(最勝寺)
헤이안(平安) 시대 교토(京都) 히가시야마(東山)에 있던 로쿠쇼지(六勝寺)의 하나. 도바텐노(鳥羽天皇)의 발원으로 1118년에 공양회(供養會)를 행한 기록이 있다.

188 다이켄몽인(待賢門院)
[1101~1145] 도바 텐노(鳥羽天皇)의 황후. 스토쿠 텐노(崇德天皇)과 고시라카와 텐노(後白河天皇)의 생모. 원래 이름은 후지와라 노 쇼시(藤原 璋子).

189 엔쇼지(圓勝寺)
헤이안(平安) 말기 왕실이 건립한 원찰인 로쿠쇼지(六勝寺)의 하나. 도바 텐노(鳥羽天皇)의 황후 다이켄몬인(待賢門院)의 발원으로 건립되어 1128년에 공양회를 행했다.

190 스토쿠 텐노(崇德天皇)
[1119~1164, 재위 1123~1141] 일본 제75대 국왕. 도바텐노(鳥羽天皇)의 장남. 모친은 후지와라 노 쇼시(藤原 璋子). 실제로는 도바 텐노(鳥羽天皇)의 조부(祖父) 시라카와인(白河院)과 후지와라 노 쇼시(藤原 璋子) 사이에서 태어난 자식이라고 전해진다. 1123년 시라카와인(白河院)의 뜻에 의해 도바 텐노(鳥羽天皇)의 양위를 통해 즉위하였지만, 시라카와인(白河院) 사후 상왕으로 물러난 도바 텐노(鳥羽天皇)가 원정(院政)에 들어가면서 양자 간의 대립이 생겼다. 1141년 배다른 동생인 고노에 텐노(近衛天皇)에게 양위하였고, 1155년 고노에 텐노(近衛天皇)가 17세로 죽자, 후지와라 노 쇼시(藤原 璋子)의 다른 자식인 고시라카와 텐노(後白河天皇)가 즉위하였다.

없을 것이다. 더욱이 이 절은 산상山上과 산하山下 두 개의 가람으로 나뉘어 있고, 앞에서 설명한 오중탑을 포함하여 산하가람은 평지가람으로서 나라奈良 시대[33] 이래의 정연한 배치형식을 담고 있다. 기본적으로 남향이며, 남쪽부터 남대문(소실), 중문(소실), 금당(재건), 강당(건물터) 순으로 일직선 위에 위치한다. 중문과 강당을 연결하는 회랑이 있으며, 중문과 남대문 사이에 동쪽으로 치우쳐 오중탑(창건 당시)이 있다. 그 외에 오중탑에 대칭하여 서쪽에는 세이류곤겐清瀧權現[201]의 사당이 있고, 이와 떨어진 위치에 서대문(재건)이 있다. 또 산상가람은 심산深山에 경영된 사찰건축의 대표적인 예이다. 헤이안平安 시대[17] 후기에 속하는 건물로는 약사당藥師堂이 있고, 그밖에 최근 화재 전까지만 해도 각 시대를 섭렵하는 각기 특색 있는 건축이 남아 있었다. 건축사에서 유물들을 간직하고 있던 실로 드문 예라고 할 수 있는 곳이다. 게다가 헤이안쿄平安京[43] 내 도지東寺[202]는 여전히 전등傳燈을 유지하고 있으며, 건물로는 헤이안平安[17] 가마쿠라鎌倉 시대[18]까지 연대가 상당히 올라가는 건물을 다수 보유하고 있다.

이에 반해 개성의 사찰건축은 어떠한가? 아직 충분한 조사가 이루어지지 않은 감은 있지만, 다음 장에서 대략 개괄해 보고자 한다.

(3) 개성의 사찰유적

개성의 유적으로서 가장 잘 알려져 있는 것은 만월대滿月臺라는 궁궐 유적이다. 이도 충분한 조사가 되어 있지 않은 까닭에 분명하지 않은 점도 많지만 중심부는 비교적

191 죠쇼지(成勝寺)
헤이안(平安) 말기 왕실이 건립한 원찰인 로쿠쇼지(六勝寺)의 하나. 스토쿠 텐노(崇德天皇의 발원으로 건립되어 1139년에 공양회를 행했다.

192 고노에 텐노(近衛天皇)
[1139~1155, 재위1141~1155] 일본 제76대 국왕. 도바 텐노(鳥羽天皇)의 9남. 3세에 즉위하여 재위 기간 동안 도바 텐노(鳥羽天皇)가 원정(院政)을 실시하였다. 17세에 사망하였는데, 죽은 원인과 관련하여 후지와라(藤原) 일가와 스토쿠 텐노(崇德天皇)가 저주했기 때문이라는 소문이 퍼졌다.

193 엔쇼지(延勝寺)
헤이안(平安) 말기 왕실이 건립한 원찰인 로쿠쇼지(六勝寺)의 하나. 고노에 텐노(近衛天皇)의 발원으로 건립되어 1149년에 공양회를 행했다.

194 로쿠쇼지(六勝寺)
헤이안(平安) 시대 말기 교토(京都) 히가시야마(東山) 주변에 있었던 6개 왕족 원찰의 총칭. 홋쇼지(法勝寺), 손쇼지(尊勝寺), 사이쇼지(最勝寺), 엔쇼지(圓勝寺), 죠쇼지(成勝寺), 엔쇼지(延勝寺), 죠쇼지(成勝寺), 엔쇼지(延勝寺)를 말한다. 닌나지(仁和寺) 아래 소속되어 각 사찰에 별당 또는 집사를 두었다. 모두 광대하고 화려하게 조영되었는데, 오닌(應仁)의 난 등으로 파괴되면서 단절되었다.

195 오토(鴨東)
교토(京都) 동쪽의 지명

196 오카자키(岡崎)
교토(京都) 동남부 지역으로, 헤이안(平安) 말기 로쿠쇼지(六勝寺) 및 상왕(上王)의 인고쇼(院御所)가 위치하던 지역이다.

197 겐쵸(建長)
[1249~1256] 일본의 연호. 가마쿠라(鎌倉) 시대에 해당. 고후카쿠사 텐노(後深草天皇) 대의 연호.

잘 남겨져 있어 그 유적으로부터 건물이 늘어서 있던 형태를 살펴볼 수 있다.

그 밖의 유적으로서는 현화사지玄化寺址, 영통사지靈通寺址가 예전부터 알려져 있다. 특히 현화사지에 현재도 서 있는 칠층석탑은 각 층에 발군의 불상을 조각한 것으로, 그 형태는 백제식이라고 불리는 부여 평제탑 형식을 계승하였고, 신라식을 절충하여 고려의 독특한 양식을 보여주고 있는 것으로 국풍을 발휘한 대표적인 작례라 할 수 있다.

고려시대에 속하는 사찰건축에 있어서도 그 탑파가 석조만 있었다고 보기 어렵고 목조 탑파도 건립되었다. 개성의 동남쪽에 있는 성문 보정문保定門 밖에 조영된 개국사開國寺는 현재 도로 때문에 중문 유적이 철거되어 명확하지 않지만, 탑지와 금당지의 위치가 명확히 드러난다. 이들 당탑은 기단을 높게 형성하였다. 그 기단은 무너졌지만 주위의 논으로 변한 저지대와 비교하여 높은 단의 밭이어서 확연히 눈에 띄고, 기와조각이 산재해 있어서 추정하기 어렵지 않다. 그리고 그 탑지는 크기로 보건데 목탑이라고 보는 것이 적절하다. 또 이 경우는 금당 앞에 1기의 탑만을 조영한 형식에 속하는 것이다. 쌍탑雙塔의 목탑이 조영된 예는 흥왕사興王寺에서 볼 수 있다. 이 절이 성대했다고 하는 것은 고려사高麗史 등에서 잘 드러나 있고 이 절의 유적도 최근까지 초석이 정연하게 배치되어 있었지만 안타깝게도 생각 없는 마을 사람들에 의해 파괴되고 말았다. 그러나 가람 전체 규모는 명백히 드러나 있으므로 확인할 수 있고, 규모를 보면 경주에 남아있는 사찰들의 유적에 비교하여 결코 작지 않으므로, 탑 2기가 건립되어 있었음을 그 유적에서 확인할 수 있다. 현재 이

198 히가시야마(東山)
교토(京都) 동쪽 지역의 구릉성 산지지역. 이 산기슭에 긴가쿠(銀閣), 지온인(知恩院) 등이 있어, 무로마치(室町) 중기 선종(禪宗)의 영향을 받아서 융성했던 히가시야마(東山) 문화의 근거지이기도 하다. 히가시야마(東山) 문화는 공가(公家)와 무가(武家)의 문화를 융합하여 새로운 예술문화를 이루어낸 것으로 교토(京都)를 시작으로 각 지방으로 전파되었다.

199 렌게오인(蓮華王院)
교토시(京都市) 히가시야마구(東山區)에 있던 사찰로 그 본당(本堂)이 남아있다. 본당(本堂)의 정면 칸수가 33칸인 것에서 삼십삼간당(三十三間堂)으로 알려져 있다.

200 고시라카와 텐노(後白河天皇)
[1127~1192, 재위 1155~1158] 일본 제77대 국왕. 도바 텐노(鳥羽天皇)의 4남. 호겐의 난이 일어났다. 즉위할 때 수토쿠 텐노(崇德上皇)와 대립하여 호겐(保元)의 난이 일어났다. 니죠 텐노(二條天皇)에게 양위한 이후, 5대에 걸쳐서 섭정을 실시하여 다이라(平) 정권에서 가마쿠라(鎌倉) 정권에 이르는 변혁기에 국왕 지위를 존속시킬 수 있도록 노력하였다. 1169년에 출가하여 법황(法皇)이 되었고 이후에는 사찰과 불상을 조영하는데 힘을 경주하였다.

201 세이류곤겐(淸瀧權現)
교토(京都) 후시미(伏見) 지역에 있는 진언종(眞言宗)의 총본산인 다이고지(醍醐寺) 수호여신이다. 세이류다이곤겐(淸瀧大權現)이라고도 불린다.

202 도지(東寺)
교오고코쿠지(敎王護國寺)의 별칭.

유적에서 분명히 확인할 수 있는 것은 주요 당우로서 조영된 하나의 가람 좌우에 대략 비슷한 규모의 부속 사찰이 인접하여 형성되었다는 점이다. 이 점은 장단군 진서면에 있던 불일사지佛日寺址에서도 확인된다. 불일사지의 주요 가람을 형성하는 구역 내 중앙에는 지금도 오층석탑이 있고, 그 전면에 중문, 후면에는 금당, 강당이라고 추정되는 건축지가 보인다. 중문 측방에 위치한 강당에 이르는 회랑지도 있고 남회랑 각 모서리에 누각이 있어서 불국사 배치와 유사하지만, 이와 별도로 회랑 안쪽에는 탑파 전면 좌우에 해당하는 위치에 건물이 있었다고 추정되는 초석이 늘어서 있는 것을 볼 수 있어 이 형식은 따로 유례를 찾아보기 어려운 독특한 형태이다. 그렇다고 하여도 표면 관찰을 통한 것으로 발굴조사를 행하지는 않았기 때문에 정확하다고는 보기 어렵다. 이 주요 가람 주변으로 동서좌우에 각각 영역이 회랑으로 둘러싸여 있고, 특히 서원 전방에는 계단戒壇이 있고 판축담으로 둘러싸였던 흔적을 볼 수 있다. 더욱이 이 사찰을 중심으로 부근 계곡마다 말사末寺를 조영했던 흔적이 있다. 이는 히에이잔比叡山[152] 엔랴쿠지延暦寺[153]나 고야산高野山[203] 곤고부지金剛峯寺[204]가 하나의 가람이 아닌 곳곳에 사찰을 조영했던 것과 공통된 부분이라고 할 수 있다.

203 고야산(高野山)
와카야마(和歌山) 동북쪽에 있는 산지 일대. 표고 1,000m 전후의 산봉우리들로 둘러싸여 동서 약6km, 남북 약3km에 이르며, 표고 800m 전후에서 평탄면이 넓게 펼쳐져 있다. 816년 구카이(空海)가 밀교 수행을 위한 도장으로 곤고부지(金剛峯寺)를 창건하였다. 각시대 권력자의 비호를 받으며, 에도시대에 전성기를 누리고, 그 일대는 종교도시로 발전하였다. 2004년 「紀伊山地の靈場と参詣道」로써 세계유산으로 등록되었다.

204 곤고부지(金剛峯寺)
와카야마(和歌山)현 고야(高野)정에 있는 고야산(高野山) 진언종(眞言宗)의 총 본산. 816년에 구카이(空海)가 진언밀교(眞言密敎)의 도장(道場)으로서 창건하여, 헤이안(平安) 시대 이후 전국으로 확산되었지만, 토요토미 히데요시(豊臣 秀吉)에 의해 22,000석으로 축소되었다.

(4) 뵤도인平等院[173] 봉황당鳳凰堂과 쥬손지中尊寺[205] 금색당金色堂

이렇듯 개성開城 및 그 부근의 유적이 나타내는 사찰 건축 특히 목조에 있어서 기단을 높게 석조로 쌓아 올리고, 주초석은 통일신라시대보다 한 층 복잡하게 조각한 것을 사용했다는 점은 분명히 확인되지만, 유물을 확인할 수 없는 현재로서는 그 이상 밝혀내기 어렵다는 것이 유감이다.

유물의 유무有無라는 점에서 일본의 경우를 살펴보면 헤이안平安 시대[17] 후기의 것으로서 후지와라 노 미치나가藤原 道長[161]가 조성한 호죠지法成寺[162]와 같은 건축물은 흔적도 없는 상황이지만, 전술했던 다이고지醍醐寺[180] 오중탑五重塔을 비롯하여 다이고지醍醐寺[180], 야쿠시지藥師寺[125], 호류지法隆寺[54] 강당講堂과 종루鐘樓 등 그밖에 수많은 예가 있고, 특히 아미타阿彌陀 신앙이 번성한 이후 아미타당이 대거 건설되며 다수의 우수한 예를 열거할 수 있다. 그러한 건축물들 중에서도 특히 주목해야만 할 것으로 후지와라 노 요리미치藤原 賴通[206]가 조영한 뵤도인平等院[173] 봉황당鳳凰堂과 무츠 후지와라陸奧 藤原[207] 일가 삼대三代의 위폐를 봉안하는 지불당持佛堂[208] 또는 그 묘소에 해당하는 쥬손지中尊寺[205] 금색당金色堂이 있다.

우지宇治의 뵤도인平等院[173] 봉황당鳳凰堂은 현세에 극락정토를 구현하기 위해 건설했다고 보는 것이 타당하다. 극락정토 변상도變相圖를 그대로 현실의 건축으로 표현해 냈다고 보는 것으로, 그 형태는 당시 사용된 건축 구조와 형식을 총망라하여 응용하고 조영해 냈다고 하여도 과언이 아니다. 중앙에 모코시裳階[209]가 붙어 있는 팔작지붕으로 구성된 중당中堂을 두고, 좌우에 전방으로 꺾이는 고상식高床式 익랑을 연결하였으며, 꺾인 익랑의 선단은 맞배지붕으로 마감하였다. 또 꺾이는 부분에는 지붕위로 보형寶形의 누각을 올려 다양한 변화를 추구한 건축이다. 그리고 중당 내부에는 실내를 꽉 채우는 커다란 아미타상을 안치하고 부속 보살상으로는 벽 상부에 악기를 연주하

205 쥬손지(中尊寺)
이와테(岩手) 니시이와이(西磐井)에 있는 천태종(天台宗) 도호쿠(東北) 총본산. 엔닌(圓仁)이 850년에 개창하여 859년 세이와 텐노(淸和天皇)로부터 쥬손지(中尊寺)라는 칭호를 하사받았다. 1105년 후지와라 노 기요히라(藤原 淸衡)가 호리카와 텐노(堀河天皇)의 칙명으로 재건하였다. 1337년 화재로 금색당(金色堂)과 경장(經藏)을 제외하고 40여 당우가 소실되었다. 1124년에 완성된 금색당(金色堂)은 국보로 지정되어 있으며, 세계문화유산으로도 등록되어 있다.

206 후지와라 노 요리미치(藤原 賴通)
[992~1074] 헤이안(平安) 중기의 조정대신. 미치나가(道長)의 장남. 1017년 아버지에게서 섭정(攝政)을 물려받았다. 1052년 우지(宇治)의 별장을 뵤도인(平等院)으로 고쳤으며, 1068년에는 관백(關白)을 동생 노리미치(敎通)에게 물려주고 우지(宇治)에 은거하였다.

207 무츠 후지와라(陸奧 藤原) 일가
일반적으로는 오슈 후지와라(奧州 藤原)라고 불린다. 헤이안(平安) 시대 말기에 번성했던 도호쿠(東北) 지방의 호족이다. 기요히라(淸衡), 모토히라(基衡), 히데히라(秀衡), 야스히라(泰衡)로 이어지는 4대에 걸쳐 번성하였다. 1189년 미나모토 노 요리토모(源 賴朝)에 패하며 멸문하였다.

208 지불당(持佛堂)
염지불(念持佛)과 같이 개인적이면서도 일상적으로 늘 모시는 불상을 안치하는 건물

209 모코시(裳階)
처마 높이가 높은 사찰건축에서 처마 아래에 덧붙여서 달아 낸 처마. 호류지(法隆寺)에서 보이는 모코시(裳階)는 후세에 덧붙여진 것이지만, 일반적으로는 처음부터 계획되어 시공된다. 야쿠시지(藥師寺) 삼중탑(三重塔)은 각 층에 모코시(裳階)가 설치된 독특한 형태를 보이고 있다.

는 천인상天人像이 다수 걸려 있을 뿐이고, 실내 장엄을 위해 화려한 목조 채색 장식과 함께 섬세한 불화로 장식한 문이 있다. 게다가 수미단에는 나전으로 조각하여 부처의 전당으로서 실로 부족함이 없도록 하였다. 이는 후지와라藤原 일가7의 세력이 있었기에 이룰 수 있었던 과업이라고 볼 수 있다.

쥬손지中尊寺205 금색당金色堂은 그 이름에서 알 수 있는 것처럼, 외면을 금박과 옻칠로 장식한 것이다. 이는 후에 아시카가 요시미츠足利 義滿210가 조영한 긴카쿠金閣211 삼층에서 보이는 예 등, 후세에 전파되어 그 규범이 되었던 것으로, 당시로서는 쉽게 접하기 어려운 방식을 취한 것이다. 더욱이 그 내부 목조부를 전부 나전으로 꾸몄으며, 이는 봉황당鳳凰堂에서 수미단에서만 사용하였던 형식이 확장된 것이라고 생각해 볼 수 있다.

현재 봉황당鳳凰堂 중당에서도 남아 있어 확인되는 것으로, 기단은 석조로 이루어졌는데 일부분 그 단을 그대로 바닥으로 사용하는 것에 구애받지 않고, 모코시裳階209 및 내부에는 판마루를 깐 것을 볼 수 있다. 이는 어느 정도 국풍화國風化된 것으로 보이는 점이며, 또 부처를 안치하는 단의 구조는 석조로 하고, 그 석조위에 목조 수미단須彌壇을 앉힌 구성도 기단과 마찬가지로 석조위에 목조를 둔 것이다. 일본의 건축 사정상 목재를 사용하는 편이 유리하다는 것에 착안한 것으로 보이며, 점차 다른 부분에도 영향을 미치게 되어 가는 하나의 계로를 보여주고 있는 것으로 이해된다. 국풍화國風化 정착과정에서 초출初出의 형세를 명확히 이해할 수 있다.

또한 세부적인 것이지만 한반도의 목조건축이나 대륙의 목조건축에도 전혀 보이지 않는 지붕 처마에 우라고裏

210 아시카가 요시미츠(足利義滿)
[1358~1408] 무로마치(室町) 막부 3대 쇼군(將軍). 2대 쇼군(將軍) 아시카가 요시아키라(足利 義詮)의 장남. 10세에 쇼군(將軍)으로 취임하여, 호소카와 요리유키(細川 賴之)의 보좌를 받아 정세를 운영하였다. 친정 이후에는 남북으로 분열되어 있던 상황을 종식시켜 통일하고, 명(明)과의 국교를 회복하는 등, 막부 권위를 확립하였다. 출가 이후에는 교토(京都) 북산(北山)에 긴카쿠(金閣)을 건설하여, 이른바 북산문화(北山文化)를 일으켰다.

211 긴카쿠(金閣)
교토(京都) 북쪽에 위치한 사찰인 로쿠온지(鹿苑寺) 안의 건물로, 긴카쿠(金閣)가 유명하여 긴카쿠지(金閣寺)라고도 불린다. 사이온지킨츠네(西園寺公經)와 아시카가 요시미츠(足利義滿)가 경영하였던 산장을, 요시미츠(義滿) 사후에 그 유지에 따라 무소소세키(夢窓疎石)를 권청개산(勸請開山)하여 창건한 사찰이 로쿠온지(鹿苑寺)다. 전란에 의해 대부분의 건물이 소실되고, 긴카쿠(金閣)와 부동당(不動堂) 만이 남아 있었는데, 1950년 긴카쿠(金閣)가 불에 타서 1955년에 재건되었다. 3층 누각으로 3층은 안팎으로 모두 금박을 입혀서 긴카쿠(金閣)라는 명칭을 얻게 되었다.

212 우라고(裏甲)
가야오이(茅負い) 위에 놓이는 치장재. [그림1]

甲[212]라고 하는 부재가 일본건축에서 나타나기 시작한 것도 이즈음일 것이라는 점을 보여주는 분명한 예가 봉황당鳳凰堂이다.

국풍화國風化에서 보이는 두드러진 특징으로 꼽을 수 있는 석조 기단의 탈락, 그리고 측면 엔가와緣側[22]가 덧붙여지는 변화 등은 동일한 헤이안平安 시대[17]의 유물인 호류지法隆寺[54] 강당과 죠루리지淨瑠璃寺[213] 본당本堂을 비교해 보면 실로 명료해진다. 호류지法隆寺[54] 금당은 종래의 습관 －특히 아스카飛鳥[102], 나라奈良[33]의 가람 건축에 적용되는－ 에 따라서 석조기단과 가와라지키瓦敷[176] 바닥을 갖는데 반하여 죠루리지淨瑠璃寺[213] 본당에서는 내부에 모두 판자를 깔았고, 주변에 엔을 설치했다는 점은 완전한 국풍화國風化의 결과로 여겨진다. 조선의 목조건축이 후세의 유물만으로 판단하기에는 명료하지 않은 부분도 있지만, 내부 마루에 나무판자를 까는 방식을 채용한 것이 조선시대에 들어서부터라는 점은 성불사成佛寺 응진전應眞殿 등을 통해 알려져 있고, 그 외부는 종래대로 석조기단으로 하였고 전돌을 까는 형식은 무로우지室生寺[157] 금당, 뵤도인平等院[173] 봉황당 중당 정도 수준에서 그치고 있다고 볼 수 있다. 그리고 이는 일본에서 엔가와緣側[22]를 갖는 형식으로 불당 건축이 발전해 가는 양상과 대륙의 석조 기단과 전돌 바닥 양식으로 나아가는 양상의 중간인 과도기적 형식이라고 양자의 차이를 분별해 볼 수 있다. 더욱이 기후 상의 관계에서 연유한 것이지만, 조선 건축에서는 우라고裏甲[212]와 같은 요소가 생겨나지 않았던 점－처마 암막새 기와의 당면當面을 길게 늘어뜨려 서까래를 덮어서 충해를 막고자 한 것은 대륙의 흐름을 본 딴 것이다－에서 보아도, 일본의 건축은 끊임없이 시대의 요

213 죠루리지(淨瑠璃寺)
교토(京都) 기즈가와(木津川)에 있는 진언율종(眞言律宗)의 사찰. 1047년에 본당이 건립되고, 1157년에 이건되었다. 9기의 아미타불이 안치된 본당과 헤이안(平安) 후기에 건립된 삼중탑은 국보로 지정되어 있고, 그밖에도 다수의 국보를 소장하고 있다.

구에 대응하여 변화를 추구하는 적응력을 갖추고 있었음을 이러한 특성에서 보면 납득 못할 이유가 없다.

(5) 조선 최고最古의 목조 건축

불교와 함께 대륙의 건축이 유입되었다는 점에 주목하여, 우선 첫째로 아스카飛鳥 시대[102]의 호류지法隆寺[54], 다음으로 도다이지東大寺[58]와 기타 건축을 살펴 본 것이다. 이렇게 일본에는 당시의 목조건축이 지금에 이르기까지 남아 있는데 비해 조선에는 삼국시대와 통일신라시대 모두 사찰건축의 유지는 다수 남아 있는 것으로 알려져 있지만, 목조 건축은 하나도 남아 있지 않아서 비교하기 어렵고 일방적으로 일본 건축을 중심으로 한 서술을 펼쳤을 뿐이다. 이들 건축이 헤이안平安 시대[17]에는 대륙과의 교통이 공식적으로는 단절되었으므로, 그 형식에 있어 일단 일본의 풍토에 맞게 기술을 첨가하고 그 기법을 일본 풍토에 적응시킨 후, 이를 점차 변화시켜 가는 양상을 보인다. 조선에서는 목조 건축 유물이 남아 있지 않으므로 명료성은 결여되지만, 역시 마찬가지로 적응해 가는 경향이 있었다는 점은 석조건축을 통해 고찰해 볼 수 있다.

한편, 목조건축에서 고대의 사례가 남아 있지 않은 조선도 고려시대 말기에 이르면 건립연대가 명백한 유물이 몇몇 존재한다. 그 중 하나로서 부석사浮石寺 무량수전無量壽殿이 있다. 부석사 무량수전은 다이쇼大正[214] 연간에 보수를 행하였는데, 그 당시 건물을 해체하여 묵서명墨書銘을 발견했다. 공민왕7년(1358년)에 왜구에 의해 불탄 것을 우왕2년(1376년)에 재건하였다고 하는 내용이 있었다고 하는데, 같은 사찰 내 위치한 조사당祖師堂도 동일

214 다이쇼(大正)
[1912~1926] 다이쇼 텐노(大正天皇)의 연호

한 시기에 발견된 묵서명에 의하면 우왕3년(1377년)의 것으로 보이므로 거의 동시대라고 추정된다. 그러나 구조 형식에 있어서는 상당한 차이가 있어서, 무량수전은 그 묵서명보다 한 층 오래된 수법이 적용된 건물로 생각하고 있는 것이다.

또 이 무량수전이 얼마나 오래된 것인지 기준으로 활용할 수 있는 건물이 수덕사修德寺 대웅전大雄殿인데, 수덕사 대웅전은 수리를 통해 그 연대가 지대至大[215]원년(1308년)이라고 명확하게 밝혀졌다. 이 건물과 구조 형식을 비교해 보면 부석사 무량수전은 한층 오래된 형식을 가지고 있으므로, 수덕사 대웅전보다도 한층 오래된 것이라는 점만은 분명하다 할 것이다.

215 지대(至大)
[1308~1311] 중국 원대(元代) 무종(武宗)의 연호

이렇게 구조 형식만으로 건축의 연대를 비정하고자 한다면 부석사 무량수전보다도 더 오래된 건물로 추정되는 것이 봉정사 극락전이다. 또 구조 형식의 비교라고 하였는데 도대체 어떤 구조 형식을 지니고 있다는 것인가? 가장 특징적인 점을 열거해 본다면 천정 가구와 처마 공포에 있다. 여기서 천정가구라고 하고 있지만, 천정이 별도로 설치되어 있었던 것은 아니고, 건축물의 지붕을 구성하는 부분을 의미한다. 비를 피하기 위해 건물을 덮고 있는 목재를 이어 짜서 구배를 만든 부분이 그대로 드러나서 천정을 이루고 있는 것이다. 이 지붕 가구는 아래에서 위를 바라보는 일이 없다면 사용하는 목재도 조잡한 것으로 조립하면 그만이지만, 아래에서 보이는 것이라면 아무래도 정성스레 다듬지 않으면 안 되고, 이를 짜는 기법도 가능한 한 훌륭한 방법으로 해야 한다. 예배를 위한 불당이라면 더더욱 그러하다. 그러한 의미에서 두 건물은 천정 구조에 있어 상당한 공을 들여 정성스레 만든 것이다.

이러한 특징은 이 건물에서 최초로 시행된 것이 아니고, 전대부터 이어져 내려온 것이며, 후대에도 전해져 내려간다. 전대에서 이어져 온 것이라고 추정되지만, 조선에는 그러한 예를 보여주는 유물이 남아 있지 않지만, 일본에는 나라奈良 시대[33]에 전해진 동일한 기법을 보여주는 사례가 있으므로 밝혀 두고자 함이다.

이 천정 가구 형식의 요점은 전후에 기둥을 세우며 기둥 위에는 공포를 얹어서 대들보를 양단에서 지지하고, 그 위에 도리를 지지하기 위해 구름형태의 조형 -형상이 복잡하고 그 형태가 두꺼비가 양발을 뻗고 있는 것과 유사하여 가에루마타蟇股[91]라고도 하고, 조선에서는 후대에 이르러 연화당초문을 조각한 것이 많기 때문에 화반花盤이라고 칭하고 있다- 을 두는 형식을 공통적으로 가지고 있다. 그 중 간소한 형식으로는 가이류오지海龍王寺[148] 서금당, 호류지法隆寺[54] 경루 등에서 나라奈良 시대[33] 기법이 그대로 남아 있지만, 그 형식이 전승되어 뵤도인平等院[173] 봉황당 익랑에 이르렀고, 더 후대의 것으로는 렌게오인蓮華王院[199] 본당三十三間堂에서 확인할 수 있다. 이들 일본의 예를 바탕으로 조선의 고건축 상부가구를 살펴보면, 지극히 발달된 형식이며 또한 복잡한 기법으로 형성되어 있고 특히 그 복잡함에 대해서는 봉정사 극락전과 부석사 무량수전에서 두드러진다. 홍량을 이중으로 설치하면서도 크기에는 차이를 두는 등 동일한 수법을 반복하는데 그치지 않고, 간소하면서 동일한 기본 형식이지만 홍량, 화반과 함께 첨차와 대공 등이 가미되어 한층 복잡함을 더하고 있으며, 이 첨차 또는 대공의 사용이라는 점에서 보면 지대至大[215]원년으로 명확한 연대를 갖는 수덕사 대웅전이 형식화가 이루어진 점에 비하여 방금 언급한 두 건물은 더 고식의 수법이라고 짚어볼 수 있는 것이다.

또한 공포에 있어서는 형식화가 이루어지지 않았다는 점도 마찬가지로 수덕사 대웅전과 비교해 보면 현저히 두드러진다. 봉정사 극락전이 주두 위에 2출목의 공포를 짜 올린 점, 기둥 위치 이외의 곳에는 공포를 올리지 않는 주심포 수법이라는 점은 부석사 무량수전과 동일하지만, 첨차의 형태와 하단부 곡선에 다소 차이가 있고 또 주두에도 굽받침이 있는 부석사 무량수전에 비하여 굽받침은 보이지 않는 봉정사 극락전은 일본의 나라奈良 시대[33], 헤이안平安 시대[17]의 것과도 유사한 듯 다르며, 한편 수덕사 대웅전의 것과는 큰 차이를 갖는다.

이러한 점에서 조선 최고最古 목조건축의 형식은 일견 일본의 것과는 상이한 점이 많은 듯하지만, 그 구조 형식의 기본에 있어서 일본의 나라奈良 시대[33], 헤이안平安 시대[17]의 계통을 전승하는 형식과 상통하는 부분이 있음을 인정해야만 한다. 그리고 보다 유사한 것으로는 가마쿠라鎌倉 시대[18] 도다이지東大寺[58] 재건 시에 사용되었던 당시 대륙에서 새롭게 유입된 구조형식의 하나인 소위 덴지쿠요天竺様[216] 양식이다. 상부 가구의 형식이나 공포의 형식에 있어서도 일본의 나라奈良[33], 헤이안平安 시대[17]에 발달한 기법양식 −대별하여 와요和様[217]라 불린다− 보다 덴지쿠요天竺様[216]와 훨씬 닮아 있음을 확인할 수 있다.

(6) 무가의 발흥과 몽고의 침략

고려의 왕실은 불교를 신봉하여 다수의 사찰을 건립하였다. 반면 정치에는 힘을 쏟지 못하여 정치 운영에 있어서는 문신 이자겸李資謙의 전횡이 생겨나고, 문신이 집권

216 덴지쿠요(天竺様)
가마쿠라(鎌倉) 초기에 도입된 송의 건축양식. 와요(和様), 젠슈요(禪宗様)와 더불어 일본 목조건축 3대 양식중 하나이다. 합리적인 구조와 부재의 규격화 등의 특징을 가지며, 중국 천두식(穿斗式) 구법의 영향을 많이 받았을 것으로 추정된다. 도다이지(東大寺) 대불전을 건설하기 위해 승려 쵸겐(重源)이 도입하였다. 이후 쵸겐(重源)이 관여하여 건설한 몇몇 사찰의 당우에서만 덴지쿠요(天竺様)를 볼 수 있으므로, 당대에만 사용되었던 양식이라고 할 수 있다. 그러나 몇몇 요소는 젠슈요(禪宗様)와 와요(和様)에 영향을 미쳐서 목조구법의 변화와 흐름에 있어 중요한 역할을 하였다. 오늘날은 공식적으로 다이부츠요(大佛様)라고 칭한다.

217 와요(和様)
가마쿠라(鎌倉) 시대에 새롭게 들어온 양식인 다이부츠요(大佛様)와 젠슈요(禪宗様)과 구분하기 위해서 원래 일본에 있던 양식을 의미한다. 불교와 함께 한반도에서 전래된 이후 일본에서 정착한 양식이다. 현존하는 건물로는 뵤도인(平等院) 봉황당(鳳凰堂)이 대표적이다.

218 사이고쿠(西國)
기나이(畿內)를 기준으로 서쪽 지역을 이르는 말로, 도고쿠(東國)과 반대되는 개념이다. 일반적으로 쥬고쿠(中國), 규슈(九州), 시코쿠(四國) 지역을 일컫는 것이라고 볼 수 있지만 긴키(近畿) 지역 및 일부 간사이(關西) 지역을 포함하여 일컫는 경우도 있다.

219 도고쿠(東國)
기나이(畿內) 지역에서 보았을 때 동쪽 지역을 뜻하는 것으로, 지리적으로 간토(關東) 지역과 거의 일치한다.

하여 도성에서 영화를 누렸다. 그 영화가 가속화되면서 지방은 피폐해졌다. 이는 헤이안平安[17] 조정에서 후지와라藤原 일가[7]의 권세가 만월滿月에 달하자, 사이고쿠西國[218]나 도고쿠東國[219]에서 도읍 안의 지위를 얻지 못한 사람들이 난을 일으켰던 것과 궤를 같이하는 것으로, 이에 더하여 고려 왕조는 외침도 여러 차례 반복적으로 일어났다. 이들을 진압하기 위해 자연스레 무사의 힘에 의지하게 되었고, 헤이안平安[17] 조정에서 이후 다이라平 일가[8]가 세력을 잡게 된 경위이다. 다이라平 일가[8]는 후지와라藤原 일가[7]의 전철을 밟고 다시 미나모토源 일가[47]에 무너지게 되었다. 그 선봉인 미나모토 노 요리토모源 賴朝[220]가 정이대장군征夷大將軍에 임명되면서 무신으로서 문신인 후지와라藤原 일가[7]를 대신하여 정권을 잡게 되었고, 그 기세로 가마쿠라鎌倉[18]에 막부를 열었던 것이다. 이도 얼마 지나지 않아 싯켄執權[221] 직책을 도맡았던 호죠北條 일가[9]가 실질적인 권력을 장악하게 된다. 한편 고려에서는 무신인 최씨가 문신인 이씨 가문을 무너뜨렸고, 다시 유씨 가문에 무너지게 되었으며, 이와 별도로 대륙에서 온 압도적 세력의 남하라는 운명에 조우하게 되는 변천을 거듭하였다. 대륙에서 온 세력이 바로 몽고이다.

이 몽고의 침략은 육지가 연결되어 있는 한반도, 그리고 바다를 사이에 두고 있는 열도, 이 두 국가가 갖는 지리적인 차이로 인해 다른 양상으로 전개된다. 한반도는 오랫동안 몽고의 권력에 굴복하게 되었고, 그 권력에 힘입어 왕실은 권위를 되찾고 무신 정권도 막을 내린 것처럼 보였지만, 원이 멸망하면서 지지력을 상실하였고 고려 왕실도 와해되었다. 일본의 경우 몽고가 침략했을 당시 우연히 분 태풍으로 겨우 격침시켜 물러나게 했지만, 무

220 미나모토 노 요리토모(源 賴朝)
[1147~1199] 가마쿠라(鎌倉) 막부의 초대 쇼군(將軍). 미나모토 노 요시토모(源 義朝)의 3남. 헤이지(平治)의 난 이후 이즈(伊豆)에 유배되었다. 1180년 모치히나오(以仁王)가 다이라(平) 일가 토벌의 지령을 내리자 이에 응하여 거병하였다. 이시바시야마(石橋山) 전투에서 패해 아와(安房)로 도망했지만, 간토(關東) 지역 무사들의 원조를 받아 간토(關東) 전체를 장악하면서 가마쿠라(鎌倉)에 들어가 근거지로 삼았다. 그 해 다이라 노 고레모리(平 維盛) 토벌군을 후지가와(富士川)에서 격파하였다. 1183년 간토(關東) 전체 지배를 승인받고, 바로 동생인 노리요리(範賴)와 요시츠네(義經)를 간사이(關西)로 보내 1185년에 다이라(平) 일가를 전멸시키고 전국을 평정하였다. 이후 요시츠네(義經) 토벌을 구실로 일본 전역에 슈고(守護)와 지가시라(地頭)를 설치하여 무가 정치의 기반을 확립하였다. 1192년 세이이타이쇼군(征夷大將軍)에 임명되었다.

221 싯켄(執權)
가마쿠라(鎌倉) 막부의 직책명. 쇼군(將軍)의 후견인 역할을 포함하여, 군사, 사법, 정무 등 막부 전체를 총람한다. 1203년 호죠 토키마사(北條 時政)가 미나모토 노 사네토모(源 實朝)를 쇼군(將軍)으로 세우면서 취임한 것이 최초로, 호죠(北條) 일가가 세습하게 되었다. 막부 지위로는 쇼군(將軍)의 다음이지만 실질적인 권력은 모두 싯켄(執權)에게 있었다고 할 수 있다.

신의 권위는 전과 달라졌고 황실과 그들의 정치를 복원시키려는 노력이 있었다. 그러나 세상 정세의 흐름은 이미 손쓰기 어려운 지경이었고, 다시 무단정치로 돌아가게 되어 세상의 평정은 결국 이루지 못했다.

미나모토 노 요리토모源 賴朝[220]가 막부를 가마쿠라鎌倉[18]에 개창한 것은 전통이 깊은 교토京都에서는 무사가 유약하게 될 것을 염려하여 무사의 기풍을 앙양昂揚하기 위함이라고 알려져 있다. 불교에 있어서도 이 무사의 기풍에 걸맞도록 일본식으로 전개되었다는 점은 결코 우연이 아닐 것이다. 정치에 혁신의 기운이 돌면서, 불교 신앙도 또한 귀족사회의 기도에 의지하기 보다는 보다 편리하게 일신을 정토에 흔구欣求하는 염불종念佛宗이 융성하게 되고, 이는 단적으로 무사가 바라는 바와 합치하는 것이었다. 이 개신의 기풍은 새로운 종교를 융성시켰을 뿐만 아니라 기존의 남도육종南都六宗[44]이나 천태종天台宗[45]과 진언종眞言宗[46]에도 나타났다. 또 대륙의 송과 활발한 교류를 열어 선禪이 유입되면서 이와 융합되어 종교계는 청신淸新의 기로 가득 찼다.

이렇듯 불교가 새롭게 전개되었는데, 당초 정토종淨土宗과 같은 이행문易行門에서 건축은 가람건축이라는 형식을 언급할 수 있을 정도로 드러나는 특징이 그리 많지 않았다. 그러나 전란 이후의 복원으로 나라奈良[33]에서 행해진 사원재흥寺院再興은 복고 정신에 준하여 이에 합당한 양식으로 여러 건의 조영造營을 행하였는데, 도다이지東大寺[58]처럼 거대한 규모를 가진 건축에는 새로운 양식이 유입되었다. 이는 당시 재건을 담당했던 승려 죠겐重源[222]이 송宋에서 가져온 새로운 건축양식인 덴지쿠요天竺樣[216]라고 불리는 양식이다. 또 선종禪宗은 가람 조영에 있어 별

222 죠겐(重源)
[1121~1206] 가마쿠라(鎌倉) 초기의 정토종(淨土宗) 승려. 다이고지(醍醐寺)에서 밀교를 수행하고, 호넨(法然)으로부터 정토교(淨土敎)를 사사받았다. 세 번에 걸쳐서 송(宋)을 방문하였다. 도다이지(東大寺) 대불전 재건의 권진(勸進)을 맡아 다이부츠요(大佛樣)를 적용하여 완성하였다. 죠도지(淨土寺) 정토당(淨土堂), 아미다지(阿彌陀寺), 신다이부츠지(新大佛寺) 등 각지에 당우를 건립하였다.

223 가라요(唐様)

와요(和様)와 대별되는 의미로, 중국 또는 외국풍이라는 뜻으로 사용된 용어이다. 가마쿠라(鎌倉) 시대에 선종(禪宗)과 함께 전래된 건축형식으로 다른 형식에도 커다란 영향을 미쳤다. 현재는 가라요(唐様)라는 용어는 거의 사용하지 않으며, 젠슈요(禪宗様)라는 명칭으로 통용된다.

도의 건축형식을 가진다. 즉 선禪이 대륙으로부터 새롭게 전해졌다는 점에서, 이 새로운 종파의 건축에도 당시 대륙에서 유행하던 형식을 본 따서 가라요唐様[223]라고 불리는 양식이 들어온다. 따라서 원래 있었던 풍토에 적합한 양식인 와요和様[217]가 더해져, 이 세 가지의 양식이 각각 용도를 달리하며 사용되었고, 그 수법을 겨루면서 건축이 이루어졌다. 가마쿠라鎌倉[18] 막부가 무가정치의 모범이 되었고 이후 600년간 제도에 커다란 변화가 없이 유지되었는데, 이와 맥락을 같이 하여 이들 건축 양식이 이후의 일본건축 형식을 결정하였다고 볼 수 있다.

모든 문화재에 대하여 고려가 송으로부터 영향을 받았다는 점에서 접근한다면 간단한 결론이 가능할지도 모르지만, 이를 건축에서 확인하는 작업은 그 이전의 목조 건축이 남아 있지 않으므로 비교 연구를 통해 결론을 도출하기가 불가능하다. 따라서 석조물을 대상으로 보면 전술한 바와 같이 국풍을 발휘했다고 볼 수 있으나, 또한 철저하게 그러했다고 보기에는 부족하게 여겨지므로 끊임없이 송으로부터 영향도 존재하였다고 볼 수밖에 없다. 그러다가 원에 복종하게 된 이후에는 그 영향의 중첩으로 인해, 원의 영향도 짙어지게 된다. 이렇게 외부로부터의 영향이 다원적이었고, 앞에서 살펴본 봉정사 극락전이나 부석사 무량수전의 형식은 일본의 덴지쿠요天竺様[216]와도 닮아 있다. 따라서 이 건물들의 형식은 와요和様[217]나 덴지쿠요天竺様[216]의 형식을 모두 가지고 있다고 볼 수 있을 것이다. 봉정사 극락전은 대체로 와요和様[217]에 가깝고, 부석사 무량수전은 그 중간 형식, 수덕사 대웅전은 덴지쿠요天竺様[216]에 속하는 것으로 보아도 무방하지 않을까? 즉 이 양식 구별에 의한 고찰이라는 측면에서 신라형식을 와요和様[217]라고 볼 수 있는 것이고, 이는 지속적인 송의 영향을 받아 일본에서 보이는 확연한 변화가 아닌 점진적 영향 속에서 위와 같이 변화하게 되었음을 보여준다. 이러한 송의 영향에 대하여 원풍元風은 일본의 가라요唐様[223]와 유사한 형식이 유입된 것으로 이 형식은 고려 말에 유입되어 나타났겠으나 이를 확인할 수 있는 유물은 다음 시대인 조선시대의 것을 볼 수밖에 없다.

(7) 덴지쿠요天竺様[216] 양식

쇼무 텐노聖武天皇[41]의 칙원勅願에 의해 조영된 도다이지東大寺[58]는 그 후 다소의 변란과 화재를 피하지 못하고, 지쇼治承4년(1180년) 다이라 노 시게히라平 重衡[224]가 남도南都[225]를 공격했던 시기, 대불전과 그 4면의 회랑, 대강당, 그리고 그 밖의 주요 전당 다수가 소실될 정도로 손실이 컸다. 그 재건은 미나모토 노 요리토모源 頼朝[220]가 주도하여 승려 죠겐重源[222]이 담당하면서, 당시에는 죠겐重源[222]에 의해 재건 양식으로 덴지쿠요天竺様[216]가 채용되었다. 그러나 순수하게 덴지쿠요天竺様[216]라 할 수 있는 건물은 당시에도 승려 죠겐重源[222]이 관여하여 공사한 것에만 한정되며, 현재 남아 있는 것으로는 도다이지東大寺[58]남대문, 도다이지東大寺[58] 개산당, 죠도지浄土寺[226] 정토당 정도이다. 최근까지 남아 있던 다이고지醍醐寺[180] 경장經藏도 그 하나로 볼 수 있다.

이 덴지쿠요天竺様[216]가 여타 와요和様[217]나 가라요唐様[223]와 현저히 다른 특색은 지붕가구를 드러내고 있다는 점과 공포가 사시히지키挿肘木[227]로 구성되어 있고, 굽받침 주두를 사용했다는 점이다.

224 다이라 노 시게히라(平 重衡)
[1157~1185] 다이라 노 기요모리(平 清盛)의 5남. 1180년 남도(南都, 나라) 토벌 당시 총대장이었던 것으로 유명하다. 1180년 오와리스노마타가와(尾張墨俣川) 전투에서 미나모토 노 유키이에(源 行家)를 격파하고, 그 해 종삼위(従三位) 좌중장(左中將)에 오른다. 그러나 1184년 이치노타니(一ノ谷) 전투에서 패배하며 붙잡혔다. 이후 화평교섭이 순조롭지 못해, 가마쿠라(鎌倉)의 미나모토 노 요리토모(源 頼朝)에게 호송되고 후한 접대를 받지만, 남도(南都) 측의 요구에 의해 참수되었다.

225 남도(南都)
나라(奈良)의 헤이죠쿄(平城京)을 부르는 별칭. 헤이안(平安) 시대 이후 북쪽에 위치한 교토(京都) 헤이안쿄(平安京)와 구분하여 남도(南都)라고 칭했다.

226 죠도지(浄土寺)
효고(兵庫) 오노(小野)에 있는 고야산(高野山) 진언종(眞言宗) 사찰. 도다이지(東大寺)의 별소(別所)로써 죠겐(重源)이 1192년에 건립하였다. 국보로 지정된 정토당(浄土堂)은 다이부츠요(大佛様)로, 공포 부재에서 그 특징이 여실히 드러난다. 본전(本殿)과 배전(拜殿)은 무로마치(室町) 시대의 것이다.

227 사시히지키(挿肘木)
한 쪽 끝을 기둥에 삽입한 첨차. (한) 헛첨차

지붕 가구가 전부 드러난 점은 그 당시 와요和樣[217]에 속하는 건물에서도 보이는 경우가 있지만, 사실 당시 와요和樣[217] 건축은 순수하게 그 가구를 통해 지붕을 받치고 있기 보다는 오히려 천정 구성의 한 수법이라고 보아야 한다. 그렇지만 승려 죠겐重源[222]이 건설하였다고 하는 도다이지東大寺[58] 남대문, 죠도지淨土寺[226] 정토당, 다이고지醍醐寺)[180] 경장의 경우, 밑에서 보면 지붕 가구가 전부 드러나며, 이것이 직접 지붕과 연결되어 있어서 위를 가리는 역할만 하는 유사 천정 즉 게쇼고야우라텐죠化粧小屋裏天井[228]는 아니다. 죠도지淨土寺[226] 정토당의 경우 지붕이 호교즈쿠리寶形造[229]로 되어 있고 여러 층으로 즈나기고료繫虹梁[230]를 걸치고 있으며, 이것이 대각선 방향으로도 걸쳐져 있으므로 복잡하면서도 드문 형태로 구조미를 발산하고 있다. 그 구조는 또한 사시히지키挿肘木[227] 공포로 구성되어 있어 한층 그 아름다움을 더하고 있다. 사시히지키挿肘木[227]라고 하는 것은 보통의 공포가 기둥 위에 주두를 두고 첨차와 소로가 중첩하면서 짜맞추는 구성인데, 이 결구 하부의 기둥 중간에 첨차를 삽입하고 소로를 얹어 공포가 구성되는 형식이다. 다이고지醍醐寺[180] 경장이 하나는 홍량虹梁으로, 하나는 동자주를 연결하는 장혀로 이렇게 이중으로 구성되고 이 사시히지키挿肘木[227]와 조립하여 지붕가구를 구성한 것은 앞에서 말한 봉정사 극락전과 유사한 점이 많다. 이 점에서 가장 유사한 것이 도다이지東大寺[58] 법화당法華堂 예당禮堂[231]의 가구이다. 법화당의 모야母屋[158] 즉 본체는 나라奈良 시대[33]에 건립된 것으로 이를 가마쿠라鎌倉 시대[18]에 예당禮堂[231]으로 개수하면서 지붕가구를 덴지쿠요天竺樣[216]와 유사한 형식으로 만들었다. 나라奈良 시대[33]의 본체와 비교해 보면 예당禮堂[231]

228 게쇼고야우라텐죠(化粧小屋裏天井)
천정을 설치하지 않아 상부가구와 서까래 개판이 그대로 드러나게 한 기법을 뜻한다. 나라(奈良) 시대의 사찰이나 다이부츠요(大佛樣) 사찰에서 주로 적용되며, 에도(江戶) 시대 이후의 주택건축에서 툇마루 부분의 처마나 다실(茶室) 천정에서 사용되기도 하였다. (한)연등천정

229 호교즈쿠리(寶形造)
일본 건축 지붕 양식의 하나. 우진각 지붕과 같이 내림마루가 사방으로 뻗어나가지만 용마루가 없이, 내림마루가 한 점에서 시작하여 사방으로 뻗어가는 형태를 취한다. 모이는 부분에 노반(露盤), 복발(伏鉢), 보주(寶珠) 등을 장식하였다. 호교즈쿠리(寶形造)라는 명칭은 여기에서 온 것이다. (한)모임지붕

230 즈나기고료(繫虹梁)
모야(母屋)에 걸치는 가장 큰 대량을 대홍량(大虹梁)이라하고, 즈나기고료(繫虹梁)는 히사시(廂) 부분에 기둥 중간에서 이어지는 홍량(虹梁)을 뜻한다. (한) 퇴량 [그림9]

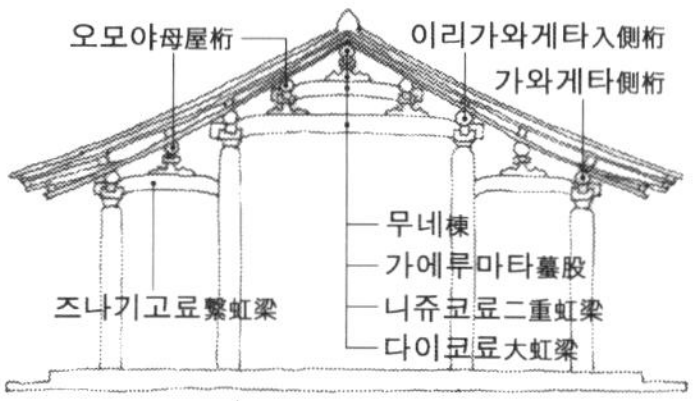

[그림9] 단면 구조 부재 명칭

231 예당(禮堂)
불당에 있어서 본존불이 안치되는 정당(正堂) 앞에 예배를 드리기 위하여 설치되는 건물.

을 통해 가마쿠라鎌倉 시대18 덴지쿠요天竺様216 양식의 특징을 잘 이해할 수 있다. 그러나 이 법화당 예당禮堂231에서는 그 지붕가구가 천정의 한 수법으로서 채용된 것으로, 대체로 우진각지붕 형식을 띠고 있고, 한 층 복잡한 느낌을 품고 있다. 즉 주로 이중으로 홍량을 걸고 화반대공 대신 동자대공을 사용하며, 도리를 지지하는데 별도로 즈나기히지키繫肘木232를 사용하여 구성한 점은 와요和様217에서 보이는 것과는 다른 것으로 이를 조선의 봉정사 극락전과 연결되는 것이라고 볼 수도 있을 것이다. 단지 봉정사 극락전의 공포에서는 사시히지키挿肘木227나 굽받침이 없으므로 직접적으로 덴지쿠요天竺様216와 관계가 있다고 할 수 없음을 의미하는 것이다. 반면, 부석사 무량수전에서는 사시히지키挿肘木227를 사용하였고, 주두에 굽받침이 있는 점에서 덴지쿠요天竺様216라고 인정할만한 점이 한 층 짙게 나타나고 있다. 즉 부석사 무량수전은 송과 관계가 있고, 송의 덴지쿠요天竺様216로부터 영향을 받았던 것은 아닐까? 조선의 이 수법은 일본과 마찬가지로 송에서 유입된 것이라고 생각되는 바이다.

232 즈나기히지키(繫肘木)
공포의 첨차가 반대편 첨차까지 연결되어 하나로 된 첨차

덴지쿠요天竺様216가 송에서 전래되었다고 하지만, 동일하게 송에서 건너온 가라요唐様223와는 현저히 달라서, 이 가라요唐様223와 유사한 형태가 조선에서는 원의 영향을 받게 된 이후에 드러나는 것으로 추정된다. 동일하게 대륙에서 전래되었다고 하지만 그 발생경로는 다르다고 할 것이다. 더욱이 이 덴지쿠요天竺様216는 아스카飛鳥 시대102 건축에서 보이는 것처럼, 처마를 홑처마로 하고 각재의 서까래를 사용하는 점, 그리고 굽받침이 있는 점 등에 있어서 형식상으로 통하는 부분이 있다. 아스카飛鳥 시대102건축의 경우 보를 사용한 대륙의 건축이 백제를

통하여 전래되는 계통을 추정해 볼 수 있다는 점에서, 덴지쿠요天竺様216나 대륙의 양식도 틀림없이 양자강 연안의 지역 문화에서 육성된 건축이라고 생각해 볼 수 있다. 한반도가 대륙과 연결되어 있다고 하여도 지역에 따라서는 바다를 건너는 편이 편리하다. 특히 고려와 송과의 관계는 이러한 해로에 의지했었던 점에서 북방민족인 요遼나 금金보다도 문화상으로는 현저한 영향관계가 있었다고 보고 있는 것이다. 더욱이 일본과 대륙과의 관계를 보아도 북방보다는 남방과 교통하였고 영향을 받은 문물은 양자강을 중심으로 한 지역의 것들이다. 대륙 안에서도 주요한 문화 중심지로서 황하 유역에서 양자강 유역으로 이동이 확인된다는 점에서도 필연적인 현상이었다고 생각된다.

덴지쿠요天竺様216 건축이 이 대륙에서 어떤 연유로 발생 발달하였는지 대륙에서 자체적으로 이러한 연구를 통해 보다 명확히 밝혀지지 않는 한, 함부로 억측할 수는 없는 것이기에 조선의 양상을 연구하는 데는 지금으로서는 일본과의 상호관계에 의지하는 것이 유일한 방법이다. 이 일본에서 보이는 덴지쿠요天竺様216는 죠겐重源222 이외의 인물이 사용한 사례 중에서 그 근본적인 특징이 보이는 가구 형식을 찾을 수가 없지만, 조선의 덴지쿠요天竺様216에서 보이는 예는 일본에서 보이는 것처럼 순수한 양식이 아니라 애초부터 신라시대 이후의 전통 양식과 절충하여 흡수하였다는 것을 확인할 수 있다. 따라서 조선의 정통 형식으로서 이러한 건축이 몇 동 존재하며, 각각을 비교해 보면 건립연대에 따른 변천도 보이고, 거기에 더하여 몽고 침입 이후에 유입된 원풍과의 동화 경향도 보인다는 점을 지적해 볼 수 있다.

(8) 가라요唐様[223] 건축

가마쿠라鎌倉[18]의 무사 계급이 선종禪宗을 수용하면서, 선종 가람이 다수 건립되었고 이러한 측면에서 당시의 건축계는 종래에 보이지 않던 새로운 기풍이 넘치고 있었다고 추정해 볼 수 있다. 특히 그 건축양식의 채용에 있어서는 다분히 의도적인 것이었다고 볼만한 점이 있다. 일본의 경우에 한정된 것이지만, 새로운 종교에는 새로운 사원건축을 짓는다고 하는 의도가 다분히 내포되어 있음을 확인할 수 있기 때문이다. 우선 무사 동량棟梁이 막부를 구성하고 있던 지역인 가마쿠라鎌倉[18]에 사찰이 조영되었고, 이 사찰에 선종건축 형식이 채용되었다. 이후 교토에서도 선사가 조영되었던 것으로 와요和様[217]의 전통이 깊은 지역에도 사용하게 되었다.

이 양식의 특징, 즉 와요和様[217]나 덴지쿠요天竺様[216]와는 다른 두드러진 점은 처마와 공포에 있다. 처마는 일반적인 와요和様[217]에서 보이는 것과 마찬가지로 겹처마이지만, 서까래의 배치는 와요和様[217]가 평행인 것과는 달리 가라요唐様[223]에서는 부채가 한 점에서 방사하는 형태인 소위 선자연扇子椽으로 되어 있다. 또 이것은 덴지쿠요天竺様[216] 처마에서 보이는 모서리에서만의 선자연과는 달리 한 쪽 처마 전체가 방사하는 기법으로 되어 있다는 점이 특징이다. 모서리에서만의 선자연은 조선의 처마에서는 일반적으로 보이는 것이며, 대륙에 있어서도 동일하여 동아시아 지역에서의 보편적인 기법이다. 이것이 가라요唐様[223]에서 전체 방사형을 취하는 것은 어떠한 계통을 이어받은 것일까? 그렇지만 이 형식의 서까래 배치는 불전이나 법당류의 건축에서 지붕이 2층인 경우, 상층에서만 보이고 동일한 건축에서도 하층에서는 평행배치를 하고 있는 특징이 보인다. 모서리만 선자연이 되는 수법이 조선에서는 거의 관성적으로 채용되는 것에 반하여 일본의 전체 방사형 선자연은 혹시 기술상 반성을 통해 채용된 것이 아닐까 추정해 볼 뿐이다.

더욱이 공포가 기둥 위에만 놓이는 것이 아닌 주간에도 여러 개가 놓이는 다포多包의 수법으로, 이는 기둥 상부를 서로 연결하는 평방平枋이라는 부재를 더하고 그 위에 공포를 병렬하여 구성하는 방법이다. 여기에 구조상 명백히 도움을 주는 부재인 오다루키尾垂木[233]를 사용하여, 이 부재가 천칭 작용을 하면서 기둥 상부 구조를 견고하게 구성하는 수법이다. 이렇게 다포식인 점, 그리고 오다루키尾垂木[233]를 갖는 점은 요遼나 금金의 건축에서도 보이며, 이 오다루키尾垂木[233] 만큼은 일본에서도 일찍이 존재해서, 나라奈良 시대[33] 건축에서도 보이는 부재이다. 여기에서 다포식의 경우 요금遼金 시대 이전까지 거슬러 올라가면 대륙에서도 그 유례가 없는데, 그렇다면 다포식은 어떠한 경로를 거쳐 형성되어 온 것인가? 상상 속 추론은 피하고 싶지만 아마도 요금시대 북방에서 성립된 것이라고 보이며 거기에는 일반론으로서 비교적 부재와 규모가 큰 건물에 사용하기 위함이라는 추정이 가능하다. 또한 이는 송대宋代에서도 보이는 특징으로, 송이 남쪽으로 옮겨감에 따라 함께 이동한 것인지, 또는 그보다 일찍 형식만 남쪽으로 전해진 것인지는 분명치 않으나 그 중에서도 섬약纖弱한 기와리木割[234][역자주18]를 갖는 형식이 이 지역에서 채용된 것은 아닐까? 선종은 이렇게 변형된 특징을 일본으로 옮겼으며, 당시의 권력자였던 무가武家가 선종을 환영하여 맞이한 결과 이 건축양식의 성행으로 이

233 오다루키(尾垂木)
공포를 구성하는 부재들 중에서 지붕과 동일한 방향으로 경사져서 돌출되어 있는 부재이다. 와요(和様), 다이부츠요(大佛樣), 젠슈요(禪宗樣)에 따라 그 쓰임과 단면 형태가 조금씩 차이가 있지만 일반적으로는 끝단에서 처마도리를 받치는 첨차와 소로의 짜임이 올라가는 것이 일반적이다. 한국에서도 널리 사용되었을 것으로 추정되나, 조선시대 이후에는 거의 사용되지 않았다. (한, 중) 하앙(下昂) [그림10]

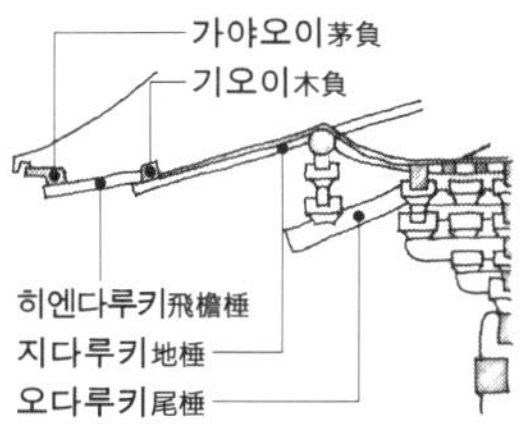

[그림10] 처마 단면 부재 명칭

234 기와리(木割)
목조 건축물 전체에 대한 특정 부재의 비례적인 크기를 뜻하는 것으로, 에도(江戶) 시대 이후 대공기술서가 유통되기 시작하면서 목조 건축물의 각 부재 치수를 결정하는 방식을 의미하기도 한다. 이 경우에는 기와리호(木割法) 또는 기와리쥬츠(木割術)라고 한다. 즉 목조 건축에서 각 부재와 요소가 갖는 치수 체계를 비례체계를 기반으로 설명하고 특정한 것이라고 할 수 있다.

역자주18 원문에는 規割이라고 표기되어 있으나 이는 木割의 오기라고 판단된다.

어지게 되었다. 사실 다포로 구성한 공포는 이에 채색을 더하지 않더라도 건물 전체를 위엄 있게 보이도록 한다. 소박함을 기본으로 하여 위엄을 갖추어야 하는 무사의 기풍에도 이는 합치하는 건축양식이며, 그 이후의 건축에 있어서는 단순히 선종에만 그치지 않고 다른 용도를 갖는 건축에도 채용되는 흐름을 보였던 것이다.

대륙 북방에 있어서 이 건축형식의 형성은 원이 대륙을 통일한 시기에 무의식적으로 채용된 것은 두말할 필요가 없는 것으로, 이것이 한반도로 전해지게 되었다는 것은 당연한 이치이다. 다포식 공포를 갖는 건축으로서 명확히 고려시대의 것이라고 분류할 수 있는 것은 극히 적다. 이 중에서 석조물로는 지정至正[235]8년(1348년)이라는 연대 기록이 남아있는 경천사지敬天寺址 십층석탑十層石塔이 있다. 이 석탑은 목조 건축의 외관을 그대로 조각하여 표현한 것으로 석조물로 변경된 것이라고는 전혀 볼 수 없을 정도의 작품이다. 따라서 당시의 목조 건축 형식을 고찰하기에 최적의 유물이다. 이 석탑에서 보면 가라요唐様[223]로서 가장 특징적인 공포인 다포식을 채용하고 있고, 조선에서의 이 건축형식이 일단 원元에서 배워온 것이라는 점을 보여주는 부분이다. 이 석탑에서는 공포의 출목수가 적기 때문에 오다루키尾垂木[233] 형태의 부재는 사용하고 있지 않지만, 원대가 되면 이미 오다루키尾垂木[233]는 첨차와 동일한 부재의 형태를 보이므로, 이러한 계통을 잇고 있는 것이라 할 수 있다. 조선에서는 후대에도 완전한 오다루키尾垂木[233]는 보이지 않고, 첨차와 오다루키尾垂木[233]가 동일한 부재형태로 결구되어 있는 형식만 보인다. 조선에서의 가라요唐様[223]와 유사한 형식은 원의 영향을 받은 것이라고 생각해도 좋을 것이다. 그런데 조

235 지정(至正)
[1341~1370] 중국 원대(元代) 순제(順帝)의 연호

236 엔가쿠지(圓覺寺)
가마쿠라(鎌倉) 야마노우치(山ノ內)에 있는 임제종(臨濟宗) 사찰. 가마쿠라(鎌倉) 오산(五山)의 제 2위이다. 1282년 호죠토키무네(北條時宗)가 창건하였는데, 여러 차례 화재를 당해 오래된 건물은 남아 있지 않다. 유일하게 다이헤이지(太平寺)에서 이건한 사리전(舍利殿)이 14세기 건물로, 무로마치(室町) 초기에 있어서의 전형적인 젠슈요(禪宗樣) 불전으로 꼽히고 있다. 가마쿠라(鎌倉) 시대의 범종과 수미단이 남아 있다.

237 쇼후쿠지(正福寺)
도쿄(東京) 히가시무라야마시(東村山市)에 있는 사찰. 1278년에 창건된 임제종(臨濟宗) 건장사파(建長寺派)로 본존은 지장보살(地藏菩薩)이다. 1407년에 건립된 지장당(地藏堂)이 국보로 지정되어 있다.

선에 있어서 궁궐이나 사찰에는 이러한 공포가 사용한 경우가 많다. 일본에서는 이러한 형식을 채용한 동기가 간소하면서도 위엄 있는 형식을 갖추기 위해서 채택한데 반하여, 조선에서는 다포의 번잡한 점을 잘못 사용하여 한층 조잡해 졌고, 위엄 있는 점이라고는 단지 지배자로서의 권력을 과시하기 위한 하나의 수단으로서 사용되었다는 것뿐이라 할 것이다. 이 점은 후대에 일본에서도 동일한 경향으로 타락해 가는 것을 볼 수 있다.

고려 시대의 것으로 가라요唐樣[223] 건축으로 보이는 목조 건축은 조선고적도보朝鮮古蹟圖譜 6권에서 소개된 석왕사釋王寺[역자주19] 응진전應眞殿과 12권에서 추가된 심원사心源寺 보광전寶光殿이 있다. 석왕사釋王寺 응진전應眞殿은 그 속에 나한상을 모시고 있고, 이 불상이 다수이므로 횡으로 좁고 긴 평면을 갖는 것에 반하여, 심원사 보광전은 정면이 다소 넓은 정방형에 가까운 직방형이다. 또 전자는 맞배지붕인데 반해 후자는 팔작지붕으로 되어 있다. 후자인 심원사 보광전이 갖는 구조형식 – 양식으로서는 가라요唐樣[223]에 해당한다 – 은 이후의 조선시대로 계승되어, 심원사 대웅전(1944년 12월 15일 소실), 청평사 극락전, 봉정사 대웅전 등의 건축으로 이어지게 된다. 이는 일본에서도 마찬가지로 가마쿠라鎌倉 시대[18]의 엔가쿠지圓覺寺[236] 사리전舍利殿, 쇼후쿠지正福寺[237] 불전을 계승하면서, 선종 불당은 대체로 동일한 양식과 구조 형식을 갖게 되고, 그 예가 후사이지普濟寺[238] 불전, 슈온안酬恩庵[239] 본전, 안코쿠지安國寺[236] 석가당, 도젠지東禪寺[241] 본당 등에서 확인된다. 특히 일본과 조선의 사찰건축이 닮아 있다는 점은 주의해서 살펴야 하는 부분이라고 생각된다.

238 후사이지(普濟寺)
도쿄(東京) 다치가와(立川)에 있는 임제종(臨濟宗) 사찰. 1355년 무장칠당(武藏七黨)의 하나인 니시(西)에서 나온 다치가와(立川) 일가가 창건하였다.

239 슈온안(酬恩庵)
교토(京都)에 위치한 임제종(臨濟宗) 대덕사파(大德寺派)의 사찰. 난포쇼묘(南浦紹明)가 창건한 묘쇼지(妙勝寺)를 1455년에 잇큐소쥰(一休宗純)이 재건한 후 사명을 개칭하였다.

240 안코쿠지(安國寺)
교토(京都) 아야베(綾部)에 있는 임제종(臨濟宗) 사찰. 원래 고후쿠지(光福寺)라고 명명했다가, 아시카가 다카우지(足利 尊氏)와 아시카가 다다요시(足利 直義) 형제가 남북조(南北朝)의 전사자들을 공양하여 국가 안녕을 기원하기 위하여 건립한 사찰.

역자주19 원문에는 釋應寺라고 표기되어 있으나 이는 釋王寺의 오기라고 판단된다.

241 도젠지(東禪寺)
도쿄(東京) 다카나와(高輪)에 잇는 임제종(臨濟宗) 사찰. 1610년에 이토 스케노리(伊東 祐慶)에 의해 아카사카다메이케(赤坂溜池)에 창건되어, 1636년에 현재지인 다카나와(高輪)로 이전되었다. 에도(江戶) 시대에 이토(伊東) 일가를 비롯해 여러 다이묘(大名) 일가의 보제사(菩提寺)가 되었고, 사찰 영역이 넓고 방대하여 막부(幕府) 관리들의 숙소로도 활용되었다. 에도(江戶) 말기 개국하면서 1859년 영국의 초대공사 알콕(Alcock)의 숙소로 활용되었고, 영국공사관이 들어섰다. 존왕양이파(尊王攘夷派)에게 여러 차례 습격을 받자, 영국공사관을 안전한 요코하마(橫濱)로 이전하면서 공사관의 기능은 사라졌다. 오늘날은 그 영역이 축소되면서 건물의 대부분은 사라졌지만, 숙소로 사용되던 방과 정원이 남아 있어, 에도(江戶) 말기의 외교와 정치를 알 수 있는 주요 자료로 활용되고 있다.

5. 근세 건축의 비교

(1) 근세 건축의 양상

일본 역사상 근세라고 불리는 시기는 대체로 에도江戶[38]에 도쿠가와德川 일가[12]가 막부를 개창한 이후를 일컫지만, 동아시아 역사 특히 한족을 중심으로 설명하자면 그 기준점이 명明의 발흥까지 거슬러 올라간다. 이 명의 발흥은 한반도에도 영향을 미쳐서 고려가 멸망하고 조선이 건국하는 계기가 되었다. 따라서 근세라고 하여도 일본사와 조선사를 동시에 다루고 있는 지금 이 책에서는 설명을 덧붙이지 않으면 그 속에 시기상 차이가 있을 수 있으므로 근세라는 단어는 가급적 피하고 조심해서 사용할 필요가 있다.

이 근세라는 단어는 종종 이보다 앞선 시대를 중세라고 칭하는 것에 대한 대응하여 사용된다. 따라서 중세와 근세를 비교하여 근세의 특징을 파악하고자 한다면 다음과 같이 개괄할 수 있을 것이다. 즉 중세는 종교 세계 속에서 귀족이 향락적 생활을 향유하고 관능적 감정을 충족시키는 시기였던 데 반하여, 근세는 서민 계층이 자신의 생활을 경영하고 있음을 자각하게 되어 이성적인 감정을 기초로 형성된 것이다. 이를 일본사와 조선사라고 하는 관점에서 자세히 살펴보면 각각 특수한 점이 있다. 중세와 근세라 하여도 일본과 조선 사이에 다른 점은 존재하기 마련이다. 그러나 정치면에 있어서 집정자가 불교를 숭상하고 그 교리로서 통치하던 시기가 중세로 구분되는 점이 공통적으로 드러나고, 근세는 위정자가 불교를 배격하는 쪽에 서서 그것이 갖는 관능적 생활을 버리고 대신 유교를 진기시켜서 이성적 생활의 향상을 기했던 시기라고 특징지을 수 있다. 물론 그 기획과 노력이 만족스런 결과로 이어지는 부분은 적고, 또 이성적인 것을 추구해가면 과학적이라는 측면에 도달해야 하는데, 이도 결국 현대에 이르러서야 완성을 보게 된다는 점이 있어 그 한계가 명확하다.

불교가 생활의 중심에서 배제되었을 때 그 대체재로서의 무엇인가가 필요했다. 조선에서는 그것이 바로 유교였던 것이다. 당唐의 불교에 대신했던 송宋의 유교, 즉 유교가 부흥하여 송에서 성행했던 주자학朱子學도 바로 그런 역할이었다. 고려시대 퇴폐가 극에 달해 그 해악이 심각했던 불교에 대해 정치적 역할을 배제시키기 위해 유교를 성장시켜 그 자리를 대신하도록 했던 것이다. 그리고 그 결과로 당쟁이 생겨난다. 유교로서 불교를 배격하고자 했던 그때부터 유교 안에서 세세한 논의를 반복하였고 그것이 당쟁으로 이어지게 된 것이다. 한편 일본에서도 마찬가지로 주자학이 전해졌지만 무로마치室町 시대14에는 승려의 학문이었다. 이를 승려의 손에서 분리시켜 일반서민(처음에는 무사계급)의 생활지표로 제시하였는데, 해석의 방법이 강조되어 결국 일본 특유의 정치 조직인 천황제를 자각하는 계기가 되었다. 더불어 고래의 신도神道를 해석하고자 하는 움직임이 생겨 국학의 발흥에 기여하게 되었다. 이후에는 외부로부터의 영향을 받아 양학洋學 융성의 기운으로 전개된다.

일본에서 남북조가 합체된 시기는, 이조李朝 태조가 건국한 시기와 일치한다. 고다이고 텐노後醍醐天皇[242]의 막부 해체도 일단은 성공하였지만, 그 후 정책을 펼치는데 실

242 고다이고 텐노(後醍醐天皇) [1288~1339, 재위1318~1339] 일본 제96대 국왕. 고우다 텐노(後宇多天皇)의 차남. 천황친정(天皇親政)과 인재등용(人材登用) 등, 정치 개혁을 꾀하고 가마쿠라(鎌倉) 막부를 무너뜨리려고 하였지만, 실패하고 오키(隱岐)에 유배되었다. 후에 탈출하여 중흥에 성공하였지만 아시카가 타카우지(足利 尊氏)의 모반으로 불과 2년만에 친정이 끝나고 고무라카미 텐노(後村上天皇)에게 양위하고 서거하였다.

패하여 다시 무신이 뒤이어 집정을 하게 되었다. 그러나 무의미한 전란은 이 시기 전반기에 넘쳐났고, 국내는 극도로 피폐하게 된다. 문화적으로 보아도 아시카가足利 일가[10]의 영화는 미술공예를 진기시키는 데에는 도움이 되었지만 그것은 근본적으로 민중의 것이 아니었다. 그러나 한편 정치적으로는 하극상 풍조가 도래하여 비천한 자도 시대를 만나면 천하를 지배할 수 있는 세상이 되었다. 천하제일의 우수한 공예가를 장려하는 시책은 점차 공예가 민중에 가까워지는 기풍을 만들어 냈고, 산업과 경제는 근세적인 풍조를 타고 외국과의 무역도 이루어져, 산업과 상업 부문은 활발한 발전을 이루어 내는 흐름으로 나아가게 된다.

이조 태조는 고려 말의 수년간에 걸친 폐단을 개선하기 위해 개성을 떠나 도읍을 새롭게 경성京城으로 천도하였다. 당면 과제인 일본과 사무역私貿易을 행하는 무리를 진압하였지만, 이는 아시카가足利[10] 막부와 수교를 맺으면서 잠시 소강상태에 접어들었다. 또 명明을 종주국으로 하는 사대정책을 취하여 명이 강성하던 동안 정치적 파국을 피할 수 있었다. 불교배격은 승려 보우普雨가 헌책하여 일단 중지되는 듯 보였지만, 유학자들의 배격에 의해 도성 밖으로 완전히 쫓겨나게 되어 평온한 상태가 유지되었다. 그러나 붕당의 사화, 그리고 도요토미 히데요시豊臣 秀吉[15]의 임진왜란壬辰倭亂과 정유재란丁酉再亂, 기울어가는 명을 대신한 청清의 침입, 등 팔도를 뒤흔든 전란과 재해가 거듭해서 덮치게 된다.

이 기간에 있어서 건축은 어떻게 전개되었는가? 두말할 필요도 없이 사찰건축이 건축계의 중심에서 물러나게 되는 점이 두드러진 특징이다. 일본에서는 승가의 주택,

조선에서는 유학자의 주택이 많이 남아 있다. 이는 그만큼 활발히 건설되었다는 것을 의미한다. 그 주택 형식이 현대 주택의 기반이 되는 특징을 많이 보인다는 점에서 근세적 성격을 지녔음을 지적할 수 있다. 전쟁을 경험하고 나면 성채와 같이 방어를 고려한 건축을 필요하게 된다. 정치의 중심적 영향력이 지방에 도달하지 않는 까닭에 권력 분산이 생겨나고, 지방건축의 발달을 촉진시키면서 방어를 고려한 건축은 주로 성곽건축에 반영되는 것이다. 일본의 군웅할거에 의한 성곽과 조선의 외래 침입자에 대한 성채로서의 읍성은 양자 모두 이 시기 견고한 축성술을 발달시키기에 이르렀다.

양자 모두 불교 건축 중심으로 나아가던 흐름이 멈추고, 불교를 대신하여 유교의 건축 즉 문묘와 향교가 조영되었다. 변강의 지역을 방어하는 성채와 지방의 호족이 기거하는 건물이 요새화되는 양상을 보이는 것은 지금까지는 표면으로 드러나지 않던 계급의 생활수준을 향상시켰다는 것을 의미하는 것으로, 이는 건축에 있어서도 근세적인 특징을 습득했다고 볼 수 있다. 더욱이 이 시기 건축의 다수가 현대에 계승되고 있는 만큼 구조면에서도 개량이 더해지는 경우가 많아서, 근세에는 기술의 수법이 무의미하게 전승되거나 반복되지 않았다. 게다가 한층 두드러진 점으로는 일각에서는 일부러 외형상의 변화를 추구하였고, 구조상의 문제를 고려하지 않은 채 번잡한 장식을 늘렸다는 점을 들 수 있는데, 이는 서구의 바로크나 로코코의 근세적 기조와도 이어지는 점이므로 놓칠 수 없는 부분이고, 이 점에서도 근세적인 건축양상을 확인할 수 있는 것이다.

(2) 사찰건축의 절충양식

이 근세기에 불교 최고 번성기였던 중고中古 시대[119]정도로 활발하지 않다는 것은 당연하고, 또 불교신앙에 대한 배격도 있었다. 그렇지만 또한 새롭게 건립되는 경우도 있었다. 전란 후의 부흥 재건이 활발히 이루어지고, 대체로 그 시대가 후대인만큼 현재 남아 있는 건물도 그 이전의 불교번성기와 비교해도 상대가 되지 않을 정도로 많다. 특히 조선에서는 불교번성기의 목조건축을 모두 잃어버린 현재, 이 근세 사찰 건축만이 건축사의 대상으로서 대부분을 차지할 뿐이다.

덴지쿠요天竺様[216]나 가라요唐様[223]라고 하는 건축 양식이 고려 시대 말기 건축에서 보이는 것은 일본 건축에서도 적용된다고 볼 수 있는 특징이다. 이 두 양식의 존재는 그대로 조선시대에도 전해지게 되는 것이다. 또 조선이 명을 종주국으로 우대하는 이상, 명의 문물은 끊임없이 한반도로 유입되었다고 판단된다. 특히 건축에 있어서는 명의 건축은 일반적으로 가라요唐様[223]의 다포식을 취하므로 그 영향이 농후하여 조선시대에서는 덴지쿠요天竺様[216]가 점차 가라요唐様[223]로 변화되어 가는 것이 당연한 경로였을 것이다. 사찰건축 중 분명한 고려시대의 예에서 덴지쿠요天竺様[216]가 많이 보이고, 조선시대에 이르러도 초기에는 그러한 흐름을 이어받아 덴지쿠요天竺様[216] 계통의 것도 이례적으로 상당수 확인되지만, 시대가 내려오면서 점차 그 수가 감소하고, 가라요唐様[223]로 변화된 몇 가지 예가 남아 있다. 그 외에는 가라요唐様[223] 계통으로 대부분의 건축이 조성된 것은 그러한 경향을 보여주는 하나의 사실로 볼 수 있다.

덴지쿠요天竺様[216]가 가라요唐様[223]로 변해 가는 조선시대 초기의 예에 대하여 개략적으로 서술해 보자면, 그 점이 가장 두드러지게 보이는 부분이 공포에서 굽받침이 사라진다는 점일 것이다. 또 이와 더불어 굽의 곡선이 직선으로 변한다는 점이다. 굽받침이 없는 간결한 주두에 굽이 직선인 예는 이미 고려시대 말기에 속하는 부석사 조사당 또는 관음사 원통전에서도 보이는 부분이지만, 그 형식이 조선시대에는 훨씬 많이 보이고, 무위사無爲寺 극락전, 자혜사慈惠寺 대웅전, 송광사松廣寺 국사전을 비롯하여 여러 건물을 예로 들 수 있다. 이들은 모두 조선시대 초기의 것이라고 추정되지만 건립시대를 확정하기 위해서는 앞으로 고증이 끝나기를 기다릴 필요가 있는 것이다. 다만 비교적 건립연대가 분명한 패엽사貝葉寺 한산전(영락永樂18년, 즉 1480년 이후 얼마 지나지 않아 건립) 또는 해인사海印寺 경판고(홍치弘治원년, 1488년)의 예에서도 확인할 수 있다. 그 변화는 공포의 주두에서만 일어나는 것이 아니라 첨차의 형식도 또한 점차 변화하여 고려말기와는 다른 세부적 특징을 갖는다. 그러나 이 부분은 여전히 간소한 채로 남아 있어 덴지쿠요天竺様[216] 결구 본래의 특징이 변하지는 않았다. 머지않아 이러한 결구도 변화하여 가라요唐様[223]로 변화하게 되지만, 이 변화는 상부가구까지는 미치지 못하였다. 단지 공포에서 각 부재가 변형이 일어나고, 이와 함께 결구 방법에서도 가라요唐様[223]의 다포식을 취하는 것(예로는 개심사開心寺 대웅전), 그리고 가라요唐様[223]의 특징을 가지면서 주심포식으로 바꾸기만 하여 간소한 형식 그대로 남아 있는 것(송광사松廣寺 명부전冥府殿) 등으로의 변화가 보인다.

한편 공포수법에 있어 가라요唐様[223] 형식인 고려시대 말기 심원사 보광전은 자세히 살펴본 결과 그 건립연대를 확정할만한 자료를 접하지 못했다. 하지만 동일한 형식의 석왕사釋王寺 응진전應眞殿을 보면 다포라고 하여도 주간포 개수가 겨우 하나이다. 공포 사이가 넓은 다포식은 다른 후대라고 확정 가능한 다포식과 비교해 보면 분명 고식古式에 속하는 것이라 할 수 있으며, 오다루키尾垂木[233] 형태를 띤 첨차 곡선이 웅경雄勁하다는 점도 이를 뒷받침한다.

조선 불교를 과거 번성했던 시절로 되돌리고자 했던 승려 보우普雨, 그가 머물렀던 사찰 중의 하나인 춘천 청평사에는 그 시기(가정嘉靖36년, 1557년)에 건립되었다고 추정되는 극락전이 남아 있다. 이 극락전은 다포식으로 가라요唐様[223]의 형식을 갖지만 이와 동일한 형식의 공포를 갖는 예로서 성불사 응진전 측면의 공포가 있고, 이 건물에서 가정嘉靖9년(1530년)의 묵서명墨書銘이 발견되었다. 이러한 형식이 그 무렵의 유행은 아니었을까 생각된다. 이렇듯 조선시대 초기의 사찰건축에서는 처음에는 고려시대 말기의 경향을 이어받아 덴지쿠요天竺様[216]도 많았지만, 점차 가라요唐様[223]를 절충하는 방법으로 전개되어 가라요唐様[223]는 조선 초기 막바지 무렵에 성행하였다. 이 가라요唐様[223] 자체도 변화하게 되었고, 조선시대 중후기 목조건축에 있어서 그 대부분을 가라요唐様[223]에서 변화한 형식이 차지하기에 이른다.

아시카가 타카우지足利 尊氏[243]가 고다이고 텐노後醍醐天皇[242]의 명복을 기원하기 위해 무소 소세키夢窓 疎石[244] 국사國師의 추천에 의해 덴류지天龍寺[245]를 창건하였는데, 이 사찰이 선종 사찰이었으므로 그 건축 양식도 가라요唐様[223]이었을 것으로 추정된다. 그 가라요唐様[223] 건축이 구

243 아시카가 타카우지(足利 尊氏)
[1305~1358] 무로마치(室町) 막부 초대 쇼군(將軍). 가마쿠라(鎌倉) 막부로부터 고다이고 텐노(後醍醐天皇) 토벌이라는 명을 받지만 반기를 들고 로쿠하라(六波羅)를 공격하여 폐하였지만, 이후 국왕과 배격하여 지묘인(持明院) 계통의 고메이 텐노(光明天皇)를 세우고 북조를 일으켰다. 동생 다다요시(直義)의 남조와 항쟁을 지속했다. 무소 소세키(夢窓 疎石)에 귀의하고, 덴류지(天龍寺)를 건립하였다.

244 무소 소세키(夢窓 疎石)
[1275~1351] 가마쿠라(鎌倉) 말, 무로마치(室町) 초 임제종(臨濟宗) 승려. 이세(伊勢) 출신으로 천태종(天台宗)과 진언종(眞言宗)을 공부하면서, 무은원범(無隱圓範), 일산일녕(一山一寧), 고봉현일(高峰顯日)의 임제선(臨濟禪)을 수행하였다. 고다이고텐노(後醍醐天皇)나 아시카가 타카우지(足利 尊氏) 등의 귀의를 받았으며, 에린지(惠林寺), 린센지(臨川寺), 덴류지(天龍寺)를 창건하였다. 조원(造園)에도 조예가 깊어서 사이호지(西芳寺)와 덴류지(天龍寺)의 정원 조영도 담당하였다.

245 덴류지(天龍寺)
교토(京都) 서쪽에 있는 임제종(臨濟宗) 사찰. 교토(京都) 오산(五山)의 하나이다. 아시카가 타카우지(足利 尊氏)가 고다이 고텐노(後醍醐天皇)의 명복을 빌기 위해 무소 소세키(夢窓 疎石)가 개산(開山)하여 1345년에 창건하였다. 현재의 건물은 메이지(明治) 시대의 것이다.

체적으로 어떠했는지는 현재 남아 있지 않으므로 명확하지 않다. 한편 비슷한 시기에 건축된 것으로 알려진 선종사찰인 도후쿠지東福寺[246] 산문山門의 경우 공포의 결구방식은 덴지쿠요天竺様[216]이고, 세부 장식에서는 가라요唐様[223]가 보인다. 이를 덴지쿠요天竺様[216]와 가라요唐様[223]의 절충이라고 볼 수도 있겠지만, 이 경우는 절충양식이라기보다는 별도의 계통이라 할 수 있는 것으로 후세에 건립되는 오바쿠슈黃檗宗[247]의 여러 건축물과 마찬가지로 유입된 것이라고 보는 것이 타당하지 않을까?

그러나 이러한 양식의 절충이 활발하게 행해지면서, 가라요唐様[223]나 덴지쿠요天竺様[216]도 다른 유파와 절충하는 방식으로 전개되었다. 그 중에서도 와요和様[217]를 기본으로 하면서 다른 유파와 절충하는 방식이 가장 두드러지게 나타난다. 다시 말하지만 와요和様[217]라고 하는 것은 나라奈良 시대[33]에 유입된 대륙의 건축양식을 헤이안平安 시대[17] 및 가마쿠라鎌倉 시대[18]에 일본열도의 풍토와 일본인의 성향에 맞게 변화시킨 것이다. 덴지쿠요天竺様[216]와 가라요唐様[223]가 전해진 시기에 이를 외래 형식에서 일본풍으로 변화시키기 위해서는 종래의 와요和様[217]를 기조로 하는 것은 당연할 것이다. 간신지觀心寺[248] 본당와 가쿠린지鶴林寺[249] 본당, 둘 다 거기에 해당하는 훌륭한 사례로 알려져 있다. 와요和様[217]를 바탕으로 다른 양식을 절충하는 것도 와요和様[217]가 갖는 전통의 일면이라 할 수 있고, 그러면서도 한편으로 와요和様[217] 나름의 고유한 형식도 유지하고 있었음을 잊어서는 아니 된다. 고후쿠지興福寺[131]를 재건하던 당시에 동금당東金堂이나 오중탑을 그 사찰의 전통에 따라 고유한 와요和様[217] 형식으로 영건하였다는 점은 이미 잘 알려진 명백한 사실이다. 나라奈良[33]

246 도후쿠지(東福寺)

교토(京都) 히가시야마(東山)에 있는 임제종(臨濟宗) 사찰. 1243년 엔니(圓爾)가 창건한 교토(京都) 오산(五山)의 하나이다. 삼문, 승당, 동사는 중세 시대의 것이다. 1425년에 완성되었다고 여겨지는 남송 풍격의 거대한 삼문은 2층 내부에 채색 문양이 그려져 있다. 닷츄(塔頭) 료긴안(龍吟庵)의 방장(方丈)은 선종사찰 최고(最古)의 방장이다.

247 오바쿠슈(黃檗宗)

린자이슈(臨濟宗), 소토슈(曹洞宗)와 함께 일본 삼대 선종의 하나. 다른 종파가 일본식으로 변화된 데 반하여 여전히 명대(明代)의 풍조를 전하고 있다. 본산은 교토(京都) 우지(宇治)의 만푸쿠지(萬福寺)이다.

248 간신지(觀心寺)

오오사카(大阪) 가와치나가노시(河內長野市)에 있는 진언종(眞言宗) 사찰. 『觀心寺勘錄緣起資財帳(883년)』에 의하면 구카이(空海)의 제자 지치에(實慧)가 창건하였다고 기록되어 있다. 현재의 금당은 1378년에 재건된 것으로, 와요(和樣)를 기본으로 젠슈요(禪宗樣)와 다이부츠요(大佛樣)를 절충한 양식이며, 국보로 지정되어 있다.

249 가쿠린지(鶴林寺)

효고(兵庫) 가코가와시(加古川市)에 있는 천태종(天台宗) 사찰. 속칭 「도다(刀田)의 태자(太子)」라고 불리어 태자신앙을 대표하는 사찰의 하나이다. 587년 쇼토쿠타이시(聖德太子)가 하타노 가와카츠(秦 河勝)에게 명하여 삼간사면(三間四面) 규모의 암자를 건립하고, 스스로 조각한 석가삼존불상과 사천왕상을 안치한 것에서 시작하여, 718년 무사시노쿠니(武藏國)의 태수 미히토베 노 하루노리(身人部 春則)가 칠당가람(七堂伽藍)을 조영하여 도다산(刀田山)의 시텐노지(四天王寺)라는 칭호를 얻게 되었다. 호교즈쿠리(寶形造)의 태자당(太子堂)은 1112년에 건립된 것으로 국보로 지정되어 있다.

와 교토京都 이외에도 이러한 경향을 보여주는 예는 다수 존재한다. 이 절충양식 만으로 조선과 일본의 건축을 비교해 보면 절충했다는 사실 자체는 동일하다하더라도, 전통 깊은 와요和樣[217]를 바탕으로 하는 일본과는 달리 조선은 단지 두 양식이 섞었을 뿐이라고 볼 수 있는 것이다.

(3) 석가釋家 주택과 유가儒家 주택

무사 집단의 우두머리 아시카가足利 일가[10]는 미나모토源[47] 가문이었던 시절부터 익숙한 장소인 가마쿠라鎌倉[18]를 버리고 무로마치室町[14]에 막부를 열었다. 여기에는 여러 가지 사정이 있었겠지만, 결과적으로 무사들만의 생활문화가 교토가 지니고 있었던 오랜 전통 문화에 융합되고 마는 상황으로 전개된다. 전쟁에 익숙한 생활을 하는 무사는 문화생활에 관심이 있다고 하더라도 그저 귀족인 후지와라藤原 일가[7]를 외형적으로 모방하는데 그쳤을 뿐이다. 이후 히가시야마東山[198] 문화라는 독특한 문화를 창출해 내고 발전시키기도 하였지만, 이 문화를 향유하는 계층은 일부 상류층에 국한되어 있었다. 결국 이 시대의 문화는 전란과 무관했던 선사禪寺의 승려들이었고, 이들이 교양인 계층으로서 문화적인 역할을 담당하였던 것이다.

기본적으로 이들 승려는 불교에 대한 신앙심이 깊었고, 또 권력층이었던 무사 계급의 전폭적인 지원을 받았으므로 속세와 떨어져 웅장한 가람 건축 속에서 숨어 지낼 수 있었던 것이다. 그렇다 하더라도 일상생활만큼은 외래 양식의 건축에서 생활했을 리가 없고, 당연히 전래 양식의 일본 주택에서 생활했을 것이라고 보는 것이 타당하다.

고대의 일본 주택 양식에 관해서는 앞에서 이미 고찰한 바와 같이 나라奈良 시대[33]에 대륙의 건축양식이 더해져 다소의 변화는 있었지만, 그 전통은 계속 유지되어 헤이안平安 시대[17]에 이르러 이를 신덴즈쿠리寢殿造[250]라 불리는 형식으로 발전시켰다. 여기에 더하여 가마쿠라鎌倉 시대[18]에는 질소質素와 강건剛健을 표방한 무사계층에 의해 부케즈쿠리武家造[251]가 새롭게 탄생하게 된다. 부케즈쿠리武家造[251]는 생활의 기반이 되었던 농가 형식을 반영한 것이다. 그렇다면 승려는 어떠한 생활을 위한 가옥을 영위하고 있었을까? 중세시대 삼면승방三面僧房에서의 생활은 헤이안平安 시대[17] 귀족 출신 승려들에게는 견디기 어려운 상황이었고, 이들은 별원別院 또는 닷츄塔頭[252]라고 불렸던 생활시설을 마련하였다. 이 시설은 신덴즈쿠리寢殿造[250] 형식을 기본으로 하였을 것이라고 생각된다. 하지만 가마쿠라鎌倉[18], 무로마치室町[14] 시대의 선승禪僧이 그런 화려한 신덴즈쿠리寢殿造[250]에서 생활했을 것이라고 보기 어렵고, 그렇다고 부케즈쿠리武家造[251]처럼 소박하면

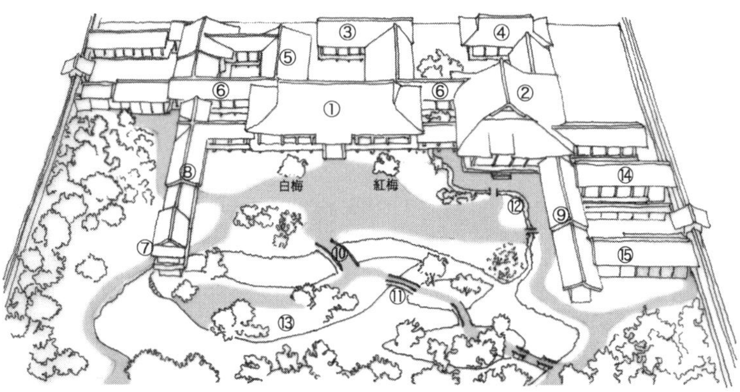

① 신덴寢殿 ② 다이노야對屋 ③ 다이노야對屋
④ 다이노야對屋 ⑤ 호소도노細殿 ⑥ 와타리도노渡殿
⑦ 즈리도노釣殿 ⑧ 니시쥬몬西中門 ⑨ 히가시쥬몬東中門
⑩ 소리바시反橋 ⑪ 다이라바시平橋 ⑫ 야리미즈遣水
⑬ 나카지마中島 ⑭ 무사 숙소 ⑮ 창고

[그림11] 신덴즈쿠리(寢殿造) 주택의 구성 (히가시산죠도노東三條殿)

250 신덴즈쿠리(寢殿造)

헤이안(平安) 시대 귀족의 주택으로 신덴(寢殿)이라고 불리는 주전(主殿)을 중심으로 구성하는 주택형식. 신덴(寢殿)의 동방, 서방, 북방으로 다이노야(對屋)를 설치하고, 즈리도노(釣殿)를 향해서 길게 복도랑을 두고 그 중간에 중문(中門)을 설치하였다. 현관, 도코노마(床の間), 다다미(疊), 아마도(雨戶) 등은 없고, 기둥은 원기둥, 바닥은 판자를 깔았고, 창호는 시토미(蔀戶)나 즈마도(妻戶)를 사용하였다. 규덴즈쿠리(宮殿造)라고도 한다. [그림11]

251 부케즈쿠리(武家造)

신덴즈쿠리(寢殿造)에서 쇼인즈쿠리(書院造)로 이행해 가는 과정에서 보이는 과도기적 주택형태로, 무사들의 생활에 적합한 형식을 취하고 있다. 가마쿠라(鎌倉) 시대에서 무로마치(室町) 시대에 걸쳐서 발전한 것으로, 1동의 건물이 1의 기능을 갖던 것에서 탈피하였다. 주전(主殿)을 중심으로 하는 격자형으로 평면을 짜서 다양한 기능의 방을 만들고, 그 뒤편으로 거주공간을 마련하였다.

252 닷츄(塔頭)

본사 경내에 위치한 말사이다. 탑(塔)이라 함은 묘소의 의미로 고승이 입적하면 제자가 탑 근처에 작은 암자를 세우고 묘를 지키던 풍습에서 유래하였다. 후에 대사찰의 고승이 은거하게 될 때, 사찰 근처의 경내에 작은 사원을 건설하여 살았고, 그 사후에도 이 사원에 문하의 승려들이 살면서 탑을 지켜 조사(祖師)가 살아 있었을 때와 다름없이 봉사하게 되면서 이를 닷츄(塔頭)라고 부르게 되었다. 점차 그 수도 늘면서 가마쿠라(鎌倉)의 엔카쿠지(圓覺寺)의 경우 한 때 32암자 2사원까지 늘었는데, 지금도 12암자 1사원이 경내에 남아 있다. 원래 닷츄(塔頭)는 대사찰에 종속하였지만, 메이지이신(明治維新) 이후에는 독립된 사원으로 취급되는 경우가 많았다.

서도 호쾌한 주택도 아니었을 것이며, 농가와 같은 빈약하고 허름한 주택도 아니었을 것이다. 가람건축과 어느 정도의 균형을 맞추는 정도에서 주택의 형식을 선택했을 것이라 볼 수 있다. 특히 선승들이 당대의 문화를 주도했으므로 그에 걸맞은 설비를 주택 안에 구비했을 것이라는 점은 당연하다고 할 수 있을 것이다. 그 중 하나는 쇼인書院[253]이라고 불리는 독서하는 책상과 채광창, 선반을 세트로 갖춘 형식으로 이를 만들어서 성행하게 했다는 것이고, 또 다른 하나로는 도코床[254]를 이 무렵부터 설치하기 시작했다는 점을 들 수 있다. 쇼인書院[253]을 추가하여 설치하는 것은 가마쿠라鎌倉 시대[18]부터 이미 시작된 것이라고 볼 수 있지만, 후대의 쇼인書院[253]은 건축 시설의 초기 계획단계부터 염두에 두고 설치하게 되었다. 또 도코床[254]의 경우 자시키座敷[255]에 불화佛畵 등을 걸고 향화香花를 놓기 위해서 마에즈쿠에前机[256]를 설치해야 했으므로 다리가 사라지고 오시이타押板[257]라고 불리는 선반과 같은 것으로 대신하게 되었다. 이러한 요소가 첨가되면서 쇼인書院[253]과 마찬가지로 주택 건축의 계획 초기부터 계

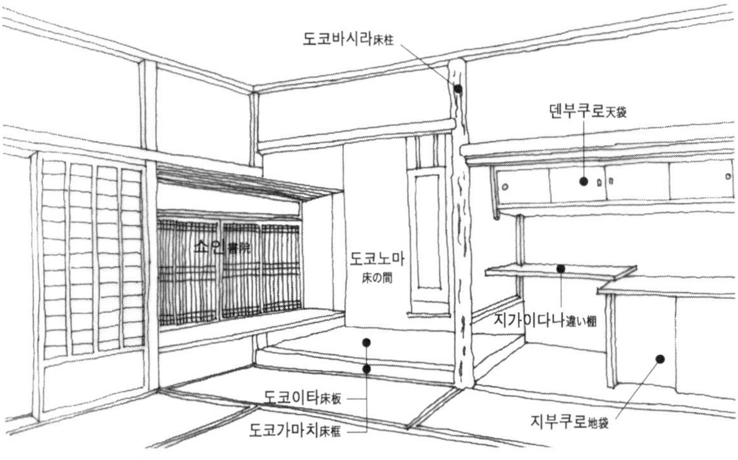

[그림12] 쇼인즈쿠리(書院造) 주택에서의 쇼인(書院) 구성

253 쇼인(書院)
헤이안(平安) 시대 궁전이나 귀족의 저택에 설치된 학문적 목적의 서재 겸 거소를 칭하는 중국풍 명칭이었는데, 가마쿠라(鎌倉) 시대 이후 선종 사찰에서 방장(方丈) 안에 있던 주지의 서재와 접객을 위한 방을 칭하게 되었다. 무로마치(室町) 시대 이후로는 즈케쇼인(付書院)을 줄여서 칭하기도 하였다. [그림12]

254 도코(床)
일본 고대 건축에서 주변의 바닥보다 한 단 높게 해서 사람이 앉도록 한 장소. 다다미(疊)나 이불을 깔았던 것으로 추정된다. 침소(寢所)도 동일한 형식을 취하므로 침소의 의미로 사용되기도 하고, 사람의 좌석을 밑에서 받친다는 의미에서 받치는 것을 도코(床)라고 칭하기도 하는 등, 일반적으로 다양한 의미로 널리 사용된다. 무로마치(室町) 시대 이후에는 상류주택에서 귀인(貴人)의 좌석으로서 두었던 죠다이(帳臺)나 한 단 높여서 설치된 상단을 의미하게 되었다. 상단 오시이타(押板)가 도코노마(床の間)로 점차 변화되면서, 도코노마(床の間)의 축약어로 쓰이기도 한다. [그림12]

255 자시키(座敷)
일본의 주택에서 객간(客間) 등에 사용되는 다다미(疊)를 깐 방의 명칭. 통상 도코노마나(床ノ間) 지가이다나(違棚), 즈케쇼인(付書院)을 갖추고, 엔가와(緣側)를 설치하여 정원에 면하는 부분을 구성한다. 자시키(座敷)가 이러한 형식의 객간을 의미하게 된 것은 16세기 말 이후이다.

256 마에즈쿠에(前机)
불상 앞에 두고 향로 등을 두는 가구.

획되고 설치되면서부터 도코床[254]라고 하는 완성된 형식을 갖추게 된 것이다. 쇼인書院[253]에 이 도코床[254]를 선반과 함께 조합하여 배치하였고, 이러한 시설이 갖추어진 방이 그 집에서 가장 중요한 공간으로 자리매김하게 되었다. 나아가 이러한 시설을 갖춘 주택을 바탕으로 바로 쇼인즈쿠리書院造[253]라고 하는 새로운 형식이 탄생하게 된 것이다. 이는 당시 문화 부문을 담당하고 있었다고 할 수 있는 승려들에 의해 생겨난 것이므로, 점차 이들을 지지하는 사람들의 가옥에도 영향을 미치게 되었고, 결국 쇼인즈쿠리書院造[253]는 문화의 지도자적 지위를 갖던 승려들의 품에서 벗어나 무사들의 생활공간으로 옮겨오면서 완성을 보게 된 것이다. 따라서 이 시기의 쇼인즈쿠리書院造[258]는 승려들이 설치했던 형식 그대로 간소한 형태와 천하를 통일한 무사들이 그 권위를 과시하기 위해 호화롭게 꾸민 형태, 이렇게 두 가지로 분류된다.

아시카가 요시마사足利 義政[259]에 의해 소위 히가시야마東山[198] 문화가 형성되는 즈음의 유구라고 알려진 긴카쿠銀閣[260], 그리고 연대가 비슷하며 그 경내에 있는 동구당東求堂이 좋은 예에 해당한다고 할 수 있다. 동구당東求堂은 쇼인즈쿠리書院造[258]라고 보기에는 형식적으로 완성된 모습이라고 보기 어려울 뿐만 아니라 선승禪僧에 의해 조영된 예도 아니지만 앞에서 언급한 주택의 좋은 예라고 할 수 있는 것이다. 다이토쿠지大德寺[261] 대선원大仙院의 방장方丈도 그 사례 중 하나라 할 수 있다. 이 경우에는 현관도 설치되어 있고 그 형식이 후대의 무가인 쇼인즈쿠리書院造[258]에 적용되었으므로, 어떤 의미에서 이 형식은 오늘날의 주택 형식까지 이어져 내려오고 있다고 볼 수 있다.

257 오시이타(押板)

다다미(疊)에서 약 20~25cm정도 높게 설치된 두꺼운 판자를 깐 단을 의미한다. 무로마치(室町) 시대 자시키(座敷)를 장식하는 공간으로, 서화, 화병 등을 두었다. 13~14세기 유행했던 세로로 긴 송(宋)과 원(元)의 회화를 감상하기 위하여 만들어진 공간으로 추정되어, 가마쿠라(鎌倉) 후기에서 무로마치(室町) 초기 무렵에 발생한 것으로 보인다. 에도(江戶) 시대 이후 일반화되는 도코(床)의 기원이라고 추정된다.

258 쇼인즈쿠리(書院造)

신덴즈쿠리(寢殿造)에서 발전하여 무가(武家) 주택으로서 정형화된 양식. 신덴즈쿠리(寢殿造)와 비교하여 내부구획이 복잡하며, 마이라도나(舞良戶)나 아카리쇼지(明障子) 등의 창호가 도입되었다. 실내 바닥에는 다다미(疊)를 깔고 도코(床), 선반, 즈케쇼인(付書院) 등의 자시키(座敷) 장식이 부가되었다. 중문랑(中門廊)을 대신하여 현관이 설치되는 등, 오늘날의 주택에 계승된 부분이 많다. [그림12]

259 아시카가 요시마사(足利 義政)

[1436~1490] 무로마치(室町) 막부 제8대 쇼군(將軍). 6대 쇼군(將軍) 아시카가 요시노리(足利 義敎)의 아들, 7대 쇼군(將軍) 아시카가 요시카츠(足利 義勝)의 동생. 요시마사(義政)가 처음에는 아들이 없어 동생인 요시미(義視)를 후사로 정하였다가, 아들 요시히사(義尙)가 태어나자 후사를 바꾸려고 하여 오닌(應仁)의 난이 일어났다. 후에 요시히사(義尙)에게 쇼군(將軍) 직위를 물려주고 본인은 긴카쿠(銀閣)을 짓고 칩거하여 히가시야마도노(東山殿)이라 불리었다. 예능과 풍류를 좋아하여 문화인들을 후원하였다. 동산문화(東山文化) 발흥에 큰 기여를 하였다.

일본 근세 초기에 있어서 문화 영역을 담당하던 자가 앞서 언급한 바와 같이 승려들이었다고 한다면, 조선에서도 승려의 활동을 간과해서는 아니 된다고 해야 마땅하겠으나, 그 이상으로 유학자에 의해 좌우된 부분이 컸다고 할 수 있다. 조선의 건국 이후 한동안은 그 국가 기반이 안정되어 감에 따라 문화 부문에서의 업적이 두드러졌음을 확인할 수 있다. 그러나 유학자들이 정치를 집행하게 되면서 붕당의 화를 초래했고, 어느 날 아침 한 유학자가 붕당으로 정권을 쥐었다 하더라도 저녁에는 숙청되어 고향에 칩거하게 되는 상황이 일어나고, 결과적으로 수도에 저택을 마련하는 것도 중요하지만 화를 면하기 위해서는 고향에도 저택을 마련해야만 하게 되었다. 수도의 저택은 현재까지 남아 있을 리가 없지만, 고향에 있던 유명한 유학자의 가택이 오늘날도 남아 있으며, 그 몇몇은 널리 알려져 있다. 강릉의 오죽헌烏竹軒, 해운정海雲亭이나 안동 임청각臨淸閣, 봉화 유곡의 청암정靑巖亭이 이에 해당한다.

이 건축물들은 주택이라고는 하지만, 일반적으로 가족들이 생활하는 건물과는 별도로 조영되어 유학자들이 학문적 생활을 하는 장소, 정객과 대면하는 장소로 활용되었으므로 앞에서 살펴본 일본 쇼인즈쿠리書院造[258]의 자시키座敷[255]에 대응하는 것이라 할 수 있다. 이들 건물들은 마루는 우물마루를 깔고 천정은 지붕구조가 드러난 연등천정의 대청이라는 공간과 이에 부속하는 온돌방이 합쳐져 하나의 동棟을 이루고 있다. 간소한 형식의 건물로 정객을 이곳에 초청하여 담론을 나누는 객간客間으로서 앞에서 본 일본의 쇼인즈쿠리書院造[258]와 동일한 성격을 지닌 공간이라고 사료된다. 이렇듯 우연히도 동일한 성격의 건축이 일본과 조선의 건축사에서 동시에 보인다는 점은

260 긴카쿠(銀閣)
교토(京都) 좌경(左京)에 있는 지쇼지(慈照寺)에 있는 관음전(觀音殿)의 별칭이다. 아시카가요시마사(足利義政)가 8년에 걸쳐 건설하여 1489년에 완성된 산장인 히가시야마도노(東山殿) 내 건물이다. 요시마사(義政) 사후 1490년에 사찰이 되어 지쇼지(慈照寺)가 되었다. 당시의 건물로서 현존하는 것은 긴카쿠(銀閣)와 동구당(東求堂) 뿐으로 모두 국보로 지정되어 있다. 긴카쿠(銀閣)는 2층으로 이루어져 있으며, 하층은 불단을 안치한 쇼인(書院) 풍으로, 상층은 젠슈요(禪宗樣) 수법을 사용하고 있다. 원래 상층은 은박을 입히려고 계획했었으나 실현되지는 못했다.

261 다이토쿠지(大德寺)
교토(京都)에 있는 임제종(臨濟宗) 사찰. 1315년 슈호묘쵸(宗峰妙超)가 창건하였다. 하나조노텐노(花園天皇)와 고다이고 텐노(後醍醐天皇)의 후원이 두터워서 오산(五山)의 하나로 자리 잡았지만, 후에 그 지위를 버리고 다른 문파 승려의 출입을 금지하는 등 독자적인 도장으로서의 재야적 입장을 고수하였다. 오닌(應仁)의 난으로 소실되었지만, 사카이(堺) 호상들의 지원을 받아 잇큐소쥰(一休宗純)이 재건하였다. 다수의 닷츄(塔頭)가 남아 있고, 국보로 지정된 당문(唐門)은 쥬라쿠다이(聚樂第)의 유구라고 전해진다. 이름 있는 다실과 정원도 많이 남아 있다.

흥미를 유발시키는 부분이라 할 수 있고, 더불어 양자 모두 현대의 주택에도 이어져 내려오고 있다는 점에서 더더욱 흥미롭다고 할 수 있을 것이다.

유학자가 시골에 몸을 숨기는 것은 어떤 의미에서는 각각의 당파에 준수한 인재를 양성하여 제공할 기회를 갖는 것일 수 있다. 이는 사학私學을 설치하였다는 점을 통해 확인된다. 그리고 그 후학은 선생 사후에 선생의 위폐를 기리기 위한 사묘를 건립한다. 이들 사학과 묘를 유교에 있어서의 기관으로 발전시킨 것이 조선의 서원書院이다. 이 서원의 건축 형식은 공자를 기리는 묘인 문묘와 유사하다.

유교에서는 하나의 마을에 하나의 문묘文廟와 학교를 설치하도록 장려하였다. 이 문묘에는 중국의 공자묘와 유사하여 공자 및 그 제자의 위폐를 봉안하는 대성전을 주전主殿으로 하고, 그 전방에 동서로 나누어 예로부터 조선이라는 국가에 공로가 높은 위인들에 향사하는 공간인 무廡를 지었으며, 이에 부속하여 자제들을 교육하는 명륜당明倫堂을 지어 이를 향교라 명명하였다.

따라서 이와 동일한 용도인 유학자의 사학私學도 동일한 형식을 따랐던 것은 당연한 이치라 할 것이다. 이 사학과 사묘가 합쳐진 형태의 하나라 할 수 있는 사원 중에 고려 말 유학자 안향安珦을 배향한 서원이 있었다. 명종明宗은 이 서원에 소수서원紹修書院이라는 편액을 하사하였고, 이후 수많은 서원이 생겨났다. 이 사묘가 유학자의 가택과 별개라고 보기 어렵고, 그 원형이 되는 문묘의 건축형식도 사찰과 같이 화려한 형식을 추구하거나 조영되지 않았으므로, 이 서원에서 건축, 특히 의장의 측면에서 특이할만한 점을 거론하기는 어렵다.

여기에서 조선시대 목조건축의 일반적 특징을 말하자면 이상에서 거론한 주택, 서원, 문묘 모두 규모에서는 다소 차이는 있지만 수법과 형식이라는 점에서는 거의 차이가 보이지 않는다. 상당히 커다란 초석위에 그 규모에 비해 두꺼운 기둥을 세우고, 공포의 형식에는 구애받지 않고, 어느 건축에서도 흔히 볼 수 있는 그런 형식을 보이고 있으며, 커다란 보를 이중으로 걸치고 이를 동자주로 받치는 지붕구조로, 처마는 앙곡을 구성하고, 지붕은 암키와와 수키와를 얹는 소위 일본의 기와지붕과 동일한 형식이다. 또 건축의 종류에 따라 특별히 달라지지 않는 유사한 석조기단 위에 건물을 세웠다.

일본에서는 승려의 요사寮舍로 쇼인즈쿠리書院造[258]가 발전하면서 그 건축 형식은 동일한 가람 내의 여타 불전과는 다른 형식으로 전개되었다. 불전 등 가람의 주요 건축물이 석조 기단 위에 원기둥을 세우고 공포를 구성하며, 지붕에는 기와를 얹은 위풍당당한 모습을 지니고 있다면, 그 승려의 요사채인 방장方丈은 도코床[254]를 설치하고 다다미疊를 설치한 방도 있고, 후스마襖[27]를 설치하여 방을 구획하고, 천정은 사오부치텐죠竿緣天井[262]로 구성하였으며, 기둥도 비교적 얇게 멘토리面取[263]한 것을 사용하였다. 공포도 소로를 사용하지 않고 첨차가 직접 도리를 받는 후나히지키舟肘木[264] 정도로 하였고, 지붕은 나무껍질을 두껍게 겹쳐서 이은 히와다부키檜皮葺[160]나 얇은 널판을 겹쳐서 잇는 고케라부키杮葺[265]를 사용하여, 외관과 내장 모두 전혀 다른 모습을 취하였다. 즉, 가람건축은 본연의 사명에 따라 외래 양식을 많이 사용하여 건축되었다면, 요사는 생활에 편리한 요소를 위주로 구성한 것이다. 따라서 전통 양식을 주로 채용하고 있다고 이해하면

262 사오부치텐죠(竿緣天井)
천정 반자의 청판을 비늘판 형태로 겹쳐서 배열하여 사오부치(竿緣)라고 하는 반자틀에 고정한 형태의 천정. [그림 13]

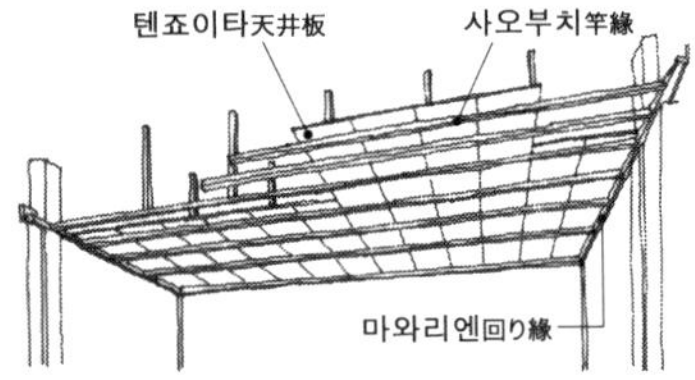

[그림13] 사오부치텐죠(竿緣天井)

263 멘토리(面取)
각기둥에서 모서리 부분을 깎아 내는 것으로, 기둥 두께의 1/10정도에 해당하는 부분을 깎아 낸다. 따라서 멘토리(面取)를 한 기둥은 단면이 정사각형에 가까운 팔각형을 이루게 된다. 의장적인 목적도 있지만, 모서리를 보호하는 기능도 있다.

264 후나히지키(船肘木)
배 모양의 첨차라는 의미로 사용되지만, 구법에 있어서는 소로를 올리지 않고 직접 도리를 받친다는 특징을 갖는다.

265 고케라부키(杮葺)
지붕잇기 공법의 하나로, 삼나무, 편백나무, 화백나무 등의 얇은 판자를 지붕에 얹는 공법이다. 이 얇은 판자를 대나무못으로 박아서 고정하고 처마부분은 더 두꺼운 판자를 사용한다. 민가에서는 기와를 얹기 전에 하부에 기초로 지붕잇기한 것을 의미하기도 한다. [그림 14]

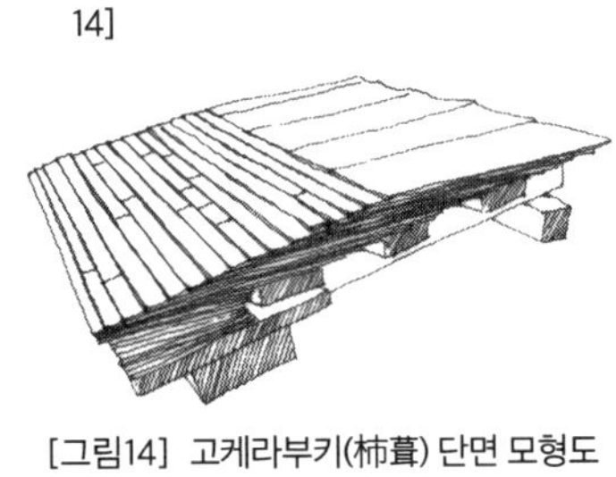

[그림14] 고케라부키(杮葺) 단면 모형도

혼동의 여지가 없을 것이다. 건축문화라는 관점에서 이를 설명하자면, 다양성을 바탕으로 매우 풍부한 내용을 담고 있다고 할 수 있는 것이다.

여기에서 또 다른 일본 건축문화의 풍부한 내용에 대하여 지적해 보자면, 신사건축에서도 지속적으로 많은 형식이 첨가되며 변화를 거듭해 왔다는 점을 들 수 있다. 고대 이전에 이미 다이샤즈쿠리大社造[50], 스미요시즈쿠리住吉造[63], 신메이즈쿠리神明造[64]가 형성되었지만, 대륙 건축형식의 유입 이후로는 그 영향을 받아서 형성된 형식도 나타났다. 헤이안平安 시대[17]에는 하치만즈쿠리八幡造[266], 히에즈쿠리日吉造[267], 가스가즈쿠리春日造[268], 나가레즈쿠리流造[269]라는 형식이 더해지고, 그 중에서도 나가레즈쿠리流造[269]와 가스가즈쿠리春日造[268]는 신사의 본전 형식으로서 보편화되었고, 그 유구도 당대의 것이 가장 많이 남아 있을 정도로 많은 수의 우수한 건물이 건립되었다. 그 밖에도 사찰건축의 형식, 특히 선종의 개산당 형식과 유사한 형태의 신사 본전 형식이 나타나면서 정형화되는 경향을 확인할 수 있다. 이것은 우선 도사진자土佐神社[270] 본전과 같은 예에서 확인되고, 여기서 한층 진화되어 도요구니뵤豊國廟[271]나 도쿠가와 이에야스德川 家康[272]를 기린 도쇼구東照宮[273]에도 사용되었고, 이 형식은 소위 곤겐즈쿠리權現造[274]라 불리게 되었다. 전통의 보존과 외래의 유입, 이 둘은 점차 서로 절충하거나 순수성을 지키는 방향으로 양식이 변화되고 새롭게 전개되었고, 어느덧 구분하기 어려울 정도로 복잡미묘해졌다. 이는 건축문화의 내용이 풍부해지는 양상을 보여주고 있는 것이다.

266 하치만즈쿠리(八幡造)
두 동의 건물 처마부를 맞대어 연결하여 하나의 건물로 연결한 형태의 신사 본전 형식. 치기와 가츠오기가 없는 것이 특징이다. 우사진구(宇佐神宮) 본전이 대표적인 예이다. [그림4]

267 히에즈쿠리(日吉造)
도리방향 3칸, 보방향 2칸으로, 정면과 측면 세 방향으로 히사시(庇)가 더해져 있고, 지붕은 팔작지붕이지만 후면은 잘라낸 것과 같은 형태를 하고 있다. 근래 지어진 것을 제외하면 히에다이샤(日吉大社)가 유일한 예이다.

268 가스가즈쿠리(春日造)
가스가타이샤(春日大社)로 대표되는 신사 본전의 한 형식. 본전은 맞배지붕을 취하고 합각부분에 입구를 설치하였으며, 입구 부분에 고하이(向拜)를 덧단 것으로, 기본적으로 1X1칸 크기이다. 간혹 3칸으로 구성된 것도 있다. 본전은 기본적으로 시게다루키(繁垂木)인데, 고하이(向拜)에는 마바라다루키(まばら垂木)가 적용된 것이 특징이다. 현재 긴키(近畿) 지방에 많은 수에 건물이 현존한다. [그림4]

269 나가레즈쿠리(流れ造)
신사 본전 건축양식의 하나이다. 맞배지붕에 지붕 전면 처마 쪽에 입구를 갖는 건물에서 지붕을 전면으로 길게 뺀 것으로, 이 부분을 고바이(向拜)로 활용한다. 일본 전역으로 널리 퍼진 양식으로, 그 중 가장 오래된 것이 우지가미진자(宇治上神社, 12세기 무렵) 본전이다. [그림4]

270 도사진자(土佐神社)
고치(高知)에 있는 신사. 창건과 관련하여 불명확하다. 본전이 국가중요문화재로 지정되어 있다.

271 도요구니뵤(豊國廟)
교토(京都) 히가시야마(東山)에 있었던 도요토미 히데요시(豊臣 秀吉)의 영묘. 닛코(日光) 도쇼구(東照宮)의 선구작이다. 도요토미(豊臣) 일가의 멸망과 함께 쇠퇴하여 폐하여졌다. 메이지(明治) 시대에 도요구니진자(豊國神社)로 재건되었다.

(4) 성곽건축

이상에서 서술한 바와 같이 일본과 조선의 건축과 관련하여 각각의 시대를 대표하는 양식이 결정되는 것을 보면, 토지와 기후가 씨실이 되고, 대륙에서 전래된 것이 날실이 되어 이를 잘 짜서 완성한 것이라 할 수 있다. 날실이 되는 것은 대륙으로부터 전래된 것뿐이라 할 수 있는데, 만약 다른 지역의 영향을 받았다고 하더라도 그 부분마저도 대륙을 통해 전래된 것이라 할 수 있다. 불탑의 기원이 인도에 있다고 하여도, 인도의 불탑 형식이 그대로 일본과 조선에 축조되지는 않았었고 중국을 거치면서 상당한 변화가 일어났다. 인도의 형식에 중국 누각 건축 형식이 더해지며 중국식 불탑 형식이 완성되었고 그 이후에 전래된 것이다. 이 양식이 일본과 조선에서 축조된 것이다.

그런데 근세 일본은 해외로의 진출이 활발하기도 하였지만, 서구 제국의 배가 동아시아지역까지 방문하게 된 것도 원인이 되어 지금껏 상상할 수 없었던 서구의 문물이 전래되었다. 그것이 건축계에 영향을 미쳐서 서구의 건축양식이 적용된 건물이 보이기도 하지만 이와는 별개로 당시 전래된 문물 중에서 대표적인 것인 조총이었다. 이 조총의 전래는 군사적으로 전투 방식을 크게 변화시켰고, 이것이 건축에도 커다란 영향을 미치기에 이르렀다. 공격용으로 조총을 사용하게 되면서 상대편은 이를 방어할 수 있는 시설을 구축해야 했고, 견고한 성을 수축하는 방향으로 발전하게 되었다. 즉 성곽건축이 기존의 성책에서 진보 발전하여, 견고하게 축조하는 방향을 추구하게 되었고, 이를 갖추지 못하면 결국 패업을 달성할 수 없는

272 도쿠가와 이에야스(德川家康)
[1542~1616] 에도(江戸) 막부의 초대 쇼군(將軍). 오카자키죠(岡崎城) 성주인 마츠다이라 히로타다(松平 廣忠)의 장남. 이마가와 요시모토(今川 義元), 오다 노부나가(織田 信長) 등과 결탁하여 동쪽에서 세력을 확대하였다. 도요토미 히데요시(豊臣 秀吉)의 통일전쟁에 협력한 공으로 간토(關東) 전체를 영지로 받고 1590년에 에도(江戸)에 입성한였다. 세키가하라(關ヶ原) 전투에서 승리하여 1603년 세이이타이쇼군(征夷大將軍)에 봉해지고, 에도(江戸)에 막부를 열었다. 쇼군(장군)에서 물러난 이후에도 오오고쇼(大御所)로서 실권을 장악하고, 오오사카죠(大阪城) 전투에서 토요토미(豊臣) 세력을 격파하여 통일을 완성하였다.

273 도쇼구(東照宮)
도쿠가와 이에야스(德川 家康)에게 제사하는 신사. 이에야스(家康)이 1616년 죽자 구노잔(久能山)에 장례를 지냈는데, 이듬해 유언을 받들어 닛코(日光)에 사전(社殿)을 짓고 신으로 모셨다. 국왕으로부터 도쇼다이곤겐(東照大權現)이라는 칭호를 받고 정일위(正一位)에 봉해졌다. 1645년 이 신사가 도쇼구(東照宮)로 명해지면서 전국적으로 산재해 있던 도쿠가와 이에야스(德川 家康)를 모시는 신사도 도쇼구(東照宮)라고 칭하게 되었고, 그 수가 100여개를 훨씬 넘기에 이르렀다. 대표적인 것으로는 히로사키(弘前), 가와코시(川越), 구노잔(久能山), 다키야마(瀧山), 와카야마(和歌山)의 도쇼구(東照宮)를 들 수 있다. 닛코(日光) 도쇼구(東照宮)의 현재 건물은 간에이(寛永) 연간에 개축한 것이다. 극채색한 공예적 장식이 특색으로, 양명문(陽明門), 본전(本殿), 니시노마(西の間), 배전(拜殿), 스키베이(透き塀), 당문(唐門)이 국보로 지정되어 있다.

274 곤겐즈쿠리(權現造)
신사 건축에서 팔작지붕의 본전과 배전을 맞배지붕으로 연결한 형태. 도쇼구(東照宮)에서 채용되면서 생겨난 이름이다. 야츠무네즈쿠리(八棟造)라고도 한다.

상황에 이르게 되어 근세의 건축은 성곽건축이 그 중심에 놓이게 되었다.

일본만 이러한 상황을 보이는 것일까? 본고에서 비교하고 있는 조선에 대하여 살펴보고자 하여도 근세 성곽건축이라는 것을 불문에 부치는 것은 불가능하다 할 수 있다. 조선의 성보城堡와 관련하여 예로부터 산성과 도성을 축성하였던 것은 문헌에서도 확인되고, 사실 그 유구도 풍부하다. 순수한 성보의 유형으로 보기는 어렵지만, 도성에도 그 중심에 궁전을 조영하고 서민들의 민가도 그 안에 건설하였다. 그런데 거기에 전투와 관련된 건축 시설은 어느 수준으로 구축되었을까? 이 도성의 형식도 대부분 대륙을 모방하였지만, 대륙의 도성과 같은 평탄한 지역을 택한 것이 아니라 -물론 그러한 예도 몇몇 보이지만- 조선 특유의 개성을 그 속에 담아 산으로 둘러싸인 지역을 택한 것이다. 그렇지만 이 도성도 고려 왕경인 개성에서 보이는 것처럼, 거란의 침입으로 피해를 입은 후에 다시 침입하는 것을 막기 위해 나성을 쌓아서 보다 견고하게 만든 천연요새라고 할 수 있는 수준으로, 사실 성곽건축이라고 거론될 정도는 아니었다.

조선시대가 되면서 태조는 개성에서 즉위하고 그 이듬해 개성의 내성을 돌로 쌓았다는 기록이 있다. 그러나 곧바로 한성으로 수도를 천도하고 그 도성도 돌로 축조하였다. 성벽을 쌓을 때, 재료로 흙 또는 돌 어느 것을 사용할 것인지 해당 지역의 상황에 좌우되는 바가 크겠지만, 한반도 지역에서 국가를 수립하고 그 머리에 해당하는 도성의 성벽을 돌로 쌓은 예는 과거 고구려 평양성을 들 수 있고, 후대에는 조선의 한성이 있어, 이렇게 두 가지 사례가 있을 뿐이다. 이 한성 성벽도 축조하고 얼마 지나지 않은 세종 4년에 대대적인 개축을 필요로 할 정도였다고 한다. 성벽 축조 당시 대소팔문大小八門을 설치하였고, 그중에서도 남쪽의 숭례문崇禮門과 동쪽의 흥인지문興仁之門은 특히 다른 성문에 비해 규모를 크게 하였다. 동일하게 석조 홍예문을 설치하면서도 문루를 중층으로 하여 장엄한 기품을 품는 위풍당당한 형태로 하였다는 점은 오늘날에도 확인되는 바이다.

이 한성 성곽을 모방한 것인지 혹은 독자적인 형식으로 선택된 것인지, 읍성도 각지에 조영되었다. 읍성은 성벽을 석축벽으로 하고, 성문에는 단층 또는 중층의 누각을 세운 것이 많다. 도읍에 이러한 성곽건축을 조영한 것은 대륙의 영향을 받은 것이라고 하더라도 실제로는 빈번히 쳐들어오는 외적을 고려하지 않을 수 없었던 사정이 있었다. 이와 관련하여 조선반도 서남해안에 연하는 지역에서 읍성이 확인되는 것을 보면, 말할 필요도 없이 소위 왜적에 방비하기 위한 것이라 할 수 있고, 북방 지역에서는 과거 요遼, 금金 또는 원元 등의 만주에서 흥기한 민족에 대한 만전의 방책으로 축조되었다고 볼 수 있다. 그렇다고 하여도 이들 읍성은 단지 성벽을 두르고 출입구에 성문을 설치하는 수준에 그친 정도였으므로, 실전에서 효과를 보았다고는 생각하기 어려운 점이 많다. 즉 조선시대 초기까지의 성곽건축은 전투시의 공격과 방어라는 관점에서 성곽의 기능을 갖추었다고 보기 어렵다.

그리하여 임진왜란壬辰倭亂과 정유재란丁酉再亂[역자주20]을 초래했던 것이다. 이 전쟁은 군사적인 측면에서 조선으로 하여금 크게 반성하도록 하여 군사 측면에서 괄목할만한 발명과 발전을 불러일으켰으며, 더불어 이 성곽건축에 있어서도 새롭게 발전할 수 있는 기회를 제공하였다. 그러

역자주20 원문에는 「文祿·慶長の役」으로 적혀 있다. 이는 일본에서 임진왜란과 정유재란을 칭하는 단어이다. 원작자의 의도를 그대로 반영하기 위해서는 원문 표기를 그대로 따르는 것이 타당하지만, 정확한 의미전달을 위하여 편의상 임진왜란壬辰倭亂과 정유재란丁酉再亂으로 의역하였다.

나 일본과 평화로운 교섭이 진행되고, 청과의 복속문제도 일단락되자 국내 정치세력 간의 알력싸움이 심해졌다. 이로 인해 점차 잊혔던 것인지도 모르겠지만 실제 성곽건축에서 그러한 발전이 드러난 경우는 없었다.

결국 영정조대에 이르러 비교적 평온한 정세가 계속되고, 한편 학문적으로는 세세한 유교 교리에 집착하지 않게 되자 이른바 실학이 융성하는 경향을 보이게 된다. 이러한 상황 속에서 획기적인 성곽건축이라 할 수 있는 수원성이 출현하게 된 것이다. 정조는 비명에 유명을 달리한 아버지 장헌세자莊獻世子에 대한 추도를 금하지 못하고 그 능陵을 팔달산 아래 당시의 수원에 조영하였다. 정조는 조선 재래의 축성법을 조사하도록 팔도의 신하들에게 명을 내림과 동시에, 측근 신하들에게는 축성에 관한 의견 즉 이론을 연구하도록 지시하였다. 이는 실로 근세적 건축을 건설하는 하나의 태도를 보여주고 있는 것이라고 할 것이며, 임진왜란壬辰倭亂과 정유재란丁酉再亂, 그리고 병자호란丙子胡亂의 경험이 도움을 주었고, 그것을 잘 활용한 것이라 할 수 있다. 게다가 당시 문운부흥文運復興의 조류에 편승하는 점도 보인다. 청의 건륭제乾隆帝가 활발히 유입하였던 서구의 학문이 다시 조선에 전해져 성곽건축에 영향을 미쳤고, 이 서구식 축성법이 수원 화성에 채택되었다고도 볼 수 있는 것이다. 수원성이 도시를 감싸는 성곽을 구축한다는 점에서는 여타 도성과 다를 바 없지만, 이곳은 다른 성곽과 달리 성벽 위 여장에도 실질적 치수를 적용하였고, 근세이후 사라진 치雉를 효과적으로 재현하였다. 이론으로만 완성되었던 포루砲樓를 실현하였으며, 포루鋪樓, 각루角樓, 공심돈空心墩, 노대弩臺, 봉돈烽墩, 각도角道 등 전투를 목적으로 한 시설물을 구축하였던 것이다. 이 수원성곽을 통해 조선 재래의 단순한 도성을 넘어서고자 하였고 그 결실을 맺었다는 점은 특기할 만한 가치가 있다고 할 수 있다.

도요토미 히데요시豊臣 秀吉[15]가 조선에 대해 임진왜란과 정유재란을 일으킨 것은 국내 통일을 이룩한 이후의 일이다. 도요토미 히데요시豊臣 秀吉[15]의 이 국내 통일 사업을 가능케 한 것은 전략과 지략, 모략이 우수했다는 점이라는 것은 두 말할 필요도 없지만, 또 다른 요소로 그의 주군 오다 노부나가織田 信長[275]를 계승했다는 점을 들 수 있다. 오다 노부나가織田 信長[275]가 발 빠르게 조총 부대를 조직하여 실전에 투입하였고, 조총부대의 공격력에 대한 방어책으로써 견고한 성곽을 조영했던 것도 그대로 계승했다는 점에 기인한다. 이 과정에서 생겨난 성곽이 조선의 읍성과 다른 점은 군웅할거 시대에 필연적이었다고도 할 수 있는 거관居館[역자주21]이 발전하였다는 점에 있다. 즉 영주가 통치하는 지역 안에서 중요한 장소, 또는 정치 및 경제에 있어 중심이 될 만한 장소를 선택하여 거관을 마련하였고, 그 거관이 다른 자에게 공략당하기 어렵도록 군사적 시설을 갖추게 되면서 성곽의 특성을 완성하게 된 것이다. 그리고 그 거관이 되는 성을 중심으로 일반 민가가 모여들고, 여기에 죠카마치城下町[276]가 형성되기에 이른 것이다. 이 마을이 오늘날 많은 도시형성의 바탕이 되었지만, 조선의 읍성이나 도성과는 그 성격을 달리하는 것이라 할 수 있다.

일본성곽은 거관의 발전된 형태라는 점에서, 영주의 권위를 보이기 위한 수단이 된다고 할 수 있다. 권위를 과시하기 위해 자금력을 동원하여서 점차 규모를 키웠다. 복잡한 기구를 설치하여 영구적인 난공불락의 성이 되도

275 오다 노부나가(織田 信長)
[1534~1582] 센고쿠(전국) 시대의 무장. 1560년 이마가와 요시모토(今川義元)를 패망시키고 세력을 잡기 시작하여, 이후 여러 군웅들을 공격하여 세력을 넓혔다. 1573년 쇼군(將軍) 아시카가 요시아키(足利 義昭)를 추방하여 무로마치(室町) 막부를 멸망시켰다. 아즈치죠(安土城)를 구축하여 거점으로 삼고 일본 통일을 꾀하였다. 사찰이 가진 중세적 특권을 혁파하는 한편, 무역을 장려하고 라쿠시라쿠자(樂市樂座)를 설치하는 등 혁신적인 사업을 단행하였다. 아케치 미츠히데(明智光秀)의 급습을 받아 혼노지(本能寺)에서 자살하였다.

역자주21 일반적으로는 저택을 의미하지만, 영주가 거점으로 삼는 곳이라는 의미도 있어서, 그 거점이 저택이면 거관이라고 하고, 성곽이면 거성이라고 하였다.

276 죠카마치(城下町)
센고쿠(戰國) 시대 이후 다이묘(大名)의 거성을 중심으로 형성되는 도시로, 다이묘(大名)가 지배하는 영지의 수도로서의 성격을 갖는다. 센고쿠(戰國) 시대 이전에도 죠카마치(城下町)는 있었지만 자연발생적 군집의 성격이 강했고, 신분과 기능에 따라 구역을 나누는 도시계획은 오다 노부나가(織田 信長)에 의해 정착되었다. 1576년의 아즈치(安土)가 선구적인 예라고 할 수 있다. 에도(江戶) 막부가 해체되면서 그 성격은 옅어졌지만, 근현대의 주요 도시는 대부분 죠카마치(城下町)를 토대로 발전한 것이다.

록 견고히 하고, 이에 더하여 호사스러운 사치와 장식으로 꾸미는 경향으로 변모해 간 것이다. 게다가 그 본래의 목적인 군사적 시설에 대한 연구가 한층 발전하여, 출입구 방식이 변화무쌍하고 성루를 다양하게 돌출시키는 등 단순히 ㄱ자형으로 출구가 굽어진 것에 그치지 않고 다양한 형태로 조성하였다. 구조적인 면에서는 높게 석단을 쌓고, 동시에 토축을 두껍게 하였고 그 밖에 해자를 파고 물을 채워서 음료수 조달에 대해서도 궁리하였던 것이다. 벽은 화승총에 대한 방어력을 높이기 위하여 두껍게 하고, 문루를 적소에 배치하였다. 이 성곽 건축의 특징을 가장 잘 발휘하고 있는 것이 다몽多門[277]과 야구라櫓[278]이며, 여기에 더하여 천수각天守閣[279]이 있다. 천수각天守閣[279]은 성 안에 있는 전각들 중에서 가장 중요한 건물로, 다층으로 높게 누각을 쌓아 일국의 주인으로서 그 권위를 자랑할 만한 건축물로서의 상징성을 가지며, 실질적으로는 전망대나 사령탑의 역할을 하였으며, 그 하층 내부는 전투용 물자를 저장하는 창고로 사용되어, 전투에서 불리해질 경우 최후 방어선으로서 성주가 있는 공간이기도 하다. 이러한 용도에 적합하도록 천수각[279]은 성 내외를 두루 전망할 수 있는 최적의 장소에 입지하였으며, 대체로 성의 중앙에 위치하였다. 완전한 방어력을 갖추어 견고한 구조로 건설되었고, 최대최고의 지위를 과시하기에 충분한 장려한 외관으로 구축되었다고 할 수 있다. 지금도 남아있는 히메지죠姫路城[280]의 천수각[279], 공습空襲[역자주22]에 의해 소실된 나고야죠名古屋城[281] 천수각[279]은 대표적인 예로서 세상에 널리 알려져 있다.

에도江戶[38] 막부가 확립된 이후, 이러한 성곽건축의 진보를 정책상으로는 전혀 의미가 없는 것으로 치부하고 철

277 다몽(多門)
성의 석축 위에 설치한 장방형의 건물로 병기고나 방벽의 역할을 한다.

278 야구라(櫓)
성문이나 성벽 위에 설치한 높은 누각으로 아래 부분은 주로 병기고로 사용되고, 윗부분은 관망과 사격의 역할을 한다.

279 천수각(天守閣)
일본 성곽에서 가장 높이 솟은 건물. 망루가 발달한 형태로 생각되며, 무로마치(室町) 말기부터 조영되었다. 단기간의 농성이 가능한 정도의 장비와 시설을 갖추고 있다. 큰 성에서는 대천수(大天守)와 소천수(小天守)의 두 천수각(天守閣)을 갖는 경우도 있다. [그림15]

280 히메지죠(姬路城)
효고(兵庫) 히메지(姬路)의 히메야마(姬山)에 있는 성. 천수각(天守閣)과 야구라(櫓) 등의 건축군이 지금도 남아 있는 것으로 유명하다. 기원은 1346년 아카마츠 사다노리(赤松 貞範)가 성을 쌓은 것에서 시작한다. 근세의 축성은 도요토미 히데요시(豊臣 秀吉)가 거성으로 개수하였고, 세키가하라(關ヶ原) 전투 이후 도쿠가와 이에야스(德川 家康)에게 넘어가면서, 1600년 이케다테루마사(池田輝政)의 대공사를 거쳐 지금의 모습에 이르게 되었다.

역자주22 태평양전쟁 때 미군의 포탄 공습을 의미한다.

281 나고야죠(名古屋城)
도쿠가와(德川) 가에서 분파한 3대 가문 중 하나인 오와리(尾張) 일가의 거성(居城)이다. 1612년에 전국적으로 명을 내려 재료와 기술자를 수급하는 천하보청(天下普請)을 통해 완성되었다. 1945년 화재로 소실되어, 야구라(櫓) 3동과 문(門) 3동이 남았다. 천수각(天守閣)을 철골조 철근콘크리트로 재건하였다.

거하는 경우도 많았고, 군사학적으로는 지속적으로 연구가 진행되는 경우도 있었지만 그 연구가 실제로 실현되지는 못했다. 즉 조선에서는 그 궁리가 우연히 수원성의 축조로 실현된 것과는 반대로 일본에서는 그러한 궁리가 실제에 옮겨질 기회를 갖지 못하고, 메이지이신明治維新[282]으로 이어지면서 국내 성곽건축으로서의 맥은 오랫동안 끊어지게 되었던 것이다.

282 메이지이신(明治維新) 도쿠가와(德川) 일가에 의한 도쿠가와(德川) 막부가 붕괴하고 메이지(明治) 신정부에 의해 중앙집권적 통일국가가 성립되고 자본주의화하는 과정에 있어서, 그 출발점이 된 일련의 정치적 사회적 변혁을 뜻한다. 시점과 종점에 대해서는 다양한 이론이 있지만, 페리제독에 의한 개국을 기점으로 대정봉환(大政奉還), 무신전쟁(戊辰戰爭), 폐번치현(廢藩置縣)을 거쳐서 서남전쟁(西南戰爭)까지, 1853년부터 1877년까지로 보는 견해가 일반적이다.

[그림15] 후시미모모야마죠(伏見桃山城) 천수각의 북측면도

(5) 궁실의 조영

283 건무(建武)
일본남북조시대 초기의 연호로, 북조와 남조가 건무라는 연호를 사용한 시기가 각기 다르다. 남조에서는 1334년 1월 29일~1336년 2월 19일, 북조는 1334년 1월 29일~1338년 8월 28일, 이 시기 동안 건무라는 연호를 사용하였다.

284 게이쵸(慶長)
(1596~1615) 일본의 연호. 아즈치모모야마(安土桃山) 시대에서 에도(江戸) 시대에 해당. 고요제이 텐노(後陽成天皇)와 고미즈노오 텐노(後水尾天皇) 대의 연호.

285 자신전(紫宸殿)
일본 궁전의 정전. 히와다부키(檜皮葺) 팔작지붕의 건물로, 정면 9칸의 모야(母屋)에 히사시(廂)가 설치되었다. 원래는 일상적 정무를 보는 편전의 성격으로 건설되었으나 대극전(大極殿)이 소실된 이후 정전의 역할을 하게 되었다. 현재 교토고쇼(京都御所)의 자신전은 1855년에 조영되었다.

건무建武[283] 연간의 중흥을 근세적인 의식이 융성하게 된 근원이라고 보는 견해에 대하여 의문을 가져봄직하다. 그 의문이 생겨나는 부분은 아시카가 타카우지足利 尊氏[243]가 막부를 교토에 설치하고 가마쿠라鎌倉 시대[18]를 통해 배양된 무사의 기풍을 근세적으로 전개시켰다고 하는 점에 대한 부분이 아니라, 교토의 전통에 익숙해지면서 공가풍公家風 문화에 이끌리게 되었고 이를 모방하는데 그쳤다고 하는 점에 대한 것으로, 정반대로 보는 시각에 대한 것이다. 왕정복고는 아시카가足利[10]의 선택지가 아니었다. 무의미한 사치로 일관했던 부분에 대해 반성을 하지 않는 아시카가足利[10]의 정치에 불만을 품은 사람들이 많아졌고, 그것에 대한 항의가 거세지면서 황실의 쇠약을 초래하기에 이르렀다. 수많은 자들이 이 사실을 우려하고 상경上京할 기회를 엿보면서 국가를 세웠고 이것이 전란의 분기점이 된 것이다. 이러한 기회를 잘 이용한 것이 오다 노부나가織田 信長[275]였다. 그러면서 황거皇居의 수리에 전력을 다하였는데, 오다 노부나가織田 信長[275]의 뒤를 이은 도요토미 히데요시豊臣 秀吉[15]는 오다 노부나가織田 信長[275]보다도 한 층 더 황거의 수리에 힘을 다하여 종횡으로 확장하고 그 규모를 확충하는 등, 황거를 대대적으로 정비하여 진상했던 것이다.

에도江戸[38]에 막부를 개창한 것은 왕정복고 실현과 거리가 먼 것이라 할 수도 있으나, 황실에 대해 예를 표하는 것은 게을리 하지 않았고, 게이쵸慶長[284]11년(1606년)에는 도요토미 히데요시豊臣 秀吉[15]가 조영했던 황거 건물을 다른 곳에 이축하면서 자신전紫宸殿[285], 청량전清凉

殿[286], 상어전常御殿, 어학문소御學問所, 기록소記錄所, 어청소御清所, 안어어전安御御殿, 동서대옥東西對屋, 기타 잡사 등의 일체를 조영하여 진상하였던 것이다. 기타 잡사라 할지라도 화재가 있으면 그 때마다 재건하기를 게을리 하지 않았다. 더욱이 간세이寬政[287] 연간의 조영 때는 마츠다이라 사다노부松平 定信[288]를 총재로 삼고, 시바노 리츠잔柴野 栗山[289]으로 하여금 여러 박사들과 연구하고 토론하게 하여 자신전紫宸殿[285]의 규모를 확대하고, 회랑을 건설하는 등 예전 다이리內裏[290]의 제도를 복구한 점은 황실에 대한 도쿠가와德川 일가[12]의 충성을 표현한 것이라고 보아야 할 것이다. 그 뒤 안세이安政[291] 연간에도 조영되었고, 그것이 현재 교토고쇼京都御所[292]로 남아있는 것이다. 그 황거의 상어전常御殿이나 어학문소御學問所 그밖에 전각에는 쇼인즈쿠리書院造[258]를 적용하여 변화를 주었지만, 자신전[285]이나 청량전清凉殿[286]과 같은 것에는 신덴즈쿠리寢殿造[250] 형식을 따랐다. 특히 자신전[285]은 구조와 형식면으로 보면 맞배지붕 모야母屋[158]에 사방으로 히사시廂[159]를 설치하였고, 그 모서리에 서까래가 없는 하시카쿠시階隱柱[293]로 받치는 것은 다른 예가 없는 것으로, 이 시기에 그 형식이 성립되었다고 볼 수 있다. 또 지붕 재료로는 히와다檜皮[175]를 사용한 것도 이 건물의 구조형식이 일본 독자적인 성립에 의한 것이라는 것을 보여주는 부분으로 보는 이로 하여금 청정清淨의 기운을 만끽할 수 있도록 하는 건물이다.

교토고쇼京都御所[292]가 복고 정신을 토대로 헤이안平安 시대[17]의 다이리內裏[290]를 재현한 것이라고 한다면, 한편 아즈치모모야마安土桃山[48] 시대에 거의 완성되었다고 볼 수 있는 쇼인즈쿠리書院造[258] 수법을 토대로 가츠라리큐桂

286 청량전(清凉殿)
헤이안(平安) 시대 이후 다이리(內裏)에 있어서 일본 국왕이 거주하는 건물. 근세에는 의식에도 활용되었다. 중전(中殿)이라고도 한다.

287 간세이(寬政)
1789년~1801년의 일본 연호. 고카쿠텐노(光格天皇) 대의 연호. 이 시기 에도의 쇼군은 11대 도쿠가와 이에나리(德川 家齊)였다. 다누마 오키츠그(田沼意次)가 실각한 후, 1787년~1793년 마츠다이라 사다노부(松平 定信)가 로쥬(老中)에 취임하여 대규모로 막부정치의 개혁을 단행하는데, 이를 「간세이 개혁(寬政の改革)」이라고 부른다. 에도 시대 삼대 개혁의 하나이다.

288 마츠다이라 사다노부(松平 定信)
[1758~1829] 에도(江戶) 후기의 막부 로쥬(老中). 간세이(寬政) 개혁을 주도한 중심인물. 8대 쇼군(將軍) 도쿠가와 요시무네(德川 吉宗)의 손자이며, 도쿠가와(德川) 일가에서 분파하여 다야스(田安) 일가를 일으킨 다야스 무네타케(田安 宗武)의 아들이다. 유학자 오오츠카 타카야스(大塚 孝綽)에게 사사받아 유년시절부터 학문이 뛰어났으며, 1774년 시라카와한(白河藩)의 번주(藩主) 마츠다이라 사다쿠니(松平 定邦)의 양자가 되고, 1783년에 자리를 물려받아 번주(藩主)가 되었다. 덴메이(天明)의 대기근 때 식량을 풀어 구제하여 시라카와한(白河藩)에서는 굶어 죽는 이가 없었다고 전해진다. 저서로는 『花月雙紙』, 『우게노히토코토(宇下人言)』 등이 있다.

289 시바노 리츠잔(柴野 栗山)
[1736~1807] 에도(江戶) 중후기의 유학자. 사누키(讃岐) 출신. 쇼헤이자카가쿠몬쇼(昌平坂學問所)에서 수학한 뒤 교토(京都)에서 국학을 진흥시켰다. 53세에 마츠다이라 사다노부(松平 定信)가 초청하여 막부 유관(儒官) 겸 쇼

헤이자카가쿠몬쇼(昌平坂學問所) 교관이 되었다. 주자학의 진흥을 도모하여 「간세이 이학의 금(寬政異學の禁)」을 발의하여 실시토록 하였다. 비토지슈(尾藤二洲), 고가세이리(古賀精里)와 함께 간세이(寬政) 삼박사(三博士)로 불리웠다. 저작으로는 「栗山文集」, 「栗山堂詩集」 등이 있다.

290 다이리(內裏)

일본의 고대 도성에 있어서 천황의 사적인 공간을 일컫는 말로, 궁전 전체 공간은 일반적으로 다이다이리(大內裏)라고 한다.

291 안세이(安政)

[1854년~1860] 고메이 텐노(孝明天皇) 대의 일본 연호

292 교토고쇼(京都御所)

1331년~1869년의 일본 국왕의 거처. 쯔치미카도히가시노토인도노(土御門東洞院殿) 터에 고코마츠 텐노(後小松天皇)의 사토다이리(里內裏)가 설치되면서 시작되었다. 현재의 건물은 1855년에 재건된 것으로 자신전(紫宸殿), 청량전(淸凉殿), 소어소(小御所) 등이 있다.

293 하시카쿠시(階隱柱)

신덴즈쿠리(寢殿造)나 사찰의 전각에서 기둥 2개를 돌출시켜서 지탱하여 차양을 길게 뺀 것을 말하며, 일반적으로 사찰에서는 고바이(向拜)라고 한다.

294 가츠라리큐(桂離宮)

교토(京都)에 있는 고요제이 텐노(後陽成天皇)의 아들 도시히토 신노(智仁親王)이 도요토미 히데요시(豊臣 秀吉)의 도움을 받아 1615년에 하치죠노미야케(八條宮家) 건설에 착수하고 거기에 산장(山莊)을 조영한 것에서 유래한다. 수키야(數寄屋) 풍의 쇼인(書院), 다정(茶亭), 회유식(廻遊式) 정원 등을 갖추어 세계적으로 이름이 알려져 있다. [그림16]

離宮[294], 슈가쿠인리큐修學院離宮[295]가 조영되었다. 이들 리큐離宮는 쇼인즈쿠리書院造[258]로 조영되었다고는 하지만 다실건축茶室建築 정신을 바탕으로 이를 크게 확충한 것이라고 해야 마땅하며, 특히 정원과 건축의 융합을 추구했다는 점에서 고금에 전례가 없는 형태를 이룩하였다고 할 수 있다. 가츠라리큐桂離宮[294]는 정원과 건축 의장 모두 고보리 엔슈小堀 遠州[296]가 했다고 전해진다. 같은 궁실건축이면서도 교토고쇼京都御所[292]와는 전혀 다른 취향을 보여주고 있는 것으로, 일본건축에서 가장 빼어난 점이 드러난 것이라고 이해할 수 있다. 마찬가지로 일본화된 건축이라 할 수 있는 사찰과 이들 궁실건축을 비교해 보면, 궁실건축이야말로 일본 건축의 진정한 가치를 발견할 수 있는 건축물이라고 피력하는 바이다.

조선 건국 이후 얼마 지나지 않아 도읍을 한성으로 옮기고, 그 도읍 안에 궁전을 조영하여 경복궁景福宮이라고 이름 지었다. 이 궁전은 임진왜란 때 난민에 의해 불타서 오랫동안 재건되지 못했지만 고종 즉위 초기 흥선대원군興宣大院君에 의해 옛 터에 옛 제도를 바탕으로 조영하게 되었다. 간세이寬政[287] 연간의 교토고쇼京都御所[292]가 옛 제도에 따라 조영된 것과 동일한 성향을 보여준다는 점에서 양자를 비교해 볼 수 있다. 이 경복궁의 경우 교토고쇼京都御所[292]와는 다소 다르다. 교토고쇼京都御所[292]에서는 결국 복원하지 못했던 대륙풍의 조당원朝堂院에 해당하는 건물이 제대로 복원되었으며, 그것이 오늘날에도 근정전勤政殿 일곽으로 남아 있다. 더하여 자신전紫宸殿[285]에 해당하는 사정전思政殿은 근정전 일곽의 배후에 배치되고, 국왕과 왕비가 상주하는 강녕전康寧殿과 교태전交泰殿 두 전각은 차례로 그 북쪽에 연이어 배치되어 있는데, 이 주

변은 조선건축이라는 일련의 맥락에서 이해하여야 하겠지만, 거기에는 내부에 잠재해 있는 조선의 고유분자가 표면상으로는 여전히 대륙형식을 답습하면서도 조금씩 드러내고자하는 의지가 엿보이는 것이 아닐까 생각된다. 이 점에서 교토고쇼京都御所[292]와 상통하는 점이 있다고 여겨진다. 후자가 청정淸淨이라는 단어로 표현하는 것이 가능하다면, 전자는 전아典雅라고 할 수 있을 것이다. 강녕전康寧殿, 교태전交泰殿 두 전각은 지금 창덕궁으로 이건되었지만, 기회가 있어 이들 건축을 눈으로 확인한 이후에는 실로 이러한 느낌이 더욱 깊어지게 되었다.

궁실 조영이라고 하는 점에서 일본과 조선을 동시에 비교하려고 할 때, 놓쳐서는 안 되는 것이 있다. 가츠라리큐桂離宮[294]와 슈가쿠인리큐修學院離宮[295]가 정원과 건축으로 구성된 궁실이라고 할 수 있는데, 바로 경복궁 후원과 창덕궁 비원도 마찬가지로 이에 해당한다는 점이다. 경복궁 후원은 완전히 황폐해져 과거의 정취를 거의 느낄 수 없지만, 그래도 향원정香遠亭과 원지苑池가 이를 대변하고 있다. 울창한 노송이 연지蓮池를 감싸고 있고 그 안에 정자와 별궁이 곳곳에 조영되어 한 층 풍취를 더하였다고 할 것이다. 이 점은 창덕궁 비원秘苑을 보면 명료해진다. 진외塵外의 선경仙景이라는 감상에 젖어 같은 경성京城 시내에 있다는 것을 잊어버리게 하고 만다. 또한 별도로 이 비원 안에 점재點在하는 크고 작은 누각과 정자를 보면 일본 수키야數寄屋[297] 풍의 건축과 통하는 점을 이해할 수 있고, 조선의 궁전 건축을 두고 단순히 대륙건축의 모방, 북평北平 고궁 자금성紫禁城의 규모를 작게 한 것에 지나지 않다고 한마디로 헐뜯는 자가 있다면 그것은 잘못된 관찰에 근거한 것이라고 하지 않을 수 없다. 조선

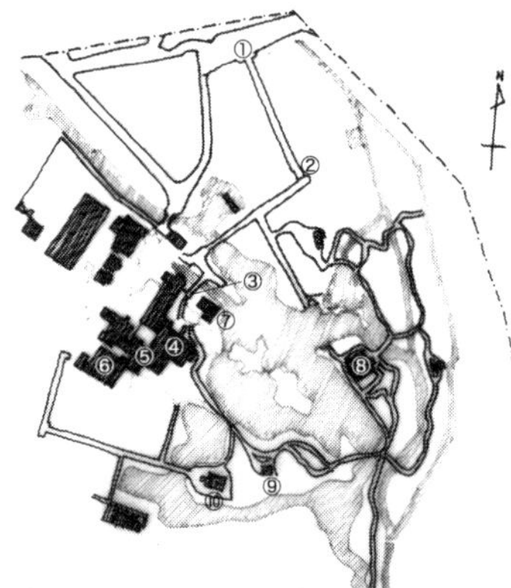

① 오모테몬表門　⑥ 신고텐新御殿
② 미유키몬御幸門　⑦ 겟파로月波樓
③ 쥬몬中門　⑧ 쇼킨테이松琴亭
④ 고쇼인古書院　⑨ 쇼카테이賞花亭
⑤ 쥬쇼인中書院　⑩ 온린도園林堂

[그림16] 가츠라리큐(桂離宮) 배치도

295 슈가쿠인리큐(修學院離宮)
교토(京都) 히에이잔(比叡山)의 남서자락에 위치해 있다. 1659년, 고미즈노오텐노(後水尾天皇)의 지도에 의해 조영된 리큐(離宮). 부지 면적은 약 84,000평이고 정원은 호수와 숲으로 구성되어 있으며, 가미노챠야(上の茶屋), 나카노챠야(中の茶屋), 시모노챠야(下の茶屋)로 구분되어 명명된 다실(茶室)이 있다.

296 고보리 엔슈(小堀 遠州)
본명은 고보리 마사카즈(小堀 政一)로 에도 초기까지 활동하며 도요토미 히데요시(豊臣 秀吉)와 도쿠가와 이에야스(德川 家康)를 섬겼던 다이묘(大名)이자, 건축가이며 작정가(作庭家)이다. 일반적으로는 본인의 직책에서 유래한 이름인 고보리 엔슈로 알려져 있다.

297 수키야(數寄屋)
다도(茶道)에 입각하여 건물의 구조나 수법을 취하여 지어진 다실(茶室)의 총칭. 쇼인(書院) 식과 소안(草庵) 식으로 구분되며, 이러한 개념을 적용한 주택을 수키야즈쿠리(數寄屋造)라고 한다.

건축은 결코 대륙의 모방에만 그치지 않았다는 것을 이 궁실 건축이 말해주고 있다. 이렇듯 조선의 건축도 이러한 궁전 안쪽을 들여다보면 일본의 교토고쇼京都御所[292]나 가츠라리큐桂離宮[294]에서 보이는 것과 마찬가지 요소가 보인다. 또 이들 일본 건축에서 진정한 일본 건축을 엿볼 수 있는 것과 마찬가지로 여기 조선이 만들어낸 조선 건축에서 그 진수를 확인할 수 있는 것이리라.

四. 결혼

1. 이입移入 형식의 동화

(1) 이입과 동화

건축 형식이 이입되는 과정을 살펴보면 이입의 대상이 되는 원래의 건축을 모방하여 건설하는 움직임을 확인할 수 있다. 또한 해당 건축 형식에 통달한 사람을 초청하여, 그 사람으로 하여금 그 건축을 조영하도록 하는 것도 건축 형식의 이입에 해당한다. 이는 메이지明治[298] 시대에 일본인이 서구에서 유학하고 그 지역의 건축형식을 공부한 후, 일본에 돌아와서 유학하며 공부한 형식을 바탕으로 건축한 것에서 확인된다. 또 외국인 건축가를 초청하여 서구의 건축을 건설하도록 한 것도 마찬가지이다.

298 메이지(明治) [1868~1912] 메이지 텐노(明治天皇)의 연호.

그렇지만 이들 중 어떠한 이입이라 할지라도 주체성은 이입하는 쪽에 있는 것이지 이입의 대상, 즉 전파하는 쪽에 있는 것이 아니다. 역으로 전파하는 쪽이 주체성을 갖는다면, 이는 이입이 아닌 대상 건축형식을 해당 지역에 그저 대입하는 것이 된다. 따라서 이러한 대입의 경우 받아들이는 입장은 소극적일 수밖에 없고, 또 그렇게 지어진 건축이 그 지역에서 변화를 일으킨다 할지라도 이를 동화同化라고는 할 수 없을 것이다.

따라서 이입은 단순히 건축을 모방하는 것으로 보일지라도 모방하는 자에게 주체성이 있는 행위이다. 또 이입하는 방법도 다양한 경우의 수가 존재하지만 궁극적으로는 공동화共同化가 부수적으로 뒤따르게 되는 것이라고 해석할 수 있다.

이입된 후 동화된다. 여기서의 동화는 이입된 것과 기

존 지역의 고유의 것이 동등한 지위에서 변화하는 것을 의미한다. 또 고유의 것과의 동등한 변화라고 하여도 고유의 형식이 원래 상태를 유지하고 있으면 고유 형식이 이입 형식으로 동화되었다고 보기 어렵다. 오히려 이 경우는 반대로 동화에 반발한 것이라고 이해할 수 있다. 고유 형식이 변화와 발전을 거듭하며 이입 형식을 수용해야 하고, 발전과 변화에 있어 내적인 영역에 해당하는 정신에 의거한 변화가 수반할 때 동화라고 판단하는 것이 가능하다. 따라서 이입과 동화라고 하는 것은 고유의 측면에서 보면 영향을 받고 그 영향을 기반으로 고유의 것이 발전과 변화를 거듭하게 된다. 그러므로 발전과 변화가 더이상 두드러지게 나타나지 않게 되었을 때 비로소 동화라고 할 수 있는 것이다. 또 말을 바꾸어 보자면, 이입형식의 동화라고 하는 것은, 동화된 것이 고유의 것과 외관상 형태나 형식에 있어 전혀 다른 것이라 하더라도 고유의 것이 발전하는 데 있어 적극적인 역할을 수행하여 그 결과로 보일 수 있도록 내면적인 임무를 성취하였을 때 동화라고 칭할 수 있는 것이다.

(2) 대륙형식의 이입

일본건축에서 고유의 형식과 이입의 형식이라고 하는 것을 논하자면, 기준이 되는 두 가지 역사적 사건이 있다. 하나는 불교건축의 이입과 고유 전통과의 동화, 다른 하나는 유럽에서 근대과학으로서 서구에서 발전되어 온 건축기술의 이입이다. 초창기의 불교와 함께 넘어 온 건축형식도 그 안에는 몇 가지 단계로 세분화해서 살펴 볼 수 있다. 그러나 비록 불교가 인도에서 발생한 것이라 하여도, 그 안의 불교 사상이든 이에 동반된 불교 조형이든 한 번은 대륙을 통해 여과되어 들여왔기에 건축만으로 고찰의 대상을 한정해 보면 그 형식은 순전히 중국 대륙에서 발생하고 발전한 것이라고 보는 것이 타당하다. 따라서 불교건축의 이입은 대륙형식의 이입이라는 건축 논리를 바탕으로 본고를 진행하고자 한다.

이제 하나의 건축 이입을 언급할 때 고려해 두어야 할 문제가 있다. 건축형식이 이입될 때에는 그 건축이 필요했기 때문에 의해 이입된 것이다. 그러나 만약 생활에 있어서 그 필요를 더이상 요구하지 않게 되었다면 무릇 생활의 그릇이라고도 하는 건축을 변화시키는 것은 해답이 될 수 없을 것이다. 따라서 필요에는 절박함을 내포하고 있어야 하는 것이다. 이렇게 절박함이라는 필요에 의해 건축형식의 이입이 이루어진다고 하면, 여기에서 살펴 볼 대륙형식의 이입에는 불사의 조영이라는 요구가 들어있었기 때문에 가능했다. 단지 불교 사상이 이입되었을 뿐만 아니라, 그 불교가 이미 만들어 놓았던 배경에 해당하는 문화와 문물의 이입도 함께 필요로 했던 것이다. 즉 불교 문화의 이입 그 자체에 대륙 건축 형식의 이입도 포함되어 있다고 할 수 있을 것이다. 따라서 이 불교건축이 이입된 초기에는 딱 그 정도에 지나지 않았다고 볼 수 있다. 즉 불교 이외의 건축물에는 이 건축 형식이 영향을 미치지 못했다는 것이다. 주거생활에 필요한 수많은 건축은 고유 형식 그대로 남아 있었던 점에서 이를 확인할 수 있다. 그러나 불교가 일부 계층과 특정인들의 신앙으로 그치지 않고 국민 전체가 신봉하는 신앙으로 발전하게 되면, 불교 건축에 대한 요구도 기존과 동일한 수준에 머물러 있지 않는다. 또 주거생활도 그 신앙과의 관계가 형성되어 스스로 다른 방향을 향해 가게 되므로, 그러한 변화에 발맞추어 주거 건축에도 불교건축의 영향으로 전파된 기법을 적용하게 되는 것이다.

불교가 이입되었다는 점에서만 기인한 것은 아니지만, 국민생활의 변혁이라는 측면에서 최초로 보이는 실례가 다이카노카이신大化改新121이다. 다이카노카이신大化改新121은 메이지이신明治維新282에 비견될 정도의 가치를 갖는다고 언급될 만큼 중요한 의미를 갖는다. 당시는 대륙문물의 유입에 있어서 메이지이신明治維新282 당시 서구문물의 흡수와 마찬가지로 적극적이었다. 이 개혁은 단순히 불교에 관한 문물을 흡수하는데 그치지 않았고, 당시의 세계 -동아시아뿐만 아니라 서구 국가들과도 관련이 있는- 에 있어서 제1등 국가였던 당唐과 동일한 문물을 일본에도 형성하고자 했던 방대한 규모의 계획을 토대로 이루어진 것이었다. 당시에 이루어진 건축의 이입도 생활방면의 전체적인 요구에 대응하여 대대적으로 시행되었다. 도시가 당풍唐風으로 경영되어 후지와라쿄藤原京122, 헤이죠쿄平城京42, 헤이안쿄平安京43가 장대한 규모로 조성된 것이 그것을 방증한다.

주거생활 상의 건축에도 필요한 부분은 대륙 형식이 일부 추가되었고, 가끔은 그 주요 부분을 그러한 대륙 형식으로 조영했을 것이라고 추정된다. 사찰건축이 도다이지東大寺58 조영처럼 후대에 유례가 없는 대규모의 사업으로 진행되었던 것도 국가 정책의 요구에 따라 불교가 받아들여졌다는 점에서 기인한다. 그렇기 때문에 당시 대륙형식의 건축기법을 자유자재로 구사할 수 있었다고 볼 수 있다. 이 시기에 대륙형식이 이입되는 양상은 한 시대 전 사찰과 함께 건축형식이 최초로 이입되었던 시기와는 양과 질 모두에서 커다란 차이가 있다고 볼 수 있다. 그러나 당시에 이입된 건축기법도 본질적으로는 변화를 거치지 않은 채 그대로 남아 있었을 뿐이었다. 우연히 사찰건축 조영과 국가의 정치적 안정성 확립이 표면적으로 일치하였기 때문에 그렇게 대규모 사찰 건설이라는 국가적 사업으로 표출된 것에 지나지 않았다.

대륙형식의 이입은 이 시기에 그치지 않고, 피동적으로 반복된다. 가마쿠라鎌倉 시대18에 도다이지東大寺58를 재건하게 되면서, 이 재건에 있어 승려 죠겐重源222이 덴지쿠요天竺様216를 적용했던 것은 특수한 목적이 있었으므로 양식의 이입이라고 보기에는 어려운 부분이 있다. 그렇지만 질적인 측면에서는 근본적으로 양식의 이입에 해당한다고 간주할 수 있다. 이 양식의 이입에는 바로 도다이지東大寺58 재건이라고 하는 특수한 목적이 자리하고 있었고, 이 용무를 완수하고 나서는 양식에 대한 수요도 거의 사라졌다. 덴지쿠요天竺様216는 이후의 건축에서 부분적으로 사소한 기법에만 적용되었다. 전체 건물을 건설함에 있어 덴지쿠요天竺様216를 필요로 하지 않았으며, 이 양식이 적용된 사례도 당시를 제외하면 확인되지 않는다.

이와 시기를 같이 하여 선종禪宗이 이입되었다. 이 종파와 더불어 양식적으로 확연한 차이를 보이는 가라요唐様223라 불리는 것이 이입되었다. 선종은 당시 권력을 장악하고 있었던 무사의 기호嗜好와 합치했기 때문에, 이 양식은 선종의 건축이나 무사의 믿음을 얻은 종파의 건축, 그밖에 무사의 사묘 건축 등에 채용되었다. 다른 종파 중에서는 외래 종파의 하나인 오바쿠슈黄檗宗247도 도래되었던 시기에는 대륙 남쪽에서 주로 사용된 건축양식을 이입하였지만, 이 양식도 그 종파 이외에는 영향을 미치지 못하였다.

이렇게 대륙 형식의 이입도 여러 차례 반복되었지만, 다이카노카이신大化改新[121] 직후의 적극적인 경우를 제외하면 앞 장에서 본 바와 같이 동화를 수반하는 이입이라고 판단할 수 있는 경우는 적었다고 볼 수밖에 없지 않을까 생각된다.

(3) 헤이안平安 시대[17]의 동화

나라奈良 시대[33]에 왕성하게 받아들여졌던 대륙형식이 일반적으로 헤이안平安 시대[17]가 되면서 국풍화國風化되었다고 인식된다. 이는 이미 당의 문물이 받아들일 가치가 적어지면서 견당사도 폐지되고, 국가 안에서 만으로도 발전을 기할 수 있었다고 판단했기 때문으로 추정된다. 국가적 요청이라 할 수 있는 외교적 의례를 위한 도시, 궁전, 그밖에 외교시설이 다른 국가와 동등해야 한다는 점은 이미 고려할 필요가 없어졌고, 단지 자신들의 삶을 풍요롭게 하겠다는 귀족의 요구를 충족시키는 건축이 조영되는 양상으로 변화하기 시작한 것이다.

귀족들이 삶을 풍요롭게 하기 위해서 종교 생활이 중요했고, 그 종교 생활을 위한 불교 사원 건립이 활발해졌다. 또 주거 생활을 위해서는 신덴즈쿠리寢殿造[250] 건축형식이 생겨나게 된 것인데, 결국 건축이라는 것이 생활에 기초하는 것이라면 주거생활의 건축이 종교생활의 건축에 영향을 미치지 않는다고 할 수 없고, 즉 사찰건축의 이입형식이 종교생활과 일상생활의 혼재에서 연유하여 그 생활에 적합한 건축형식으로 변화하는 것은 당연한 현상이 아닐까? 여기에서 사찰건축의 반성에 대한 요구가 급격히 높아지게 된다. 이는 외부에서의 압박이 아니며, 또 그러한 경향에 놓인 결과로서 나타난 것도 아니라는 것은 명백하다. 내부에서의 요구에 의한 것이며, 이를 동화라고 보는 것의 의의가 여기에 있다고 강조하는 까닭이기도 하다.

그렇지만 이 헤이안平安 시대[17]의 동화도 여전히 의식적으로 전통이 중시되는 건축에 관해서는 그 전통 그대로 건설되었으며, 이 차이가 사라지는 수준의 사실상의 동화는 그로부터 한 시대 후대의 것이라고 생각된다.

(4) 무로마치室町[14] 아즈치모모야마安土桃山[48] 시대의 동화

가마쿠라鎌倉 시대[18]에는 새로운 양식이 전래되었다. 이전에 전래된 대륙 형식이 일본 내부로부터의 요구에 의해 동화하였고, 이 동화된 양식과 가마쿠라鎌倉 시대[18]에 전래된 양식이 서로 대립적인 상태에 놓이는 것처럼 보이기도 하지만, 사실 대립이라고 할 정도는 아니었다. 즉 당시에 전래된 양식은 각각의 용도에 의거하여 채택된 것이므로 그 용도 이외에는 달리 사용되는 경우가 없었다고 봐도 무방하다.

고로 이입된 형식이 다른 형식과 혼합하게 된다는 것은 전통양식이 갖는 기본적 구조 조직 속으로 파고드는 과정 이전에, 기본 그 자체를 변화시키지 않으면서 세부적이고 부수적인 부분에서 변화가 시작된 것이었다고 할 수 있고, 와요和樣[217] 신파新派라고 불리는 간신지觀心寺[248] 본당本堂 형식이 보여주는 바에서 이를 확인할 수 있다.

부수적인 부분에서의 응용으로 사찰은 차치하고, 신사 건축에서 보다 많이 채용되었음이 확인된다. 공포도 후나히지키船肘木[264]와 같은 간단한 형태부터 출목수가 많은 복잡한 형태에 이르기까지, 또 가에루마타蟇股[91]의 활용도 헤이안平安 시대[17]부터 보이지만 가마쿠라鎌倉 시대[18] 이후 한층 왕성하게 이루어졌다. 가에루마타蟇股[91]의 세부적인 형태가 다른 양식과 혼합되기 시작하여 구조 형식 전반에 영향을 미치게 된 것을 확인하는 것은 무로마치室町[14] 아즈치모모야마安土桃山[48] 시대가 되서야 가능하다. 구조 형식에 영향을 미쳤다고는 하지만, 대륙 형식이 처음 받아들여진 이래로, 동화하는 방향은 이미 확정되어 있었다고 할 수 있지 않을까? 이러한 동화하는 과정을 알고 그 방향을 탐구하는 것이야말로 바로 이 글을 저술하는 목적이라 할 수 있는 바이지만, 그 방향을 정착시키고 일단 안정화하는 것이 무로마치室町[14] 아즈치모모야마安土桃山[48] 시대에 있어서 건축의 주조主潮였다. 동화 방향이 결정되고 그렇게 진행되는 상황을 시간 순으로 상술해 보자. 대륙형식의 발전 방향을 보면, 대륙형식이 이입되어 퍼져나가는 것이 헤이안平安[17] 가마쿠라鎌倉 시대[18]를 걸치면서이며[역자주23], 거기서 진전되어 정체되는 상황에 이르는 것이 무로마치室町[14] 아즈치모모야마安土桃山[48] 시대였으며, 가마쿠라鎌倉 시대[18]에 또 다른 양식이 이입되었지만, 대세에 미치는 영향은 거의 없었다고 보아도 무방할 것이다. 여기에 더하여 이어지는 에도江戸 시대[38]에 이룩된 바를 확인해 보면, 시간적인 측면에서 발전되는 방향성을 읽기는 어렵고, 공간적인 측면에서의 변화가 보인다. 즉 일부 계층에 한정된 건축에서 일반 백성이 향유하는 것도 가능케 되는 변화를 들 수 있다. 다시 말해, 그 시기까지 도시나 지방 모두 건축이 존재한다는 점에서 다를 바가 없는 것이고, 단지 도시를 구성하는 건축과 지방

역자주23 원문에는 헤이안(平安) 가마쿠라(鎌倉) 시대를 거쳐서 어떻게 발전되었는지 누락되어 있다. 따라서 역자가 문맥의 흐름을 고려하여 의역하였다.

을 구성하는 건축 모두 민중들이 주도하여 완성되었으므로 이전 시대와 비교하여 형식상 기술상 발달 속도는 지극히 완만했다고 볼 수 있다. 그러면서도 에도江戶 시대38에 이르러 도시는 도시 문화를 반영하여 도시 건축으로 형성되어 지방 건축과는 완전히 다른 형식으로 조영되었다. 이렇게 에도江戶 시대38에 있어서 건축형식 발전의 축은 계급적으로나 지방도시와의 관계에 있어서나 시간적인 변화가 아닌 공간에 관한 것이었다는 점을 알 수 있다.

(5) 조선 건축에서 보이는 이입과 동화

조선 건축에서 보이는 이입과 동화는, 그 이입이 대륙에서 온 것이라는 것은 부정할 수 없을 것이다. 그러나 동화라는 관점으로 대륙 형식과 기존의 고유의 양식을 명확히 구별하고 동화양상을 언급하고자 한다면 곤란을 겪을 수밖에 없다. 그렇다고 조선 건축에서는 전혀 동화가 일어나지 않았다고 볼 수도 없다. 조선 건축의 형식을 살펴보면, 일본이나 대륙의 건축 형시과 명확히 차이가 드러난다는 점에서 대륙형식을 이입하여 그것을 변화시켰다는 점은 알 수 있다. 그러나 이입이나 동화에 대하여 앞에서 일본 건축을 대상으로 언급했던 것처럼 그 단어의 의미부터 시작하여 구체적인 양상을 적극적으로 고찰하고자 한다면, 고찰에 있어 의거할만한 근거가 불충분하다는 점을 깨닫지 않을 수 없다.

이는 역사상 끊임없이 대륙의 영향을 받았고, 더불어 조선의 사대事大정신은 항상 소극적이면서 퇴행적으로 사건을 처리하는 경향이 있었기 때문이다. 건축에 있어서도 이입이 있기는 하지만, 그 시기를 언제라고 결정하기에 명료하지 않다. 또한 일단 이입되면 이를 그대로 따르고, 새로운 형식이나 양식을 만들어 내고자하는 노력을 경주하지 않았다는 점에서, 이입이나 동화 모두를 거론하여 고찰할 수 있을 정도로 건축을 통해 명료하게 드러낼 수 있는 점은 없었다고 생각된다. 그러나 시간의 흐름은 나름의 변화를 낳고, 이 변화를 동화라고 본다면, 그러한 관점에서 언급할 만한 점은 몇 가지 존재한다고 볼 수 있다.

2. 가람배치의 변천

(1) 다이안지大安寺[299]의 가람배치

299 다이안지(大安寺)
나라(奈良)에 있는 진언종(眞言宗)의 사찰. 남도칠대사(南都七大寺)의 하나이다. 617년 쇼토쿠타이시(聖德太子)가 현재의 야마토코오리야마시(大和郡山市)에 건립한 구마고리(熊凝) 정사(精舍)에서 기원하여, 후에 이건하면서 구다라다이지(百濟大寺)로 개칭했다가 다시 이건하면서 다이칸다이지(大官大寺)로 개칭하였다. 이후 710년 헤이죠쿄(平城京) 천도와 함께 좌경(左京) 육조(六條)로 옮기면서 오늘날의 위치에 자리 잡았고 사호도 다이안지(大安寺)로 고쳤다. 야쿠시지(藥師寺)와 대칭하는 위치에 건설된 대규모의 사찰로, 도다이지(東大寺)와 견주는 대사찰로서 난다이지(南大寺)라고 불리기도 하였지만 중세이후 쇠퇴하였다. 창건과 이건 당시에는 한반도와 중국의 신기술을 적용하여 조영되었다고 하지만, 현재 오래 된 건물은 하나도 남아 있지 않다.

아스카飛鳥[102] 시대에 불교가 수용되어 사찰을 창건하던 당시에 가람에 있어서 주요 불전과 불탑의 배치방식에는 시텐노지四天王寺[118] 방식과 호류지法隆寺[54] 방식이 있다는 것을 선배학자들이 언급했고 이에 대한 설명은 앞장에서 다룬 바가 있다. 이 가람배치 형식이 나라奈良 시대[33]에 이르러, 탑파塔婆가 2기로 늘고 금당金堂 앞에 나란히 배치되는 형식이 전래되었고, 야쿠시지藥師寺[125]에서 그러한 형식이 보이기 때문에, 야쿠시지藥師寺[125] 형식으로 보편적으로 일컬어진다. 여기에서 다시 탑파를 중문 밖에 세우는 고후쿠지興福寺[131], 도다이지東大寺[58] 등에서 보이는 형식으로 전개되었다. 이것이 나라奈良 시대[33]와 헤이안平安 시대[17]의 평지가람에서는 보편적으로 발견되는 기본적인 형식이었고, 다이고지醍醐寺[180]의 산하山下 가람이나 닌나지仁和寺[179]에서 그러한 배치가 발견된다. 지금은 소실되어 사라진 헤이안쿄平安京[43] 안의 많은 사찰도 이와 유사한 형식으로 조영되었을 것으로 추정된다.

이들 가람배치의 방식을 고찰하는 수법의 하나로 중문 위치와 탑파의 관계를 살펴보면, 아스카飛鳥[102] 시대에서 나라奈良 시대[33]에 걸쳐 탑파가 1기에서 2기로 늘어나는 점을 근저로 하여 탑파의 위치는 이동하여도 되는 것으로 판단하고, 탑파가 중문中門 바깥으로 나오게 되었다는 견해가 등장하게 되었다. 또한 탑파는 중문 앞에 위치하면서 2기가 아닌 1기로 구성되는 경우도 있었기 때문에,

탑파란 무엇인가라는 물음에 관한 해답을 추구하는 과정에서 – 다음에서 언급하는 다이안지大安寺299의 경우도 포함하여, 가람의 중심에 해당하는 탑파가 시대가 흐르면서 그 의의에 변화가 생기고 그 위치도 경시되면서 장식화되기에 이르렀다고 하여 – 중문의 밖으로 나가게 되었다고 해석하고 있는 것이다. 여기에 덧붙여 언급하자면, 다이안지大安寺299에서 보이는 것처럼 탑파가 금당원金堂院과 별도 영역에 조영되는 경우, 금당원 영역 안에 남대문과 중문이 위치하게 되면서, 탑파는 남대문 밖으로 나가게 되었다고 탑파와 중문, 남대문의 위치관계를 설명하고 있는 것이다.

이러한 가람배치 변천에 관하여 탑파는 움직일 수 있는 것이라는 견해를 보지하면, 사실 어쨌든 사찰 가람의 배치는 변천하는 것으로 볼 수밖에 없고, 이러한 설명을 하는 이유로 탑파가 점차 경시되었기 때문이라는 점을 들기에는 여전히 의혹을 품지 않을 수 없고, 설명에 부족함을 느낄 수밖에 없는 것이다.

1기로 충분했던 탑파가 2기가 된 것은 위와 같은 의혹이 유효한 한, 아무리 그 변화가 일본에서만 일어난 것이 아니라고 하지만, 그 당시 대륙 즉 당唐에서 일어난 사건이라고 쉽게 받아들여져 버리는 지극히 위험한 논리로 들리는 것이다. 탑이 2기가 된 것은 그 이전 시대에서 연유한다는 충분한 근거가 있고, 그래서 그 성립 연대로 당대唐代 기원설을 택하지 않는다고 하면, 우리에게 아스카飛鳥102 시대에 1탑식 가람배치가 전래되면서 그것을 포함한 건축계통도 취하지 않으면 안 된다고 하는 우연의 선택이었을 것이다. 또 탑파 2기를 건립하게 된 것도 마찬가지였으며, 또 당唐 때 그 방식이 가장 융성했다는 것도 일식적인 것이었고, 특별히 그 이상의 의미를 부여하기 어렵다고 볼 수 있는 것이기도 하다. 그렇다고 하여도 이 우연성이 많은 탑파 배치가 마치 계획적으로 의도된 것처럼 점차 문밖으로 나가게 된다는 점에는 납득가지 않는 부분이 상당수 있는 것이다.

탑파가 문 밖에 위치하는 것도, 문 안에 위치하는 것도 모두 우연이라 한다면, 우연을 우연으로 만들지 않는 계획성이 따로 존재하는 것이라고 생각할 수밖에 없다는 판단에 이르게 된다.

그것에 대한 답으로서 인왕문仁王門[300] 위치와의 관계에서 탑파의 위치를 논하여, 탑파는 어떤 가람에서도 그 인왕문[300] 전방에 있는 경우가 없고, 그 배후에 있다는 일관성을 유지하였다는 인식이 제시되면서, 남대문 앞에 탑파가 위치하는 다이안지大安寺[299]의 경우에도 인왕문仁王門[300]과의 위치관계를 생각해 본다면 결코 예외라고 볼 수 없다.

다이안지大安寺[299]의 금당을 중심으로 하는 일곽은, 그 바로 전면에 대로大路를 갖기 때문에, 이 부분은 고후쿠지興福寺[131]에서 보이는 것과 동일한 형태이고, 남대문南大門 – 덴표天平[145] 때의 시자이쵸資財帳[301]에 의거하면 이를 남중문이라고 해야 마땅하지만 여기서는 통설通說에 따라 이렇게 칭한다 – 과 중문이 전후로 세워져, 중문에서 보랑步廊으로 이어져 금당 좌우에 이르는 형태로 조영된 것이다. 그리고 여기에서 당堂, 중문, 회랑回廊을 하나로 묶어 다른 가람에 있어서 금당 하나와 같은 성격을 띠고 있고, 불상佛像과 화상畵像이 봉안되어 있는 것이며, 남대문에는 신왕상神王像 2구가 안치되어 있다. 이 남대문은 인왕문仁王門[300]이 아닌 것을 알 수 있고, 니텐몬二天門[302]으로서

300 인왕문(仁王門)
사찰을 수호하는 인왕상이라 불리는 두 명의 금강역사를 안치한 사찰의 문. 비교적 초기 불교 문헌에 관련 기록이 등장하며, 인도에서도 그러한 예가 보인다. 한국에서는 금강문이라 불리기도 한다. 일본에서는 나라 시대부터 성행하였다.

301 시자이쵸(資財帳)
나라(奈良) 헤이안(平安) 시대에 국가가 관리하의 사찰에 제출하도록 한 재산 명부. 건물과 보물을 비롯해, 생활용품이나 노비에 대한 기록이 포함되어 있다. 특히 그 사찰의 연기(緣起)와 관련된 기록이 있어 학술적인 자료로서의 가치가 높다.

302 니텐몬(二天門)
좌우 대칭으로 다몬텐(多門天)과 지코쿠텐(持國天)이라는 이천(二天) 상이 안치된 사찰의 문.

나라奈良 시대33 후기 이후 중문의 성질을 띠고 있다고 간주되는 것이다.

그렇다면, 이 다이안지大安寺299의 가람 인왕문300은 어디에 있는 것인가? 시자이쵸資財帳301가 작성된 시기에는 미완성이었던 탑원 일부의 전방에 있었다고 해석해야 할 것이다.

(2) 사이다이지西大寺303의 가람배치

사이다이지西大寺303의 건축에 관해서는, 각각의 건물들 그 중에서도 옥상에 특수한 장식이 있었다는 기록으로 잘 알려져 있지만, 이 사찰이 구축하고 있는 가람 건축물 중에서 가장 중요하다고 할 수 있는 건물은 당연히 약사금당藥師金堂과 그 주변의 금당원金堂院 영역이다. 이 금당원에는 불문佛門이 2개라고 기록되어 있어서, 그 하나는 중문中門으로 단층이었다고 보이며, 다른 하나는 중대문中大門으로 중층中層이었다. 이들 두 문에 안치되었던 불상이 무엇이었는지 시자이쵸資財帳301에서는 명확히 드러나지 않지만, 이들 문은 금당원에 부속된 것으로 가람 전체의 문은 아니었다고 보인다. 이 사찰의 탑파는 금당원 회랑의 바깥, 이들 두 문의 훨씬 앞쪽에 세워졌다고, 시자이쵸資財帳301의 기재순서를 통해 미루어 짐작할 수 있지만, 그렇다고 하여 가람의 문 바깥 영역이라고는 볼 수 없는 것이다. 「사이다이지오코시키치즈西大寺往古敷地圖304」에는 중대문 바깥에 탑이 위치하고, 탑 전방의 사찰 남쪽변에 외대문이 있다고 기록되어 있는 것을 보면, 이 사찰은 다른 일반 사찰이 남대문, 중문을 거쳐 금당에 이르는 것과는 달리, 외대문, 중대문, 중문 순으로 금당에

303 사이다이지(西大寺)
나라(奈良)에 있는 진언율종(眞言律宗)의 총본산으로, 남도칠대사(南都七大寺)의 하나이다. 765년 도다이지(東大寺)에 대응하여 헤이죠쿄(平城京) 우경(右京) 1죠(條)에 건립된 사찰로 나라(奈良) 말기의 대가람(大伽藍)이었다. 헤이안(平安) 시대 여러 차례 화재를 당하면서 쇠퇴하였고, 현존하는 건물은 에도(江戶) 시대에 재건된 것이다. 가마쿠라(鎌倉) 시대에 제작된 사리탑(舍利塔)과 보탑(寶塔)이 있다.

304 사이다이지오코시키치즈(西大寺往古敷地圖)
사이다이지(西大寺)에서 전래되는 고회화 중 하나이다. 사이다이지오코시키치즈(西大寺往古敷地圖)를 포함하여 사이다이지(西大寺)의 부지와 영역을 그린 관련 회화들은 「西大寺寺領繪圖」라는 명칭으로 도쿄도(東京都) 지정 중요 문화재로 지정되어 있다. 현재 도쿄(東京) 대학에서 소장하고 있다.

이르는 것을 알 수 있으며, 이는 필자가 전술한 다이안지大安寺299의 경우 남대문, 남중문二天門, 중문 순으로 금당에 이르는 것과 마찬가지라고 할 수 있다. 또한 사이다이지西大寺303 외대문에 안치되어 있던 불상을 확인할 수 있는 사료는 구할 수 없어도 거기에 분명 인왕상仁王像 2구가 있었을 것이라고 추정된다. 즉 다이안지大安寺299에서 확인한 바와 같이, 금당에 인접하여 두 개의 문이 설치되고, 그 남쪽에 탑을 세우는 배치는 다이안지大安寺299 뿐만 아니라, 사이다이지西大寺303도 마찬가지이다. 따라서, 사이다이지西大寺303 금당 영역에 있는 두 문에 대하여 금당원에 부속된 중문으로서의 성격을 지닌 것으로 볼 수 있고, 이와 마찬가지로 다이안지大安寺299의 금당 영역에 속하는 두 문도 다분히 중문의 성질을 갖고 있다고 할 수 있다. 또한 남중문에 이천二天이 안치되는 것이나, 탑은 그 전방에 있었던 것으로 보아도 가람 전체의 입구라 할 수 있는 인왕문仁王門300은 그보다 훨씬 앞쪽에 위치하였다 할 것이다.

(3) 인왕문仁王門300의 위치

헤이안平安 시대17 이후에 이르러 산지가람이 점점 활발히 조영되는데, 이 산지가람은 평지가람처럼 당우堂宇를 좌우 대칭으로 배치할 수 있는 경우가 제한되어 있어 그 지세에 따라서 세워졌다. 이 경우에도 마찬가지로 인왕문300이 세워지는 곳은 그 산의 입구라고 할 만한 장소에 위치하고 있다고 보아야 할 것이다. 즉 곤고부지金剛峯寺204에 건립된 인왕문300이 창건 당시에 설치된 것인지에 관한 문헌사료는 확인하지 못했지만, 오늘날의 위치로 보아 그 산 입구에 해당하는 것으로 보아 마땅하며, 에도江戶 시대[38]에 도쿠가와德川 일가[12]가 건립했던 간에이지寬永寺[305]는 도에이잔東叡山이라고 산호山號를 칭하고, 천태종天台宗[45] 엔랴쿠지延曆寺[153]와 동등한 위치를 부여하여 조영하였다. 이 사찰에 있어서 인왕문[300]이 그 산의 입구로서 건립된 것도 인왕문[300]의 설립이 어떠한 것인가를 설명해 주는 자료라고 볼 수 있다.

305 간에이지(寬永寺)
도쿄(東京)도 다이토(台東)구 우에노(上野)공원 안에 있는 천태종 간토(關東) 지역 총본산. 산호는 도에이잔(東叡山)이고 도쿠가와(德川) 일가의 보제소(菩提所)로서 1625년에 개산하였다. 사찰이 보유한 영지는 11,000석이었으나, 보신(戊辰)전쟁 시에 대부분의 건물이 소실되었다.

시대가 흘러도 인왕문[300]의 성격이 이러하다고 한다면, 다이안지大安寺[299]의 가람도 탑원의 남쪽에 가람 전체의 입구를 설치하고, 이를 인왕문[300]에 해당하는 것으로 추정하는 것도 당연한 추론이라 할 수 있을 것이다.

(4) 조선 사찰에서 보는 탑파의 위치

조선의 사찰 가람배치에 있어서 일본의 시텐노지四天王寺[118]식과 같은 배치를 갖는 사지寺址가 존재했다는 것은 확인된다. 그러나 금당金堂, 탑파塔婆, 문의 관계만 동일하다고 볼 수 있고, 회랑과 누각을 설치한 위치 등에 있어서는 일본에서 보이는 배치와는 달리 다양한 변화가 있었다는 것이 확인된다. 동서東西 누각은 불국사佛國寺에서 보이는 것처럼 전방에 위치하는 것이 많고, 고려시대의 사찰 유적에서도 그러한 배치가 확인된다. 그런데 이 동서 누각이 전방에 위치하게 되면서 문을 누문樓門 형태로 조영하여 누각으로 문을 대신하는 경우가 생겨났다. 결국 이 누각은 문으로서의 위치를 점하게 되었고, 현존하는 수많은 조선시대에 조영된 사찰 건축은 그렇게 구성되어 있는 것을 확인할 수 있다. 그런 한 편 본래 문의 용도로 지어진 건축물이라 할 수 있는 사천왕 및 인왕상이 안치된 건물은 이보다 훨씬 앞쪽에 위치되어 있다. 조선시대 조영된 가람에서 사천왕상, 인왕상이 안치된 건물이 있다고 하는 것은 거슬러 올라가 고려시대, 통일신라시대에도 동일한 건물이 존재했을 것이라는 추측을 가능하게 해 준다. 이렇게 문과 탑파의 위치를 살펴보면, 조선에서 탑파가 과거에서 현재에 이르기까지 주요 전각의 전방에만 세워졌다는 점에서, 조선에서도 인왕문[300] 전방에 탑파가 세워지는 경우가 없었고, 이는 일본과 마찬가지로 일관된 특징이라고 할 수 있다.

(5) 가람 배치의 변천

다이안지大安寺[299], 사이다이지西大寺[303]의 가람 배치가 전술한 바와 같다면, 이는 결코 대륙의 배치를 모방한 것이라고는 할 수 없을 것이다. 그러나 도다이지東大寺[58] 가람 배치의 경우에서 확인되는 것처럼 금당원과 탑원에 각각 회랑을 조영하는 것은 도다이지東大寺[58] 가람에서만 보이는 특징이다. 이처럼 가람 배치라는 것은 결국 그 당시 그 장소의 특성에 따라 결정되어야 한다. 따라서 예로부터 대륙에서 전래된 법식을 고집하지 않았으며 다양한 배치의 사찰이 생겨나는 양상이 보였다고 생각된다. 바로 일본에서는 일본 만의 사정에 따라 배치의 변천이 생겨났다고 생각할 수밖에 없는 것이다.

즉, 가람배치와 관련하여 동화를 언급하자면, 나라奈良시대[33]부터 동화의 흐름이 보이기 시작한다. 직접적인 모방이라 할 수 있는 배치는 전기前期의 야쿠시지薬師寺[125] 및 그 밖의 몇몇 사례에서만 확인되고, 그 외 다이안지大安寺[299] 및 사이다이지西大寺[303]의 배치에서 보이는 변화는 일본 내부의 동인이 작용한 것이라고 이해할 수 있다. 단지 평지가람의 경우, 헤이안平安 시대[17]가 되면 명료하게 확인 가능한 사찰 유적의 수가 적어지므로, 다이안지大安寺[299]나 사이다이지西大寺[303]를 계승하는 사찰배치가 있었는지에 대해서는 명확하지 않다.

가마쿠라鎌倉 시대[18]에는 선종禪宗 가람에서 보이는 엄격한 좌우대칭의 배치도 보이지만, 신흥종파인 정토종淨土宗, 진종眞宗, 일련종日蓮宗의 경우에는 주요 전각의 건축기법도 동화가 일어나서, 그 형식은 주거생활의 요소가 많이 담겨있는 자원子院[306]과 같은 건물형식이 적용되었다. 또 그 배치도 자원풍이 되어 좌우균등의 요소가 배제된 가람 배치로 조영되었다. 그 곳에는 아미타당阿彌陀堂, 조사당祖師堂이 병설되었고, 회랑과 같은 건축물은 보이지 않게 된다. 즉 가람불교伽藍佛敎라고 일컬어지는 남도육종南都六宗[44]과는 다른 가람배치를 보이는 것이다. 탑파에 대해서도 특별히 깊은 의의를 갖는 것으로 보는 시각이 사라졌다. 일련종日蓮宗에서 다보탑多寶塔을 조영하는 것을 제외하면 탑파를 세우는 예는 극히 적었다. 또 누문의 조영에 있어서는 선종에서 보이는 삼문三門과 동일하게 조영하였고, 형식뿐만 아니라 양식도 가라요唐樣[223]를 채택하였다.

306 자원(子院)
본사(本寺)에 소속된 말사(末寺)나 작은 부속 사찰로, 선종에서는 닷츄(塔頭)라고도 한다. 요사채로 운영되는 경우가 많아서 주거 공간으로서의 성격이 강하다.

가람배치가 자원풍子院風으로 변화하였다는 점에서 보면, 조선시대에 건립된 사찰의 배치가 마찬가지로 사찰의 요사채나 자원子院[306]에 기초하여 그것을 본따서 조영된 것이라고 볼 수 있다. 고려시대에는 중문, 금당, 회랑, 탑파가 주요 부분으로서 존재하였다. 이와 동시에 별도의 영역에 자원[306]이 조영되어, 본당과 그 전면의 승방, 그리고 중앙에 문이 위치하는 형식을 보이고 있으며, 현존하는 조선시대 사찰로 볼 수 있는 대다수가 이 형식에서 크게 벗어나지 않는다. 이를 바탕으로 설파하자면 자원풍의 주거 기반 전각이 주요부분을 구성하는 사찰이 조영되었다는 점에서 일본과 조선이 공통적인 특징을 갖는다는 사실이 확인된다.

3. 평면의 변천

(1) 평면

하나의 용도에 대응하여 한 채의 건축물을 짓는다. 이는 건축의 근저에 잠재해 있는 성질일 것이다. 그렇지만 용도가 복합적인 경우에 그 복합적인 용도에도 한 채의 건축으로 대응해야 한다면 평면구획이라고 하는 것을 행할 필요가 있다. 용도에 따라 한 채의 건축물이 아닌 한 칸의 공간이 제공되는 것이다. 그러나 이러한 평면구획을 필요로 하는 건축물이라면, 그 건축물이 비교적 규모가 크다고 할 수 있을 것이다.

평면구획은 결국 용도가 복합적인 경우, 그리고 이를 허락할 수 있을 정도로 규모가 큰 건축물인 경우에 실현되는 것이라 할 수 있다. 그렇지 않으면 건축은 하나의 용도에 대하여 한 채의 건축물을 짓는다고 하는 원칙이 유지된다고 할 것이다.

(2) 상고上古시대 신사神社 본전本殿에서 보이는 평면의 변화

그 기원이 덴치콘겐노미야즈쿠리天地根元宮造[49]까지 거슬러 올라간다고 고찰되는 다이샤즈쿠리大社造[50]의 평면은, 신좌神座의 방향과 입구의 방향이 다르지만, 이를 평면구획에서 생각해 보면 아직 신의 영역인 내진內陣과 참배자의 영역인 외진外陣의 구분이 명확하지 않았다고 볼 수 있다. 이 점이 오오토리즈쿠리大鳥造[62]에 이르러 명확해진다. 역으로 오오토리즈쿠리大鳥造[62]는 점을 기준으로 한 명확한 구분을 통하여 하나의 형식으로 완성되었다고 할 수 있고, 스미요시즈쿠리住吉造[63]는 각 칸이 갖는 의미가 명확해지면서, 그 넓이를 넓히게 되었고, 외진外陣이나 내진內陣도 기둥 간격을 한 칸 씩 늘리게 된 것으로 보인다.

307 히라이리(平入)

직사각형의 평면을 갖는 건축물에 있어서 종도리와 직교하는 방향으로 입구가 있는 방식을 말한다. 일반적으로 직사각형 평면의 면을 처마부와 합각부로 구분하면 처마부에 입구가 있는 경우를 일컫는다. 반면에 입구가 합각부에 있는 경우를 즈마이리(妻入)라고 한다.

[그림17] 입구 위치에 따른 건축분류

신메이즈쿠리神明造[64]는 히라이리平入[307]이기때문에, 원래부터 외진을 구분하여 평면을 구성할 필요가 없었던 것인지, 전방과 횡방향으로 히사시庇[159]를 한 칸씩 더하는 히에즈쿠리日吉造[267], 또는 전방의 별도 건물을 연결하여 넓힌 하치만즈쿠리八幡造[266]가 등장하게 되었다. 그러나 이 신사건축에는 본전 이외에 배전拜殿이라는 다른 용도의 건물이 별도로 세워졌다. 따라서 헤이안平安 시대[17]부터 가마쿠라鎌倉 시대[18]에 이르는 기간에는 그 이상 평면 구획에 있어서 변화는 일어나지 않았다.

(3) 사찰건축으로 보는 평면의 변화

308 호소도노(細殿)

예당(禮堂)의 다른 이름. [227 예당(禮堂)]

나라奈良 시대[33]에 건립된 사찰가람의 주요 전각에는 덧붙여지는 공간이 특별히 없었지만, 사찰의 전각 중에는, 그 전방에 호소도노細殿[308]라고 불리는 건물이 인접하여 건설되는 경우가 종종 있었다. 만약 이 건물이 불상이 안치된 불전이라면, 여기에서의 호소도노細殿[308]는 예당禮堂[231]인것이다. 아스카飛鳥[102], 나라奈良 시대[33]에 있어서 불당은 내진 공간의 크기가 부처를 안치하는 수미단須彌壇을 두는 것이 고작일 정도의 넓이였고, 이를 둘러싸는 히사시廂[159]도 기껏 한 칸 정도에 지나지 않았다. 따라서 주요 전각 전정前庭에서 의례를 행하는 것과는 별도로, 레이도가 설치되었다는 것은 부처에 참배하기 위한 건물로서의 첫 사례라 할 수 있다.

즉 불당은 현재의 호류지法隆寺[54] 금당에서 보이는 것처럼 부처를 안치하는 용도의 건물로서만 출발했던 것이다. 실제로 나라奈良 시대[33]에 불당은 그 안에 수많은 불상이 안치되었고, 그렇게 안치되는 것만이 그 불당 건축의 목적이었다. 불당이 얼마나 크게 조영되고, 또 거기에 얼마나 많은 불상이 안치되었는가에 관하여 나라奈良 시대[33] 건물에서 확인하고자 한다면, 시자이쵸資財帳[301] 등에 기록되어 있는 바를 통해 앞서 다루었던 다이안지大安寺[299]나 사이다이지西大寺[303]의 예와 같이 생각해 볼 수 있다. 그러나 실제 남아 있는 모습에서 확인하고자 한다면, 후세에 추가로 안치되었다고 판단되는 불상을 제외하여야 한다. 그렇게 보면 도다이지東大寺[58] 법화당法華堂의 경우가 불당과 불상의 관계를 고찰하기에 지극히 용이한 건물이라고 생각된다.

법화당의 나라奈良 시대[33]에 건립된 부분만을 보면, 그 내진內陣 중앙부의 대부분을 차지하는 팔각 수미단이 설치되어 있는데, 이 위에 안치된 본존불상으로 당내가 가득 찬 느낌이 들 정도이다. 그렇다면 이 본존에 참배하기 위해 어떻게 해야 하는가? 여기에서 그 용도를 충족하기 위한 건물이 세워지는데, 그것이 예당禮堂[231]이다. 지금 남아 있는 법화당의 예당禮堂[231]은 가마쿠라鎌倉 시대[18]에 건설된 덴지쿠요天竺様[216]로서, 그 처마는 본당의 처마에 인접하여 조영되었고, 처마가 이어지는 형태라는 점에서 결국 예당禮堂[231]으로서의 성격을 갖는다는 것을 읽어낼 수 있도록 분명한 근거를 보여주고 있는 것이다. 또한 이 예당禮堂[231]은 기록상으로는 그 이전부터 존재하였다고 알려져 있고, 존경하는 벗 아사노 기요시淺野 清[309]의 법

309 아사노 기요시(淺野 清)
건축사학자, 1905~1991, 교토(京都) 대학 박사, 호류지(法隆寺) 소화연간 대수리에 종사. 1945년, 호류지 보존공사 사무소 소장. 1952년, 나라가쿠게이(奈良學藝) 대학 조교수, 1953년 교수, 1956년 오오사카(大阪) 시립대학 교수, 1968년 오오사카(大阪) 공업대학 교수, 1973년 아이치(愛知) 공업대학 교수 역임. 1982년부터 겐코지(元興寺) 문화재연구소장 겸임. 1934년부터 1940년경까지, 호류지(法隆寺) 보존공사사무소에서 못 한 개의 흔적, 재사용재에 남은 요철 흔적 등을 필사적으로 추적 조사하여 나라(奈良) 시대의 모습을 복원하여 고대건축사의 기초를 확립하는데 기여하였다. 또 초석에만 의존했던 유구 추적에서 벗어나 흙의 색깔 변화 등을 바탕으로 살펴보는 현대 고고학의 수법을 확립하였다. 거기에 저명한 연구자들을 다수 양성한 것으로도 널리 알려져 있다. 저서로는 『西國三十三所靈場寺院の總合的研究』 『奈良時代建築の研究』 『法隆寺の建築』 등이 있다.

화당 건물에 관한 조사에 의하면, 지금의 예당禮堂[231]은 최초의 예당禮堂[231]이 아닌 재건된 것이라고 밝히고 있다.

불당은 부처를 안치하기 위한 당이고, 부처를 예배하기 위해서 이에 상응하는 예당禮堂[231]을 설치한다는 것은 실로 당연하다 할 것이다.

그렇지만 이 두 건물은 결국 하나의 용도로 융합하게 된다. 즉 별개로 조영되었던 불당과 예당禮堂[231]은 용도로 보자면 안치와 예배로 분리된 두 건물이지만, 불교를 신앙으로 한다는 공통점을 바탕으로 합일된 용도를 가진 건축이 다시 생겨나게 된 것이다.

천태종天台宗[45]과 진언종眞言宗[46]의 두 종파가 나뉘어 전래된 것은 그 종파 나름의 차별화된 신앙형태가 있었기 때문이라 할 수 있다. 이 두 종파의 가람은 산지에 경영하는 형태로 변화하였지만, 각각의 불당에서 일어난 평면상의 변화는 그다지 두드러진 것이 없었다고 생각된다. 그러나 역시 한두 가지 점에 대해서는 주목해 볼 필요가 있다. 헤이안平安 시대[17] 초기의 유일한 불당 유구라고 할 수 있는 무로우지室生寺[157] 금당을 살펴보자. 그 금당 전면에 후세에 덧붙여진 히사시廂[159]는 별개로 하더라도 이 건물의 평면은 독특하다. 세 칸의 내진에 비해 한 칸 너비로 주위에 둘려져 있는 히사시廂[159]가 비교적 넓게 구성되어 있는 특이한 구성이다. 평면이 이렇게 된 것은 측면 보방향에서 보면 내진을 이루는 대들보는 그 사이에 기둥을 세우지 않고 한 칸으로 되어 있는 반면, 외진의 경우에는 중앙에 기둥을 더하여 두 칸으로 분할되어 있기 때문이다. 즉 그 분할된 한 칸이 외진 입구 쪽의 한 칸보다 두드러지게 좁게 이루어져 있기 때문이라 볼 수 있다. 이 경우 불당에 있어 내진 칸은 안치되어 있는 불상의 크기로 인해 좁게 구성되는 경우가 있다고 하지만, 외진 쪽은 반대로 넓은 칸이 요구되었기 때문은 아닐까? 이렇게 히사시廂[159] 한 칸이 내진을 구성하는 한 칸보다 넓게 되어 있는 것은, 그 이후의 불당에서도 종종 보이는 바이다.

산지가람인 엔랴쿠지延暦寺[153] 근본중당根本中堂은 원래 약사당藥師堂, 문수당文殊堂, 경장經藏으로 병립竝立해 있던 것을 개축하여 한 채로 합한 것으로, 이에 더하여 예당禮堂[231]을 부가적으로 건설하였다고 한다. 이것이 오늘날의 재건에 어떻게 드러나 있는지 명확하지 않다. 그러나 이렇게 별동으로 조영되었던 건축이 점차 한 동으로 병합되는 점은 헤이안平安 시대[17] 이후부터 종종 확인되는 부분이다.

이러한 상황을 상술해 보자. 용도에 있어 큰 변화가 일어나면 선대에 세웠던 최초의 건축물을 개조할 필요가 생겨나고 개축이 시행된다. 이를 하나의 건축적 측면에서 비추어 보면 평면 변화가 확인되므로 이를 통해 보다 깊은 고찰이 가능하게 된다. 그 가능성에 입각하여 평면을 살펴 보면, 나라奈良 시대[33]에는 도리방향으로 넓고 보방향으로 좁았던 평면이 예당禮堂[231]과 그 사이의 공간까지 하나의 건물로 포함하게 되면서 보방향으로도 넓어지는, 부언하자면 횡으로 긴 장방형에서 정방형에 가까운 평면이 생겨나게 된 것이다.

장방형에서 정방형으로 불당건축의 평면이 변화하는 것은 단지 일본에 국한된 것은 아니라고 생각되며, 가마쿠라鎌倉 시대[18]에 새롭게 유입된 선종 사찰건축의 평면이 정방형에 가까운 장방형이었다는 것은 대륙에서도 마찬가지 양상이 있었음을 알 수 있다. 하지만, 이 가라요

唐様[223] 불당을 통해서는 평면이 어떻게 성립되었는가에 대한 경로를 확인할 수 없다는 점이 있고, 소극적인 추정일 뿐이지만 일본과 동일한 경로를 거쳤다고 생각되지는 않는다. 조선의 건축에서도 마찬가지로 사찰 건축의 계통에서 정방형에 가까운 장방형의 평면이 특징적으로 보이는데, 그 평면의 발생 경로를 살펴보면 일본의 것과는 다르다고 볼 수 있다.

(4) 신덴즈쿠리寢殿造[250]에서 슈덴즈쿠리主殿造[310]로

나라奈良 시대[33]의 주거 및 가옥과 관련하여 후지와라노 도요나리藤原 豊成[311]의 저택이 세키노 마사루關野 克에 의해 복원된 바가 있고, 최근 해체수리를 통해 호류지法隆寺[54] 전법당傳法堂이 주택건축의 특징을 갖는다는 점도 한층 명확해 졌다. 전자의 경우 도리방향 5칸의 모야母屋[158] 전후로 길이 3칸, 폭 1칸의 히사시廂[159]가 덧붙여진 평면을 갖는다. 이는 이미 하나의 건물이 복합적인 평면의 모습으로 발전한 것을 보여주는 사례이지만, 주택이 필요로 하는 공간과 용도를 이 한 동으로 충족시켰을 것이라고 보기는 어려우므로 동일하게 주거공간으로서의 역할을 수행했던 건물이 그 밖에도 있었을 가능성이 크다 할 것이다.

이러한 주택이 헤이안平安 시대[17] 후기에 이르러서야 완성된 형태를 보이고, 가장 이상적인 완성형이라고 말할 수 있는 형태가 다음과 같은 형태를 취하는 주택이다. 모야母屋[158]를 중심으로 좌우에 다이노야對屋[312]를 설치하고 북쪽으로도 다이노야對屋[312]를 두며, 동서에 있는 다이노야對屋[312]에서 전방으로 행랑을 길게 설치하여, 이 행랑을

310 슈덴즈쿠리(主殿造)
무로마치(室町) 말기부터 모모야마(桃山) 시대에 성행한 슈덴(主殿)이라 불리는 건물을 중심으로 하는 주택 양식. 신덴즈쿠리(寢殿造)가 쇼인즈쿠리(書院造)로 변화해 가는 과정에서 생겨났다. 슈덴(主殿) 내부는 남과 북, 2열로 분리되어, 오시이타(押板)나 다나(棚)를 갖춘 도코노마(床の間), 드케쇼인(付け書院) 등 쇼인즈쿠리(書院造)의 요소가 채용되어 있는 한편, 시토미도(蔀戶)나 중문랑(中門廊)과 같은 신덴즈쿠리(寢殿造)의 요소도 갖추고 있다. 시가켄(滋賀縣) 오오츠시(大津市)의 온죠지(園城寺)에 위치한 광정원(光淨院) 및 권학원(勸學院) 객전(客殿)이 대표적인 예이다.

311 후지와라 노 도요나리(藤原 豊成)
[704~765] 나라(奈良) 중기의 관인. 후지와라 노 무치마로(藤原 武智麻呂)의 장남. 737년 천연두로 일선에서 활약하던 후지와라(藤原) 일가의 상당수가 사망하자 참의(參議)에 임명되었고, 후지와라(藤原) 일가에서는 오직 홀로 의정관(議政官)에 올랐다. 중위대장(中衛大將)에도 임명되어, 후지와라(藤原) 가문을 대표하는 지위에 있었다고 추정된다. 743년 중납언(中納言), 748년에 대납언(大納言), 749년 우대신(右大臣)으로 승진하였다.

312 다이노야(對屋)
신덴즈쿠리(寢殿造)에서 침전(寢殿) 좌우에 있는 건물로, 동쪽의 다이노야는 이즈미도노(泉殿), 서쪽의 다이노야는 즈리도노(釣殿)로 연결된다. 그 밖의 다이노야에도 침전으로부터의 방향을 알 수 있는 이름이 붙여졌다. [그림11]

통해 이즈미도노泉殿[313] 및 즈리도노釣殿[314]를 연결하는 양식이다. 이는 몇 채의 건물을 행랑으로 연결하여 생활의 중심공간을 구성하는 주택형식, 이른바 신덴즈쿠리寢殿造[250]이다. 그리고 이 신덴즈쿠리寢殿造[250]에서의 건축과 용도가 대응하는 관계에 대해서는 하나의 건축에 하나의 용도를 담는, 즉 건축과 용도가 일대일 대응하는 양식이었다고 보는 견해가 여전히 주류로 자리 잡고 있다. 그러나 실제로는 생활 문화가 향상하면서 용도라고 하는 것도 단순하지 않았고, 하나의 용도라 하여도 상당히 복합적인 것이며, 그 각각의 건물에서 부속되는 히사시廂[159]를 덧붙였다는 점에서, 평면상 이미 몇 개의 실로 분화되는 복잡한 평면 구획이 있었다고 볼 수 있다. 그렇지만 실室을 구분함에 있어서는 발이나 천막을 사용하는 정도였으므로, 결국 편의적으로 구분하였을 뿐 고정적인 구획은 아니었다고 볼 수 있다.

또한 부케즈쿠리武家造[251]라는 동쪽 지역을 근거지로 삼았던 무사의 주택은 태고의 먼 옛날부터 농가에 전해져 내려온 이나카야田舎家 형식을 바탕으로 형성되었다. 여기에 신덴즈쿠리寢殿造[250]의 요소가 첨가되면서 슈덴즈쿠리主殿造[310]가 완성되었다고 할 수 있는데, 이 슈덴즈쿠리主殿造[310]에서는 평면구획에 있어 명확한 의지가 있었음을 읽어낼 수 있다. 이 슈덴즈쿠리主殿造[310] 평면이 어떻게 성립될 수 있었던 것인가? 이것이 무로마치室町 시대[14]에 완성되었다는 점을 생각해 보면, 신사神社 본전의 평면이나 사찰 건축의 평면도 결국 모든 것이 합치하게 된 시기, 즉 본질적인 동화가 충분히 진척된 시기에 생겨난 것이라고 볼 수 있다.

313 이즈미도노(泉殿)
신덴즈쿠리(寢殿造) 건축의 부속 건물의 하나. 납량(納凉)이나 관월(觀月)을 위해, 호수나 연못 위에 세운 건물로 벽이 없는 개방형의 건물이다. [그림11]

314 즈리도노(釣殿)
신덴즈쿠리에서 서쪽 행랑 남단에 연못에 둘러싸여 건설된 기둥만 세우고 벽을 세우지 않은 개방형의 건물. [그림11]

(5) 조선 건축에서 보이는 평면

일본건축에서 보이는 복합 평면은 두 동의 건물을 연결하여 합체하는 과정에서 완성된 것이고, 환언하자면 하나의 지붕아래 여러 동의 건물이 포함되어 있는 점에서 연유한 것이지만, 복합평면의 완성에 이르게 된 것은 용도에서 기인한 것이라 할 수 있다. 이는 또한 용도에 있어 불편함이 있어서는 안 된다는 점에서 촉발된 것이라고도 할 수 있다. 그 불편함이 없어야 한다는 점에 대해 언급하자면, 강수량이 많은 일본의 기후가 그러한 변화의 추진력으로 작용하였다고 볼 수 있다.

이 기후라는 점에서 한반도는 장마철을 제외하면 결코 용도에 지장을 초래할 정도는 아니다. 즉 야외라고 해도 비로 인해 초래될 수 있는 불편이 거의 없기 때문에 한두 동의 사찰건물을 제외하면 여러 건물이 복합되어 있는 평면구획은 생겨나지 않았다고 할 수 있는 것이다.

그러나 사찰은 아니라 할지라도, 일반 민가에서는 역시 그 지역의 풍토에 따라 건축설비라는 측면에서 기인하여 평면구획이 생겨난다. 이는 바로 온돌을 사용한다는 점이다. 좌식생활 방식에 온돌을 적용하기 위해서 방 전체를 온돌로 구성하였기 때문에, 온돌방과 온돌이 아닌 방을 구분하기 위한 수단으로서 평면 구획이 생겨난 것이다. 동일하게 온돌을 사용하는 중국 북부의 민가와 비교하면 조선쪽의 평면구획이 더 복잡하며, 평면에서 보이는 조선 건축의 성격은 민족 고유의 것에 기초하는 것이므로, 중국 대륙과 비교하여 일본과 통하는 점이 많다고 보아야 할 것이다.

이상과 같이 건축의 평면 구성을 고찰했지만 그 본질

에 대한 이해를 추구하고자 한다면 적당히 넘어갈 수 없는 점이 있다. 그것은 평면과 관계가 깊은 천정 가구架構와 지붕 가구架構에 관한 것이다. 이에 대하여 다음 장에서 논하고자 한다.

4. 지붕 가구架構의 변천

(1) 평면과 지붕 가구架構

건축은 어떠한 공간을 점유하는 것이다. 역으로 어떤 공간을 점유하고 있으면 건축이라고 할 수 있다. 즉 건축에는 평면과 지붕이 갖추어져 있지 않으면 안 되므로, 둘 사이에 유기적인 관계가 존재한다는 점은 당연한 것이다. 이러한 유기적 관계가 원시적 건축에서는 표면적으로 드러나는 점을 통해 그 관계성의 요소가 확인될 수 있을 것이며, 복잡한 건축에서는 외면상으로 그리 쉽게 드러나지 않더라도 실제로는 보다 깊숙한 곳에서 연결되어 있을 것이다.

일본 석기시대의 주거유적은 모서리가 둥근 방형 평면을 갖는 경우가 많다. 거기에서 거슬러 올라가 보면 원추형 지붕을 갖는 건물이 있고 그 내부 구조를 상정해 보면 평면은 원형에 가까운 형태일 것이다. 원형에서 모서리만 둥근 방형으로의 변화했다는 점, 재료가 목재였다는 점을 생각해 보면 결국 목조 가구구조는 평면의 방형으로의 변화에 결정적인 요소였다고 할 수 있다. 덴치콘겐노미야즈쿠리天地根元宮造[49]는 결국 재료가 목재라는 점에서 이미 결정된 장방형 평면일 수밖에 없는 것이다.

여기서 이와 연계하여 낙랑樂浪 고분의 목곽분木槨墳과 전곽분塼槨墳을 살펴보면, 양쪽 다 방형의 평면을 갖는다. 그리고 동일한 방형이라고 하여도, 전곽분에서는 면이 부풀어 있는 방형을 취하고 있다. 이 점은 방형 평면 위를 덮는 지붕이 전석을 재료로 한다는 점에서 둥근 형태를 취해야만 하는 사정이 생겨나므로 자연적으로 그렇게 된 것이라 볼 수 있다. 낙랑의 경우 전곽분이 목곽분에 비하여 늦게 성행했다고 여겨지는 점에서 보면, 전곽이 목곽을 본받아 방형 평면을 취하게 되는 흐름이라고 볼 수 있을 것이다. 가구를 구성하는 재료에 제약이 있어서 볼록한 방형을 취할 수밖에 없었다고 할 수 있다. 전곽분은 그 이상의 변화를 보이지 않고 단절되지만, 발전을 거듭했다면 지붕 가구 구조에 걸 맞는 평면이 생겨나거나, 혹은 그 볼록한 부분이 강화되면서 원형으로 변화하였을지도 모를 일이다.

이러한 유형의 평면 변화가 아닌, 즉 지붕가구의 구조와 무관하게 다른 필요성에 의해 평면이 변화하는 경우가 있다. 하나의 건물에 여러 가지 용도를 담게 되면서 그 용도에 따라 평면 변화가 확인되는 것이 그러한 경우이다. 분묘墳墓에서 유해를 안치하는 주실主室과는 별도로 매장품을 합장하는 부실副室을 요구하는 것이 이에 해당한다. 앞에서 본 신사 본전의 경우에도 본체를 안치하는 본전本殿과는 별도로 예배 공간에 대한 요구를 만족시키기 위해 배전拜殿을 설치하는 것도 이에 해당한다. 한마디로 정리하자면 공간의 확장인 것이다. 우선 이러한 요구가 받아들여지는 예로서, 입구가 합각부 쪽에 있는 스미요시즈쿠리住吉造[63]에서 보이는 것처럼, 건물을 연장시켜 공간의 증가를 이루어내는 경우가 있고, 입구가 처마쪽에 있는 건물인 하치만구八幡宮[315]에서 보이는 것처럼 건물을 병렬로 늘여서 공간을 늘리는 경우가 있다. 그러나 위의 경우만이 요구를 충족시키는 방법은 아니다. 이상의 예는 요구에 직면하여 일시적으로 대응한 것이었지만, 그 형식을 존중되어 오늘날에도 전래되었으므로, 건

315 하치만구(八幡宮)
하치만진(八幡神)을 모신 신사. 그 기원은 우사진구(宇佐神宮)에서 시작된 것으로 여겨진다. 나라(奈良) 전기에 이미 우사(宇佐)와 하코자키(筥崎) 두 하치만구(八幡宮)가 유력 신사로서 자리매김하고 있었다. 하치만구(八幡宮)가 중앙에 진출하게 된 것은 도다이지(東大寺) 대불 주조에 공헌한 것, 그리고 법사 도쿄(道鏡)의 전횡을 막기 위해 하치만진(八幡神)을 진호국가신(鎭護國家神)으로 삼고 숭배한 것, 이 두 가지가 계기가 되어 하치만구(八幡宮)가 확립되었다. 이후 하치만진(八幡神)이 보살의 칭호를 얻게 되며, 이미 진행되고 있던 신불습합(神佛習合)의 경향이 가속화되었다. 859년 그 분령(分靈)을 이와시미즈하치만구(石清水八幡宮)를 창사하여 모시고 하치만진(八幡神)은 왕성 진호와 용맹의 신으로 숭배되면서 급속히 그 세력을 넓혔다. 이세진구(伊勢神宮)와 이와시미즈하치만구(石清水八幡宮)를 「이소종묘(二所宗廟)」라고 칭하게 되었다. 그 후 무가정권의 성립과 츠루오카하치만구鶴岡八幡宮의 창사 등 무인의 수호를 받으며 무인의 수호신으로서 신앙이 보급되었고, 전국 각지에 하치만구(八幡宮)가 창설되기에 이른다.

축의 발전이라는 관점에서 보면 단순히 일시적인 것이라고 평할 수 없을 것이다.

(2) 중국 대륙에서 이입된 지붕 가구 수법

신사건축에서 평면과 지붕의 관계가 1차적이라고 볼 수 있을 정도의 진보를 보이고 있던 시기에 중국에서 불교와 함께 새로운 건축기법이 전래되었다. 이 기법에 의해 신사 건축도 더욱더 진보하였다. 즉 고차원적 진보를 보인 것이다.

그렇다면 새롭게 전래되었다고 하는 이 지붕 가구 수법이란 어떠한 것이었을까? 하지만 이 지붕부는 다른 축부 및 기초와는 달리 부패와 훼손이 심하여 그 실제를 명확히 보여줄 수 있는 사례가 하나도 남아 있지 않다. 호류지法隆寺[54] 금당이 일본에서 가장 오래된 목조건축이라 하여도, 지붕은 여러 차례의 보수를 거쳤으며, 현재는 –1946년을 기준으로 해체되어 있다– 무로마치室町[14] 아즈치모모야마安土桃山[48] 때의 것을 겐로쿠元祿 연간에 보수하였고 현재 남아 있는 것은 그 모습이므로, 결코 건립 당시 그대로의 유구라고는 볼 수 없는 것이다. 시대를 늦추어 나라奈良 시대[33]의 유구를 대상으로 하여도, 도쇼다이지唐招提寺[59] 금당, 도다이지東大寺[58] 법화당法華堂이 그 지붕가구를 초기 모습대로 남기고 있지 않다는 것은 이미 알려진 사실이다. 이에 대하여 완벽히 고찰하고자 한다면 정확한 근거를 가지고 복원해 보아야 하겠지만 –이 어렵고 번거로운 작업은 존경하는 벗인 아사노 기요시淺野 清[309]에 의해 착착 진행되고 있다– 다음과 같은 점은 틀림이 없을 것이다. 당시에 이입된 기법이 완전히 새로운 것이었다고 하더라도 하나의 건물에는 하나의 평면만 존재하는 것이고, 평면과 지붕이 분리되어 평면만 복잡해질 수는 없다고 볼 수 있다.

즉, 처마를 구성하는 지다루키地棰[31]와 히엔다루키飛檐棰[32]는 이 시기에 새롭게 전래된 기법인데, 이들이 어떻게 이입되고 형성되었는지까지 여기서 다룰 필요는 없겠지만, 이 기법을 적용하면 처마곡을 구성하는 것이나 지붕 전체에 곡선을 구성하는 것이 가능해진다는 점은 분명하다. 형식의 이입이 외관의 변화를 가져왔고 이를 통해 종래의 건축과는 확연히 다른 건축이 가능해졌다고 생각해도 좋을 것이다.

이러한 처마 구성이 일본에 전파된 이후 일어난 변화 요소를 다음과 같이 열거할 수 있다. 먼저 처마끝부분의 처리와 관련하여 기와만으로 처마 끝을 보호하는 방식이 일본의 기후에서는 여의치 않음을 확인하고, 이를 개선하였다는 점을 들 수 있다. 바로 중국 대륙이나 한반도에서는 결코 발견된 적이 없는 부재인 우라고裏甲[212]라는 부재를 처마 끝부분에 덧대었다. 강수량이 많은 일본의 기후 속에 중국과 한반도의 건조한 토양에서 생성된 건물 양식을 이입시킨 후 기후에 순응하기 위하여 우라고裏甲[212]를 채용한 것이다. 바로 이 점에서 우라고裏甲[212]의 의의를 확인할 수 있다.

또한 이와 동일한 맥락에서 노고야野小屋[316]의 발생을 생각해 보지 않을 수 없다. 이입형식의 하나로서 지붕을 구성하는 가구 구조가 노출되어 밑에서 보이도록 표현된 것이 있다. 그러나 이 경우에 가구구조가 시작되는 부분에서 지붕 기와에 이르기까지의 해당 부분이 상당히 두꺼웠다고 한다. 이 두꺼운 층을 처리하는 방법으로서, 이

316 노고야(野小屋)
중국에서 전래된 건축기법에서는 처마부분에서 구조재와 비구조재를 분리하지 않고 사용하므로, 처마 구배가 급하다. 따라서 지붕 구조로서의 처마구조 아래에 경사가 완만한 구조적인 역할을 하지 않는 처마구조를 덧대었고, 이렇게 지붕을 구성하는 구조방식을 노고야(野小屋) 또는 노고야구미(野小屋組)라고 하였다. 일본에서만 드러나는 방식으로, 중국이나 한국에서는 보이지 않으므로 일본에서는 와요(和様)의 주요 특징 중 하나로 이해하고 있다. [그림18]

[그림18] 호류지(法隆寺) 금당과 강당의 상부가구 비교
(좌:일반적 기법, 우: 게쇼고야에 의한 노고야 기법)

부분을 비워서 빗물을 처리하기 용이하도록 한 것이 생겨나고, 바로 이것이 노고야野小屋[316]의 기법이 발생하게 된 배경이 되는 것이다. 지금 남아 있는 수많은 조선의 건축은 이 부분이 다량의 흙으로 채워져 있다. 만약 이 기법을 일본에서 그대로 사용하였다면, 기와 표면을 반듯하게 맞추기 어렵다. 뿐만 아니라, 일단 기와 안으로 빗물이 새면 한 곳의 누수로 인해 습기가 전체로 퍼지고, 부재가 급속히 썩게 될 것이다. 그런데 이 부분을 비우게 되면, 사람이 직접 안으로 들어가서 누수 장소를 쉽게 발견할 수 있게 되고, 그 수선도 쉽게 행할 수 있다. 즉 이 빈 공간의 구성을 게쇼고야化粧小屋[317]라고 하는 것에서 알 수 있듯이, 지붕을 구성하는 가구 구조와 천정을 구성하기 위한 가구 구조, 이 두 가지로 구분하게 된 것이다.

317 게쇼고야(化粧小屋)
천정을 설치하지 않고 상부 가구 부재로 천정을 대신하는 비구조적 역할을 하는 상부 가구를 말한다. 주로 처마 부분에서 보이므로, 노고야(野小屋)와 동일한 의미로 사용되는 경우가 많다. [그림18]

그렇다면 여기에서 중국 대륙에서 전래된 지붕 가구 수법에 대하여 그 원칙을 제시해 볼 수 있다. 하나의 평면에 대응하여 하나의 용마루가 존재하는 상태였다는 점과, 이 가구 수법이라고 하는 것은 예외 없이 지붕을 구성하는 수법으로 그 외에 지붕면을 형성하는 요소는 없었다는 점을 들 수 있다.

(3) 노고야野小屋[316] 가구

빗물 처리가 용이하도록 노고야野小屋[316] 가구가 생겨났다고 하는 것은 하나의 추정일 뿐이다. 즉 중국이나 조선에서도 이러한 기법이 발견되지 않았다는 점을 염두에 두고 일본에서만 보이는 특수성이라는 관점을 그 발생을 고찰함에 있어서 고려할 수 있는 하나의 원인으로 삼고자 한다. 그렇지만 이러한 고려는 어디까지나 그 자연성에 연유한다고 보는 것으로, 노고야野小屋316 자체만 생각해 보면 지극히 소극적인 의견일 것이다. 노고야野小屋316 자체의 발생은 그러한 것이라 할지라도, 오늘날 확인되는 노고야野小屋316에는 한 층 더 적극적인 이유가 포함되어 있다고 생각된다.

즉 일본의 고건축을 통해 보는 노고야野小屋316 발생의 의미는 위와 같이 일본의 기후에 대하여 이입 기술이 적응하면서 생겨난 것이라고 생각할 수 있다. 이와 함께 종래의 고유 건축이 가지고 있는 특징 속에도 이와 유사한 방식이 취해지고 있었던 것은 아닐까? 고건축 속에서 이를 확인시킬 수 있을 정도로 명확한 근거가 되는 자료는 없지만, 현재 지어지는 민가에서 이를 보충할 수 있는 자료를 찾을 수 있다고 기대된다. 민가에서 보면 상부 가구 부분을 거주공간과 천정으로 분리 차단하고, 창고 등의 다른 용도로 사용하였다는 점이 확인된다. 지붕구조를 본연의 임무 이외에 별도의 용도로 이용하고자 하였던 것이 일본인의 상부 공간을 독특한 방향으로 이끌었다고 보이며, 이점이 이입 기법이 전화轉化함에 있어 기여하는 바가 컸다고 생각하는 것이다. 이 점이 노고야野小屋316 발생에 적극적으로 작용했던 요소일 것이다.

노고야野小屋316의 활용이 적극적인 의도이건 소극적인 의도이건 그 어떤 것이라 하여도, 이를 의식적으로 활용했다는 점에서 노고야野小屋316를 통해 일본 건축의 특성을 찾는 것이 가능한 일이다.

그렇다면 노고야野小屋316라고 하는 것은 언제 생겨난 것일까? 이는 평면에 있어서의 변천과 동시에 살펴보아야 하는 것이며, 양자를 연결하여 유기적 관계 속에서 풀어야 할 문제이다.

빗물처리를 용이하게 하기 위해 중간 부분을 비우는 정도의 구조를 만들어 내는 점에 관한 것이라면 호류지法隆寺[54] 식당食堂에서 이를 확인할 수 있다. 따라서 일찍이 나라奈良 시대[33]에도 존재했던 방식이라 할 수 있을 것이다. 그러나 이와 동시에 천정을 설치하는 건축에 대한 요구가 커지면서, 더욱 이를 발전시키기에 이르렀다고 생각된다. 나라奈良 시대[33]의 유구 중에서 천정이 설치된 건축이라 하면 도쇼다이지唐招提寺[59] 금당金堂, 도다이지東大寺[58] 법화당法華堂과 같이 최상급이라 할 만한 건물, 즉 불전에 해당하는 건축류이다. 이는 헤이안平安 시대[17]가 되면서 최상급 불당 건축이라고 분류할 수 있는 건축에 천정이 설치되는 것은 물론이고, 천정도 최상급이라 할 수 있는 오리아게쿠미이레텐죠折上組入天井[318] –뵤도인平等院[173] 봉황당鳳凰堂이나 중당中堂과 같이– 였으며, 이를 간략하게 표현한 고구미고텐죠小組格天井[319]와 같은 유형의 천정天井이 상행당常行堂, 아미타당阿彌陀堂에 설치되었다. 이렇듯 천정을 설치하는 건축의 수가 점점 증가하게 되면, 천정에 의해 상부 구조가 분리되어 보통 밑에서 올려

318 오리아게쿠미이레텐죠(折上組入天井)
오리아게텐죠(折上天井)와 구미이레텐죠(組入天井)의 합성어이다. 오리아게텐죠(折上天井)는 천정 주변의 마감을 만곡형으로 둥굴게 올라가도록 처리한 천정이다. 쿠미이레텐죠(組入天井)는 간격이 좁은 우물격자틀로 구성된 고텐죠(格天井)이다. [그림19]

319 고구미고텐죠(小組格天井)
천정을 구성하는 격자틀 사이에 들어가는 천정반자 대신에, 얇은 부재로 격자를 짜서 넣은 천정으로 고텐죠(格天井)의 일종. 사찰 건축에서 주로 사용된다. [그림19]

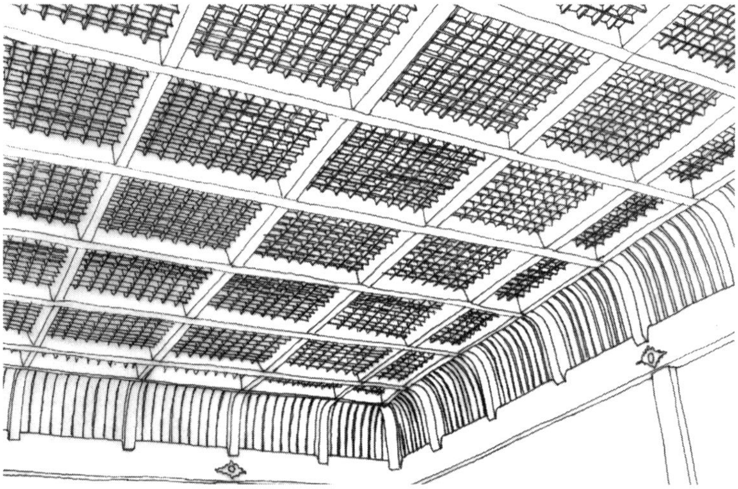

[그림19] 오리아게텐죠(折上天井)와 격자틀을 활용한 고구미고텐죠(小組格天井)

다봐도 보이지 않는 상태가 되므로 상부구조가 간략화되는 것은 당연하다. 여기에 빗물처리를 위해 중간을 비우는 구조가 발전하여 새로운 의미가 부여되면서, 비로소 완전한 형태의 노고야野小屋[316]로 발전할 수 있게 되었던 것이다. 따라서 진정한 의미에서의 노고야野小屋[316]가 완성되었다고 볼 수 있는 것은 헤이안平安 시대[17] 후기라고 생각해도 좋을 것으로 판단된다.

이 시기 불당 건축은 두 가지 이상의 용도가 하나의 평면[역자주24]에 요구되어, 이 요구에 따라 두 가지를 한 평면 안에 표출하고자 하는 노력이 있었다. 이러한 평면상의 요구를 충족시키기 위해서도 노고야野小屋[316]의 역할이 중요했던 것이다. 노고야野小屋[316]가 있는 건물에서는, 천정에 의해, 건물을 상부와 하부로 구획하고, 이를 통해, 지붕은 지붕, 평면은 평면으로 각각의 기능이 독립되었다. 이 독립된 두 부분을 하나로 통합시켜 전체로서의 건축을 건설한다는 개념이 성립된 것이다. 즉 여기에서의 노고야野小屋[316]의 역할은 단순히 천정의 설치를 통해 가림막이 생기므로 상부는 조잡한 형태여도 상관없도록 했을 뿐만 아니라 평면의 요구를 만족시켰고, 게다가 지붕의 역할을 충분히 수행할 수 있도록 했다는 점도 들 수 있다. 여기에서 일본 건축의 노고야野小屋[316]는 조선에서 누누이 확인되고 중국 대륙에도 존재하는 예처럼 단지 천정을 통해 가려주는 역할에 그치는 그러한 건축과는 확연히 다른 역할이 있음을 보여주는 것으로 그 존재의 의의는 밝히지 않으면 안 된다.

역자주24 원문에는 「용도」라고 적혀 있지만 문맥상 「평면」이라고 보는 것이 타당하다.

따라서 이 노고야野小屋[316]에 대하여 게쇼고야化粧小屋[317]라는 별칭으로 불리기도 하는 것처럼, 이렇듯 지붕가구를 나타내는 동시에 하나의 천정 수법이 되는 것, 이 점도 일본건축에서만 확인할 수 있는 특징이 된다.

고로, 이 노고야野小屋[316]라는 것의 존재가 일본건축에 있어서의 독자적인 결과물을 설명하는 것이라고 할 수 있는 것이다.

(4) 노고야野小屋[316]와 근세 일본 건축

가마쿠라鎌倉 시대[18]가 되어 이 노고야野小屋[316] 구법이 그 효력을 발휘하였음은 말할 나위도 없다. 와요和様[217]의 건축으로서 대표적인 유구인 렌게오인蓮華王院[199] 본당本堂에서 그 대표적인 예를 확인할 수 있다. 즉 내진만 33칸에 이르는 정면이 긴 이 건축은, 그 중앙 삼칸에 오리아게쿠미이레텐죠折上組入天井[318]를 설치하였음은 물론이고, 좌우의 15칸에는 이중홍량二重虹梁 가에루마타蟇股[91]라는 가구형식을 그대로 천정수법으로 취하고 있는 것으로, 이를 덮는 지붕이 팔작지붕으로 되어 있는 것은 노고야野小屋[316] 수법을 사용하였으므로 가능한 것이다. 이를 통해 확인되는 것처럼, 가마쿠라鎌倉 시대[18]에는 천정을 설치하여 그 윗부분과 아랫부분을 나누는 것이 시대적 추세였다고 생각된다. 따라서 이에 거스르는 경우가 있다고 한다면, 이는 수용하기에 극히 곤란한 것이 아니었을까?

덴지쿠요天竺様[216]라고 불리는 것이 사실 그것이었다. 덴지쿠요天竺様[216]의 건축은 그 특성의 하나로서 천정을 설치하지 않고, 상부 가구를 거대한 부재로 구성하여 그대로 보여주는 것을 들 수 있다. 이는 당시 일본 건축의 추세와는 분명 정반대였다고 하지 않을 수 없다. 덴지쿠요天竺様[216]가 다른 양식과 섞이면 세부적인 부분에서 미미하게 그 특징이 드러나는 것에 그치고, 완벽하게 덴지쿠요天竺様[216]다운 점을 발휘하는 지붕 가구의 경우, 그 특징이 오랫동안 유지되기 어려웠던 것에 대한 이유가 앞에서 언급한 바와 같다 할 것이다.

이 점과 관련하여 가라요唐様[223] 건축의 경우에는 그 중앙부 만이라 할지라도 가가미이타텐죠鏡板天井[320]를 갖는다. 따라서 그 공포의 복잡도 여하에 구애받지 않으며 그 양식이 갖는 본질적인 특징을 잃지 않고, 이른바 추세에 거스르지 않는 것이 가능했기에 그 명맥을 근세까지 이어나갈 수 있었던 것이다.

근세의 일본 건축은 노고야野小屋[316] 가구를 활용함으로써 형태를 복잡하게 다변화시키는 것이 가능했다. 곤겐즈쿠리權現造[274]라고 불리는 신사 본전 형식을 그 일례로 들 수 있다. 평면에 여러 돌출부를 가지며, 심지어 지붕은 그 이상으로 복잡하여 때로는 야츠무네즈쿠리八棟造[321]라고도 불리는 구성이 그것이다. 신사 건축에 있어서 지붕형식이 조금씩 변화하는 것에 따라서 하나하나 명칭이 부여되는 것도 이 노고야野小屋[316]가 수행하는 역할의 하나가 드러난 결과라고도 볼 수 있다. 사찰 건축에서도 동일한 상황이 있었고, 결국 그러한 기질은 성곽건축을 통하여 발휘되었다. 지세地勢에 따라 평면이 부정형으로 주어지면서 지붕도 기묘하게 변화하게 된 것에 대하여 단지 단층건축이 아닌 다층건축인 것에서 기인하는 것이라고만 하기는 부족함이 있음에 틀림없다 할 수 있다.

320 가가미이타텐죠(鏡板天井)
일반적으로 천정반자를 고정하는 우물격자를 사용하지 않고 커다란 한판의 판자를 천정반자로 사용한 천정이다.

321 야츠무네즈쿠리(八棟造)
신사건축의 한 형식. 본전과 배전을 연결하는 부분에 석재를 깔고, 그 지붕은 본전과 배전을 연결하는 형식으로 이루어진 것. 위에서 보면 지붕 용마루가 공(工)자형을 띠고 있다. 후에 등장하는 곤겐즈쿠리(權現造)의 원형으로 교토(京都) 덴만구(天滿宮)가 대표적인 예이다.

(5) 조선건축의 지붕가구

이와 관련하여 조선 건축의 경우에는 앞에서도 한두 가지 기술한 바와 같이 그 지붕 가구에 있어서 일본 건축과 같은 의미로서의 노고야野小屋[316]가 구성되는 예는 없었다. 그러나 천정을 요구하는 건축이 근세 되면서 증가하게 되었다. 때로는 후세의 보수를 통해 연등천정이었던 건물에 천정을 설치하는 예 -정수사淨水寺 법당法堂과 같은 경우, 또는 전체를 개수한 것으로는 장곡사長谷寺 상대웅전上大雄殿도 있다- 도 있고, 특히 근래에는 천정을 설치하지 않는 건축이 전혀 보이지 않는다. 이는 일본의 노고야野小屋[316] 성립과정과는 전연 별개의 것이다. 천정의 설치가 역으로 해당 건축의 근세적 성격을 이해하는 기준으로 활용될 수 있다고 판단할 수 있다.

이 조선과 일본의 천정을 비교해 보자면 동일하게 그 존재를 인정할 필요가 있지만 일본의 천정이 보다 많은 변수變數와 차수次數를 갖는다는 점은 감지되는 부분이다.

5. 일본 건축의 성격

(1) 발전의 계로

어떤 사물이 발전한다고 할 때, 그 발전이 증가라고 하는 의미로 이해한다면, 그 증가에 두 가지 길이 있다는 것은 당연할 것이다. 하나는 첨가라고 하는 형태로 드러나는 증가이다. 즉 한 개가 두 개가 되고, 둘이 세 개가 되는 것이다. 최초의 한 개를 a라고 한다면 그 첨가라고 하는 것은

$$a+a+a+\ldots\ldots= na$$

라고 표현할 수 있다.

또 다른 하나는 거듭제곱에 의한 증가라 할 수 있다. 즉,

$$a\times a\times a\times\ldots\ldots=a^{n}$$

이 되는 경우이다. 증가라고 하더라도 증가의 성격과 결과가 앞의 경우와는 전혀 다르다는 것은 말할 것도 없다.

이 발전 계로의 어느 한 쪽을 일본 건축이 취하였는가를 고민해 보면, 답은 후자였다고 볼 수 있다. 즉 일본건축은 고차원적인 방향으로 그 길을 이끌면서 끊임없이 발전하였다고 볼 수 있는 것이다.

(2) 결론

가람배치의 발전에 대하여 언급하자면, 다이안지大安寺299 가람배치도나 사이다이지西大寺303 가람배치도를 통해

서 보이는 중문, 탑, 금당의 위치는 공간상의 거리가 확대되는 경향을 보일 뿐만 아니라, 성격에 있어서도 2차적인 발전을 이루었다고 볼 수 있다. 중문의 역할이 남대문으로 이양되는 것에서 시작하여, 거기에 남중문이나 중대문이 더하여 생겨난 것은 단순한 팽창이라 할 수 없다. 성격에 있어서 다른 특징을 출현시킨 것이라고 하지 않을 수 없다.

불당 건축의 변화만 보더라도 두 동의 건물이 늘어선 형태로의 변화라면, 첨가의 영역에 속하는 발전이라고 볼 수 있지만, 두 동의 건물이 하나로 증대되며 변화하는 것은 새로운 단위를 이끌어 내어 다른 차수에 도달한 발전이라고 할 수 있지 않을까?

지붕 가구의 경우, 의미하는 대로 건물 상부에 부재를 겹쳐서 몸체를 이루는 것에서 노고야野小屋[316]를 탄생시킨 변화는 마찬가지로 2차적 변화라 할 수 있다. 이것은 평면의 2차성을 이끌어내는 변화였으며, 고차적 경지에 양자가 도달하게 되면, 거기에서 또 다른 고차적 변화를 만들어 낼 수 있는 여지가 생기는 것이라고 볼 수 있는 것이다.

그리하여 일본 건축의 성격이 무엇인지에 관하여 질문을 받는다면, 이에 대한 답으로는 단적으로 그 발전 과정이 높은 차수의 단계에 도달하였으며 또 그렇게 하고자 노력하고자 하는 점이라고 말하고 싶다.

이 점은 조선 건축과 비교하여 확연하게 구분되는 점이라고는 할 수 없는 것이고, 역으로 조선 건축도 일본 건축과 유사한 점이 적지 않다고 볼 수밖에 없다. 그러한 연유에서 또한 일본 건축의 성격이 이상에서 본 바와 다르지 않다고 주장할 수 있는 것이다. 조선 건축과 통하는 점이 상당히 존재한다고 하면, 이것이 서로 인접하는 건축에 드러나는 것은 당연한 현상이라고 여겨지며, 이 점에서 위에서 본 성격이 본질적인 것이라는 판단도 명확해지리라 생각한다.

찾아보기

(ㄱ)

(ㄴ)

(ㄷ)

(ㅇ)

(ㅈ)

◆ 감수자 약력

한동수

한양대학교 건축학과 교수

학력

한양대학교 건축공학과 공학사(1984)
한양대학교 대학원 공학석사(1986)
국립대만대학 공학석사(1994)
중국 청화대학 공학박사(1998)

주요경력

인하대 건축학부 전임강사 역임
문화재청 문화재 전문위원 역임

편역서 및 저서

<도설중국건축사>, 세진사, 1992년(공역)
<중국근대건축> I·II, 발언, 1993년(편역)
<중국고건축>, 세진사, 1993년(공역)
<이생에 인연이 없다면 다음 세상에서 만나길 : 在世情緣>, 세진사, 1993년(공역)
<그림으로 본 중국전통민가>, 발언, 1994년(역서)
<중국고대건축사>, 세진사, 1995년(공역)
<중국건축의 개척자 양사성>, 발언, 1996년(역서)
<중국단묘건축>, 발언, 1996년(역서)
<중국궁궐건축>, 발언, 1996년(역서)
<중국고건축원림감상입문>, 세진사, 1997년(역서)
<중국고전 건축의 원리>, 시공사, 2000년(공역)
<중국의 고대건축>, 혜안, 2004년(역서)
<외국건축사 : 19세기말엽이전>, 청문각, 2006년(역서)
<동양미술사>, 시공사, 2007년(공저)

日本朝鮮比較建築史
일본조선비교건축사

값 18,000원

저 자	스기야마 노부조 (杉山信三)
역 자	서 동 천
감 수	한 동 수
발행인	문 형 진

판권 검인

2017년 7월 7일 제1판 제1쇄 인쇄
2017년 7월 14일 제1판 제1쇄 발행

발행처 세 진 사
㊥02859 서울특별시 성북구 보문로 38 세진빌딩
TEL : 02)922-6371~3, 923-3422 / FAX : 02)927-2462
Homepage : www.sejinbook.com
〈등록. 1976. 9. 21 / 서울 제307-2009-22호〉

※ 파본도서는 구입하신 서점에서 교환해 드립니다.
※ 이 도서의 무단복제 및 전재를 법으로 금합니다.